"十二五"普通高等教育本科国家级规划教材
国家级精品资源共享课和国家精品在线开放课程主讲教材

"高等学校本科计算机类专业应用型人才培养研究"项目规划教材

C 语言程序设计学习指导
（第4版）
Guide to Programming in C (Fourth Edition)

苏小红　王甜甜　赵玲玲　范江波　车万翔　等编著
王宇颖　主审

高等教育出版社·北京

内容简介

本书是国家精品在线开放课程、中国大学 MOOC 课程主讲教材《C 语言程序设计（第 4 版）》的配套参考书。

全书共 3 章，第 1 章为习题解答，包括主教材中的全部习题及解答；第 2 章为实验指导，主要介绍 Visual Studio 2017、Code∷Blocks＋gcc＋gbd（简称为 Code∷Blocks）以及 CLion 等集成开发环境下的标准 C 语言程序的调试方法；第 3 章为实验题目与解答，精心设计了以程序设计方法和数据结构为主线的实验题目，内容既有趣味，又有很强的应用背景，包括学生成绩管理系统、2048 游戏、贪吃蛇游戏和扫雷游戏等。

本书可作为高等学校各专业"C 语言程序设计"课程的教学参考书和计算机等级考试的参考书。

图书在版编目（ＣＩＰ）数据

C 语言程序设计学习指导 ／ 苏小红等编著．－－4 版
．－－ 北京：高等教育出版社，2019.10（2023.12重印）
ISBN 978-7-04-052489-5

Ⅰ．①C⋯ Ⅱ．①苏⋯ Ⅲ．①C 语言－程序设计－高等学校－教学参考资料 Ⅳ．①TP312.8

中国版本图书馆 CIP 数据核字（2019）第 182001 号

策划编辑	刘 茜	责任编辑 刘 茜	封面设计 张 志	版式设计 张 杰
插图绘制	于 博	责任校对 李大鹏	责任印制 高 峰	

出版发行	高等教育出版社		网 址	http://www.hep.edu.cn
社 址	北京市西城区德外大街 4 号			http://www.hep.com.cn
邮政编码	100120		网上订购	http://www.hepmall.com.cn
印 刷	北京市艺辉印刷有限公司			http://www.hepmall.com
开 本	787mm×1092mm　1/16			http://www.hepmall.cn
印 张	23.25		版 次	2011 年 4 月第 1 版
字 数	540 千字			2019 年 10 月第 4 版
购书热线	010-58581118		印 次	2023 年 12 月第 9 次印刷
咨询电话	400-810-0598		定 价	39.00 元

本书如有缺页、倒页、脱页等质量问题，请到所购图书销售部门联系调换
版权所有　侵权必究
物 料 号　52489-A0

出版说明

信息化社会需要大量的计算机类专业人才。据统计，目前我国计算机类专业布点总数已逾2 800 个，这些专业点为国家的现代化建设培养了大批计算机类专业人才，其中绝大多数是应用型人才。如何按照社会需求，确定合理的人才培养目标，并在其指导下培养特色突出的应用型人才，是提高教育质量和水平的重要任务。

为了更好地引导高校计算机类各专业点构建有特色的培养方案，例如，能够体现行业特色、区域需求，同时建设体现这些特色的学科基础课和专业课，促进本科计算机类专业应用型人才培养，出版一批体现应用型人才培养特色的新形态教材，教育部高等学校计算机类专业教学指导委员会、全国高等学校计算机教育研究会与高等教育出版社联合组建了"高等学校本科计算机类专业应用型人才培养研究"课题组，基于《计算机类专业教学质量国家标准》，围绕软件工程、网络工程、物联网工程等专业应用型人才培养的研究展开相关工作。

在研究的基础上，课题组汇聚80多所高校的教学经验，协同创新，开展了核心课程教学资源建设以及教材建设，这套教材作为课题研究的重要成果之一，具有以下几个显著特点。

- 以课题研制的《高等学校本科计算机类专业应用型人才培养指导意见》为指导，委托有丰富教学实践经验的教师编写，内容覆盖了不同专业的学科基础课、专业核心课及专业方向课。
- 教材内容基于理论适用，突出理论与实践相结合，强调"做中学"，引入丰富的实验案例，摒弃大而全、重理论轻实践的做法，结构新颖、努力突出专业特色。
- 采用纸质教材与数字资源相结合的形式，将教学内容与课程建设充分展示出来，使教师和学生借助网络实现全方位的个性化教学。

相信这套教材的出版能够起到推动各高校计算机类专业建设、提高教学水平和人才培养质量的作用。希望广大教师在教学过程中对教材提出宝贵的意见和建议，使其在使用过程中不断完善。

教育部高等学校计算机类专业教学指导委员会
全国高等学校计算机教育研究会
高等教育出版社

前　言

如何让学生通过"C语言程序设计"课程的学习,轻松入门并掌握程序设计的精髓,养成良好的程序设计习惯,不让琐碎的语法细节成为学生理解程序设计方法和计算思维方法的障碍,一直是作者多年来孜孜以求的目标。多年C语言的教学经历,让作者将如下特点凝练于本书及其主教材《C语言程序设计(第4版)》。

(1) 例题、习题和实验题兼顾趣味性和实用性,有实际的应用背景,面向工程实践和计算思维能力训练,绝非单纯为解释语法而设计。

(2) 将程序设计方法和数据结构作为两条脉络清晰的主线,避免语法堆砌、舍本求末、只见树木不见森林。

(3) 精心设计了一些含有隐蔽错误的分析改错题,注重错误程序的分析和讲解、程序设计风格、程序测试和调试方法。

希望上述风格独特的内容编排和设计能够让读者转变传统的学习观念,认识到学习C语言不是为了精通C语言的语法,而是以C语言为实践工具了解和掌握程序设计的思想和方法,达到今后无论使用什么语言编程,都具有灵活应用这些思想和方法解决实际问题的能力。

本书是《C语言程序设计(第4版)》的配套教材,提供其全部习题的解答、实验指导。第1章习题解答中设计的习题是分阶梯的,包括改写例题的编程题、模仿例题的编程题、趣味游戏类编程题等,既有侧重程序阅读理解能力训练的写出程序运行结果的题目和程序填空题,还有侧重程序调试和排错能力训练的分析改错题以及侧重编程实践能力训练的任务递进式编程题。

第2章实验指导主要介绍 Visual Studio 2017、Code::Blocks+gcc+gdb(本书后面将其简称为Code::Blocks)以及CLion等集成开发环境下的标准C语言程序的调试方法。第3章的实验题目是一个贯穿全书、可作为课程设计内容的综合应用实例——学生成绩管理系统,内容涵盖全书的所有知识点和算法(包括排序、查找等),还有2048、贪吃蛇、扫雷等3个游戏程序。

本书与《C语言程序设计(第4版)》是国家精品在线开放课程、中国大学MOOC课程使用教材,与其配套的教学资源包括:

(1) 面向读者的教材网站:http://sse.hit.edu.cn/book/,可下载《C语言程序设计(第4版)》例题的源代码和最新勘误表。

(2) 爱课程网"中国大学MOOC"频道:搜索"C语言程序设计精髓"课程,可观看课程的微视频,浏览课件和算法演示动画,进行编程题在线测试,与老师和同学在线讨论。

(3) 面向学生竞赛的ACM程序设计竞赛网站。

(4)基于C/S结构的C语言编程题考试自动评分系统(签署软件使用协议后可免费获取)。

(5)基于B/S结构的C语言编程题考试自动评分系统。

(6)基于B/S结构的C语言试卷与题库管理系统。

(7)面向学生自主学习的C语言在线作业和能力测试系统,使用《C语言程序设计(第4版)》封四的刮刮卡可获得有效期一年的注册用户名,支持读者在线完成本书习题并获得系统自动评测结果,该系统从题库系统中随机抽题供读者练习。

(8)教材的多媒体课件以及上述系统的简介和使用演示视频(扫描《C语言程序设计(第4版)》中的二维码查看)。

上述各种教学资源之间的关系如下图所示。有需要上述资源者可直接与作者本人联系(sxh@hit.edu.cn)。

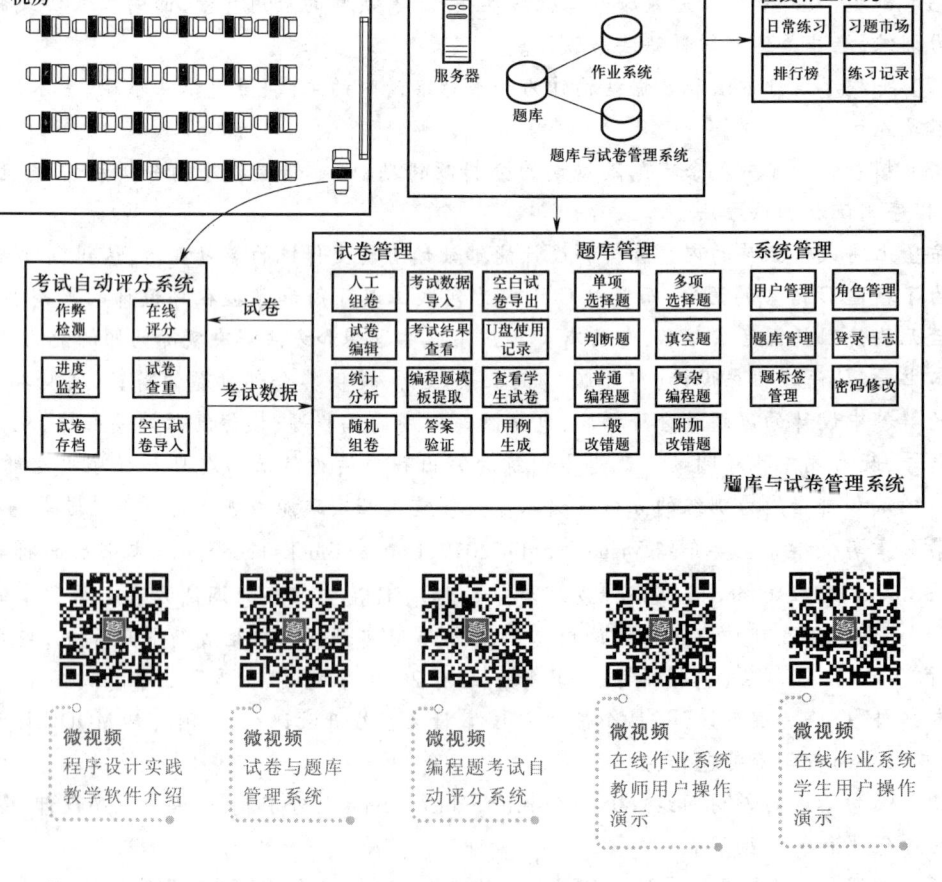

各种教学资源之间的关系及介绍

全书的修订和统稿工作由苏小红负责。王甜甜、赵玲玲、车万翔参与了部分实验环境的撰写,扫雷实验由中国石油大学的范江波撰写。

  王宇颖教授在百忙之中审阅了全部书稿。孙志岗、张彦航、张羽、傅忠传、叶麟、赵巍、侯俊英、单丽莉、朱聪慧、孙大烈、刘旭东、孙承杰、郭勇、刘秉权、郭萍、温东新、郑贵滨、黄剑华、陈源龙、陈建文、李秀坤、娄久、郝惠馨、李漾等参与了本书内容的校对工作。在此对他们的工作表示衷心的感谢。

  因编者水平有限,书中错误在所难免,恳请读者来信批评指正,我们将在教材网站上及时发布勘误信息。有索取教材相关资料者,请直接与作者联系。欢迎读者给我们发送电子邮件或在网站上留言,对教材提出宝贵意见,帮助我们不断完善本教材。

编著者

目　　录

第1章　习题解答 …………………… 001
- 1.1　习题2解答 …………………… 001
- 1.2　习题3解答 …………………… 002
- 1.3　习题4解答 …………………… 007
- 1.4　习题5解答 …………………… 010
- 1.5　习题6解答 …………………… 022
- 1.6　习题7解答 …………………… 051
- 1.7　习题8解答 …………………… 092
- 1.8　习题9解答 …………………… 137
- 1.9　习题10解答 ………………… 149
- 1.10　习题11解答 ………………… 166
- 1.11　习题12解答 ………………… 191
- 1.12　习题13解答 ………………… 206
- 1.13　习题14解答 ………………… 215

第2章　实验指导 …………………… 231
- 2.1　VS2017集成开发环境的使用与调试方法 …………………… 231
  - 2.1.1　创建项目 …………………… 231
  - 2.1.2　编译和运行 ………………… 234
  - 2.1.3　调试程序 …………………… 235
  - 2.1.4　在VS2017中执行带参数的main函数 ………………… 242
  - 2.1.5　在VS2017中使用EasyX图形库 ………………………… 246
- 2.2　Code∷Blocks集成开发环境的使用与调试方法 ……………… 250
  - 2.2.1　Code∷Blocks安装 ………… 250
  - 2.2.2　Code∷Blocks基本配置 …… 252
  - 2.2.3　创建控制台应用程序 ……… 255
  - 2.2.4　编译和运行控制台应用程序 ………………………… 259
  - 2.2.5　调试程序(Debug) ………… 259
  - 2.2.6　Code∷Blocks下的多文件项目开发 ………………… 267
  - 2.2.7　Code∷Blocks安装和使用中的常见问题 …………… 270
  - 2.2.8　在Code∷Blocks下使用EGE图形库进行图形编程 … 275
  - 2.2.9　Code∷Blocks常见编译错误和警告信息的英汉对照 … 280
- 2.3　CLion集成开发环境的使用和调试方法 ……………………… 285
  - 2.3.1　MinGW的安装 …………… 285
  - 2.3.2　CLion的安装 ……………… 289
  - 2.3.3　CLion首次运行配置 ……… 291
  - 2.3.4　创建项目 …………………… 295
  - 2.3.5　编译和运行 ………………… 297
  - 2.3.6　调试程序 …………………… 299
  - 2.3.7　CLion下的多文件项目开发 … 311
  - 2.3.8　在CLion下导入外部库 …… 315

第3章　实验题目与解答 …………… 317
- 3.1　实验1:学生成绩管理系统 …… 317
- 3.2　实验2:2048游戏设计 ……… 329
- 3.3　实验3:贪吃蛇游戏设计 …… 337
- 3.4　实验4:扫雷游戏设计 ……… 347

参考文献 …………………………… 360

第1章 习题解答

1.1 习题2解答

2.1 以下不正确的C语言标识符是(　　)。
A. AB1　　　　　B. a2_b　　　　　C. _ab3　　　　　D. 4ab
答案:D

2.2 下面程序为变量 x,y,z 赋初值2.5,然后在屏幕上打印这些变量的值。程序中存在错误,请改正错误,并写出程序的正确运行结果。

```c
#include <stdio.h>
int main(void)
{
    printf("These values are : \n");
    int x = y = 2.5;
    printf("x = %d \n", X);
    printf("y = %d \n", y);
    printf("z = %d \n", Z);
    return 0;
}
```

错误原因分析略。修正错误后的参考程序如下:

```c
#include <stdio.h>
int main(void)
{
    float x = 2.5, y = 2.5, z = 2.5;
    printf("These values are : \n");
    printf("x = %f \n", x);
    printf("y = %f \n", y);
    printf("z = %f \n", z);
    return 0;
}
```

程序的运行结果如下：

```
These values are :
x = 2.500000
y = 2.500000
z = 2.500000
```

1.2 习题 3 解答

3.1 分析并写出下列程序的运行结果。

（1）
```
1   #include <stdio.h>
2   int main(void)
3   {
4       int a = 12, b = 3;
5       float x = 18.5, y = 4.6;
6       printf("%f\n", (float)(a * b) / 2);
7       printf("%d\n", (int)x % (int)y);
8       return 0;
9   }
```

（2）
```
1   #include <stdio.h>
2   int main(void)
3   {
4       int x = 32, y = 81, p, q;
5       p = x++;
6       q = --y;
7       printf("%d %d\n", p, q);
8       printf("%d %d\n", x, y);
9       return 0;
10  }
```

参考答案：

（1）程序的运行结果如下：

18.000000

2

（2）程序的运行结果如下：

32 80
33 80

3.2 参考例 3.1 的程序,从键盘任意输入一个 3 位整数,编程计算并输出它的逆序数(忽略整数前的正负号)。例如,输入 -123,则忽略负号,由 123 分离出其百位 1、十位 2、个位 3,然后计算 $3×100+2×10+1=321$,并输出 321。

参考程序如下:

```
1   #include <math.h>
2   #include <stdio.h>
3   int main(void)
4   {
5       int x, b0, b1, b2, y;
6       printf("Input x:");
7       scanf("%d", &x);
8       x = (int)fabs(x);
9       b2 = x / 100;              // 计算百位数字
10      b1 = (x - b2 * 100) / 10;  // 计算十位数字
11      b0 = x %10;                // 计算个位数字
12      y = b2 + b1 * 10 + b0 * 100;
13      printf("y = %d\n",y);
14      return 0;
15  }
```

程序的运行结果如下:

Input x: -123↵
y = 321

3.3 设银行定期存款的年利率 *rate* 为 2.25%,已知存款期为 *n* 年,存款本金为 *capital* 元,试编程计算并输出 *n* 年后的本利之和 *deposit*。

参考程序如下:

```
1   #include <math.h>
2   #include <stdio.h>
3   int main(void)
4   {
5       int n;                 // 存款期变量声明
6       double rate;           // 存款年利率变量声明
7       double capital;        // 存款本金变量声明
8       double deposit;        // 本利之和变量声明
```

```
9        printf("Please enter rate, year, capital:");
10       scanf("%lf,%d,%lf", &rate, &n, &capital);
11       deposit = capital * pow(1+rate, n);   // 计算存款本利之和
12       printf("deposit = %f\n", deposit);    // 打印存款本利之和
13       return 0;
14   }
```

程序的运行结果如下：

```
Please enter rate, year, capital:0.0225,2,10000↙
deposit = 10455.062500
```

3.4 编程计算并输出一元二次方程 $ax^2+bx+c=0$ 的两个实根 $\dfrac{-b\pm\sqrt{b^2-4ac}}{2a}$，其中 a、b、c 的值由用户从键盘输入，假设 a、b、c 的值能保证方程有两个不相等的实根（即 $b^2-4ac>0$）。

参考答案：根据一元二次方程的求根公式：

$$x_{1,2}=\frac{-b\pm\sqrt{b^2-4ac}}{2a}=-\frac{b}{2a}\pm\frac{\sqrt{b^2-4ac}}{2a}$$

令

$$p=-\frac{b}{2a},\quad q=\frac{\sqrt{b^2-4ac}}{2a}$$

则有

$$x_1=p+q,\ x_2=p-q$$

参考程序如下：

```
1    #include <math.h>
2    #include <stdio.h>
3    int main(void)
4    {
5        float a, b, c, disc, p, q;
6        printf("Please enter the coefficients a,b,c:");
7        scanf("%f,%f,%f", &a, &b, &c);// 要求输入满足方程有两个不相等实根的条件
8        disc = b * b - 4 * a * c;            // 计算判别式
9        p = - b/(2 * a);
10       q = sqrt(disc)/(2 * a);
11       printf("x1=%7.4f, x2=%7.4f\n", p+q, p-q);
12       return 0;
13   }
```

程序的运行结果如下：

```
    Please enter the coefficients a,b,c:2,6,1↙
    x1=-0.1771, x2=-2.8229
```

注意：本程序要求用户输入的数据满足 $b^2-4ac>0$ 这个约束条件，否则，如果 $b^2-4ac<0$，将会执行对负数开方的无效运算。运用第 4 章介绍的条件语句进行编程，可以有效解决这一问题。

3.5 参考例 3.4 和例 3.5 程序，分别使用宏定义和 const 常量定义 π 的值，编程计算并输出球的体积和表面积，球的半径 r 的值由用户从键盘输入。

参考答案：球的表面积计算公式为：$S=4\pi r^2$，球的体积计算公式为：$V=4/3\pi r^3$。

方法 1：使用宏定义定义 π 的值。参考程序如下：

```
1   #include <math.h>
2   #include <stdio.h>
3   #define  PI  3.14159         // 定义宏常量 PI
4   int main(void)
5   {
6       double r, surface, volume;
7       printf("Input r:");
8       scanf("%lf", &r);
9       surface = 4*PI*pow(r, 2);
10      volume = 4.0/3.0*PI*pow(r, 3);
11      printf("surface = %lf \n", surface);
12      printf("volume = %lf \n", volume);
13      return 0;
14  }
```

或者

```
1   #include <stdio.h>
2   #define  PI  3.14159         // 定义宏常量 PI
3   int main(void)
4   {
5       double r, surface, volume;
6       printf("Input r:");
7       scanf("%lf", &r);
8       surface = 4*PI*r*r;
9       volume = 4.0/3.0*PI*r*r*r;
10      printf("surface = %lf \n", surface);
```

```
11        printf("volume = %lf\n", volume);
12        return 0;
13   }
```

方法2:使用const常量定义π的值。参考程序如下:

```
1    #include <math.h>
2    #include <stdio.h>
3    const double pi = 3.14159;       // 定义双精度实型的const常量pi
4    int main(void)
5    {
6        double r, surface, volume;
7        printf("Input r:");
8        scanf("%lf", &r);
9        surface = 4*pi*pow(r, 2);
10       volume = 4.0/3.0*pi*pow(r, 3);
11       printf("surface = %lf\n", surface);
12       printf("volume = %lf\n", volume);
13       return 0;
14   }
```

或者

```
1    #include <stdio.h>
2    const double pi = 3.14159;       // 定义双精度实型的const常量pi
3    int main(void)
4    {
5        double r, surface, volume;
6        printf("Input r:");
7        scanf("%lf", &r);
8        surface = 4*pi*r*r;
9        volume = 4.0/3.0*pi*r*r*r;
10       printf("surface = %lf\n", surface);
11       printf("volume = %lf\n", volume);
12       return 0;
13   }
```

程序运行结果为:

　　Input r:5✓

```
surface = 314.159000
volume = 523.598333
```

1.3 习题 4 解答

4.1 分析并写出下面程序的运行结果。

（1）
```
1   #include <stdio.h>
2   int main(void)
3   {
4       char c1 = 'a', c2 = 'b', c3 = 'c';
5       printf("a%cb%cc%c\n", c1, c2, c3);
6       return 0;
7   }
```

（2）
```
1   #include <stdio.h>
2   int main(void)
3   {
4       int a = 12, b = 15;
5       printf("a = %d%%, b = %d%%\n", a, b);
6       return 0;
7   }
```

（3）假设程序运行时输入 123456。
```
1   #include <stdio.h>
2   int main(void)
3   {
4       int a, b;
5       scanf("%2d%*2s%2d", &a, &b);
6       printf("%d,%d\n", a, b);
7       return 0;
8   }
```

参考答案：

（1）aabbcc

（2）a = 12%, b = 15%

（3）123456↙

            12,56

4.2 分析下面的程序,指出程序错在哪里和错误的原因,并改正错误。

错误原因分析略。修正错误后的参考程序如下:

```
1   #include <stdio.h>
2   int main(void)
3   {
4       long a, b;
5       float x, y;
6       scanf("%d, %d", &a, &b);
7       scanf("%f, %f", &x, &y);
8       printf("a = %d, b = %d\n", a, b);
9       printf("x = %5.2f, y = %5.2f\n", x, y);
10      return 0;
11  }
```

程序的运行结果如下:

    12,3↙
    12.345,56.789↙
    a = 12, b = 3
    x = 12.35, y = 56.79

4.3 填空题。

(1) 要使下面的程序在屏幕上显示 1,2,34,则从键盘输入的数据格式应为_____。

```
1   #include <stdio.h>
2   int main(void)
3   {
4       char a,b;
5       int c;
6       scanf("%c%c%d", &a, &b, &c);
7       printf("%c,%c,%d\n", a, b, c);
8       return 0;
9   }
```

(2) 在与上面程序的输入相同的情况下,若将程序中的第 7 条语句修改为

    printf("%-2c%-2c%d\n", a, b, c);

则程序的屏幕输出为_____。

(3) 要使上面程序的数据输入格式为 1,2,34,输出语句在屏幕上显示的结果也为 1,2,34,则应将程序中的第 6 条语句修改为_____。

(4) 在(3)的程序基础上,程序仍然输入1,2,34,若将程序中的第7条语句修改为
　　printf("\'%c\',\'%c\',%d\n", a, b, c);
则程序的屏幕输出为_____。

(5) 要使上面的程序无论用下面哪种格式输入数据,在屏幕上的输出结果都为1,2,34,则应将程序中的第6条语句修改为_____。

第1种输入方式:1,2,34↙(以逗号作为分隔符)
第2种输入方式:1　2　34↙(以空格作为分隔符)
第3种输入方式:1　　2　　34↙(以Tab键作为分隔符)
第4种输入方式:1↙
　　　　　　2↙
　　　　　34↙(以回车符作为分隔符)

参考答案:
(1) 1234 或者12 34
(2) 1 2 34
(3)

```
1   #include <stdio.h>
2   int main(void)
3   {
4       char a,b;
5       int c;
6       scanf("%c,%c,%d", &a, &b, &c);
7       printf("%c,%c,%d\n", a, b, c);
8       return 0;
9   }
```

(4) '1','2',34
(5) scanf("%c%*c%c%*c%d", &a, &b, &c);

4.4　参考例4.2程序,编程从键盘输入一个小写英文字母,将其转换为大写英文字母后,将转换后的大写英文字母及其十进制的ASCII码值显示到屏幕上。

参考程序如下:

```
1   #include <stdio.h>
2   int main(void)
3   {
4       char  ch;
5       printf("Press a key and then press Enter:");
6       ch = getchar();
```

```
7        ch = ch - 32;
8        printf("%c, %d\n", ch, ch);          // 输出 ch 中的字符及其 ASCII 码值
9        return 0;
    }
```

程序的运行结果如下：

Press a key and then press Enter: a↵
A, 65

1.4 习题 5 解答

5.1 从键盘任意输入一个实数，不使用计算绝对值函数编程计算并输出该实数的绝对值。

参考程序如下：

```
1   #include <stdio.h>
2   int main(void)
3   {
4       float x;
5       printf("Input a float number:");
6       scanf("%f", &x);
7       if (x < 0) x = -x;
8       printf("Absolute value of x is %f \n", x);
9       return 0;
10  }
```

程序的运行结果如下：

Input a float number: -2.3↵
Absolute value of x is 2.300000

5.2 从键盘任意输入一个整数，编程判断它的奇偶性。

参考程序如下：

```
1   #include <stdio.h>
2   int main(void)
3   {
4       int a;
5       printf("Input an integer number:");
6       scanf("%d", &a);
7       if (a%2 == 0)
8           printf("a is an even number \n");
```

```
9            else
10               printf("a is an odd number \n");
11           return 0;
12       }
```

程序的两次测试结果如下：

① Input an integer number: 2↵
　a is an even number

② Input an integer number: 5↵
　a is an odd number

5.3 在例 3.8 的基础上，从键盘任意输入三角形的三边长为 a,b,c，编程判断 a,b,c 的值能否构成一个三角形，若能构成三角形，则计算并输出三角形的面积，否则提示不能构成三角形。已知构成三角形的条件是：任意两边之和大于第三边。

参考程序如下：

```
1    #include <stdio.h>
2    #include <math.h>
3    int main(void)
4    {
5        float a, b, c, s, area;
6        printf("Input a,b,c:");
7        scanf("%f,%f,%f", &a, &b, &c);
8        if (a+b>c && b+c>a && a+c>b)
9        {
10           s = (float)(a + b + c) / 2;
11           area = sqrt(s * (s - a) * (s - b) * (s - c));
12           printf("area = %f \n", area);
13       }
14       else
15       {
16           printf("It is not a triangle \n");
17       }
18       return 0;
19   }
```

程序的两次测试结果如下：

① Input a,b,c:3,4,5↵
　area = 6.000000

② `Input a,b,c:3,4,8↵`
　`It is not a triangle`

5.4 假设银行整存整取不同期限的年利率分别为：

$$年利率 = \begin{cases} 2.25\% & 期限\ 1\ 年 \\ 2.43\% & 期限\ 2\ 年 \\ 2.70\% & 期限\ 3\ 年 \\ 2.88\% & 期限\ 5\ 年 \\ 3.00\% & 期限\ 8\ 年 \end{cases}$$

要求输入存钱的本金和期限，求到期时能从银行得到的利息与本金的总和。

参考程序如下：

```
1   #include <stdio.h>
2   #include <stdlib.h>
3   #include <math.h>
4   int main(void)
5   {
6       int year;
7       double rate, capital, deposit;
8       printf("Please enter year,capital:");
9       scanf("%d,%lf", &year, &capital);
10      switch(year)
11      {
12          case 1:rate = 0.0225;break;
13          case 2:rate = 0.0243;break;
14          case 3:rate = 0.0270;break;
15          case 5:rate = 0.0288;break;
16          case 8:rate = 0.0300;break;
17          default:printf("Error rate! \n");
18                  exit(0);
19      }
20      deposit = capital * pow(1+rate, year);
21      printf("rate = %f, deposit = %f\n", rate, deposit);
22      return 0;
23  }
```

程序的两次测试结果如下：

① `Please enter year,capital:2,10000↵`

```
        rate = 0.024300, deposit = 10491.904900
    ② Please enter year,capital:4,10000↵
        Error rate!
```

5.5 阅读下面的程序,按要求在空白处填写适当的表达式或语句,使程序完整并符合题目要求。已知下面程序的功能是:从键盘任意输入一个年号,判断它是否是闰年。若是闰年,输出"Yes";否则输出"No"。已知符合下列条件之一者是闰年:(1)能被 4 整除,但不能被 100 整除;(2)能被 400 整除。

```
1   #include <stdio.h>
2   int main(void)
3   {
4       int year, flag;
5       printf("Input a year:");
6       scanf("%d", &year);
7       if (_____①_____)
8           flag = 1;                    // 如果 year 是闰年,则标志变量 flag 置 1
9       else
10          flag = 0;                    // 否则,标志变量 flag 置 0
11      if (____②____)
12          printf("%d is a leap year! \n", year);      // 打印"是闰年"
13      else
14          printf("%d is not a leap year! \n", year);  // 打印"不是闰年"
15      return 0;
16  }
```

参考答案:
① year%4 == 0 && year%100 ! = 0 || year%400 == 0
② flag

5.6 将习题 5.5 程序中的第 7~10 行的 if 语句改用条件表达式实现,重新编写该程序。

参考程序如下:

```
1   #include <stdio.h>
2   int main(void)
3   {
4       int year, flag;
5       printf("Input a year:");
6       scanf("%d", &year);
7       flag = (year%4 == 0 && year%100 ! = 0 || year%400 == 0) ? 1 : 0;
```

```
8           if (flag)
9               printf("%d is a leap year! \n", year);     // 打印"是闰年"
10          else
11              printf("%d is not a leap year! \n", year); // 打印"不是闰年"
12          return 0;
13      }
```

程序的 4 次测试结果如下:

① Input a year:2004↙
2004 is a leap year!

② Input a year:2009↙
2009 is not a leap year!

③ Input a year:2100↙
2100 is not a leap year!

④ Input a year:2000↙
2000 is a leap year!

5.7 在例 4.2 和第 4 章实验程序的基础上,从键盘输入一个英文字母,如果它是大写英文字母,则将其转换为小写英文字母,如果它是小写英文字母,则将其转换为大写英文字母,然后将转换后的英文字母及其 ASCII 码值显示到屏幕上;如果不是英文字母,则不转换,直接将它及其 ASCII 码值输出到屏幕上。

参考程序如下:

```
1   #include <stdio.h>
2   int main(void)
3   {
4       char ch;
5       printf("Press a key and then press Enter:");
6       ch = getchar();
7       if (ch >= 'A' && ch <= 'Z')
8           ch = ch + 32;
9       else if (ch >= 'a' && ch <= 'z')
10          ch = ch - 32;
11      printf("%c, %d\n", ch, ch);
12      return 0;
13  }
```

程序的 3 次测试结果如下:

① Press a key and then press Enter: A↙

　　　　a, 97
　　② Press a key and then press Enter: a↵
　　　　A, 65
　　③ Press a key and then press Enter: 1↵
　　　　1, 49

5.8　从键盘任意输入一个字符,编程判断该字符是数字字符、大写字母、小写字母、空格还是其他字符。

　　参考程序如下:

```
1    #include <stdio.h>
2    int main(void)
3    {
4        char ch;
5        printf("Press a key and then press Enter:");
6        ch = getchar();
7        if (ch >= 'a' && ch <= 'z' || ch >= 'A' && ch <= 'Z')
8            printf("It is an English character! \n");
9        else if (ch <= '9' && ch >= '0')
10           printf("It is a digit character! \n");
11       else if (ch == ' ')
12           printf("It is a space character! \n");
13       else
14           printf("It is other character! \n");
15       return 0;
16   }
```

程序的 5 次测试结果如下:

　　① Press a key and then press Enter: A↵
　　　It is an English character!
　　② Press a key and then press Enter: a↵
　　　It is an English character!
　　③ Press a key and then press Enter: 9↵
　　　It is a digit character!
　　④ Press a key and then press Enter: ↵
　　　It is a space character!
　　⑤ Press a key and then press Enter: #↵
　　　It is other character!

5.9 参考例 5.8 程序的测试结果,改用 if-else 语句编程,将输入的百分制成绩 score 转换成相应的五分制成绩 grade 后输出。已知转换标准为:

$$\text{grade} = \begin{cases} A & 90 \leqslant \text{score} \leqslant 100 \\ B & 80 \leqslant \text{score} < 90 \\ C & 70 \leqslant \text{score} < 80 \\ D & 60 \leqslant \text{score} < 70 \\ E & 0 \leqslant \text{score} < 60 \end{cases}$$

参考程序如下:

```
1   #include <stdio.h>
2   int main(void)
3   {
4       int score;
5       printf("Please enter score:");
6       scanf("%d", &score);
7       if (score<0 || score>100)    printf("Input error! \n");
8       else if (score>=90)          printf("%d——A \n", score);
9       else if (score>=80)          printf("%d——B \n", score);
10      else if (score>=70)          printf("%d——C \n", score);
11      else if (score>=60)          printf("%d——D \n", score);
12      else                         printf("%d——E \n", score);
13      return 0;
14  }
```

程序的 15 次测试结果如下:

① Please enter score:0✓
   0——E

② Please enter score:15✓
   15——E

③ Please enter score:25✓
   25——E

④ Please enter score:35✓
   35——E

⑤ Please enter score:45✓
   45——E

⑥ Please enter score:55✓
   55——E

⑦ Please enter score:65↵
65—D
⑧ Please enter score:75↵
75—C
⑨ Please enter score:85↵
85—B
⑩ Please enter score:95↵
95—A
⑪ Please enter score:100↵
100—A
⑫ Please enter score:-10↵
Input error!
⑬ Please enter score:200↵
Input error!
⑭ Please enter score:105↵
Input error!
⑮ Please enter score:-5↵
Input error!

5.10　参考习题 5.5 中判断闰年的方法,从键盘输入某年某月(包括闰年),用 switch 语句编程输出该年的该月拥有的天数。要求考虑闰年以及输入月份不在合法范围内的情况。已知闰年的 2 月有 29 天,平年的 2 月有 28 天。

参考程序如下:

```
1   #include <stdio.h>
2   int main(void)
3   {
4       int year, month;
5       printf("Input year,month:");
6       scanf("%d, %d", &year, &month);
7       switch (month)
8       {
9           case 1:
10          case 3:
11          case 5:
12          case 7:
13          case 8:
```

```
14              case 10:
15              case 12:printf("31 days \n");
16                    break;
17              case 2:if((year %4== 0 && year %100 != 0)||(year %400 == 0))
18                    {
19                         printf("29 days \n");        // 闰年的 2 月有 29 天
20                    }
21                    else
22                    {
23                         printf("28 days \n");        // 平年的 2 月有 28 天
24                    }
25                    break;
26              case 4:
27              case 6:
28              case 9:
29              case 11:printf("30 days \n");
30                    break;
31              default:printf("Input error! \n");
32        }
33        return 0;
34    }
```

程序的 6 次测试结果如下：

① Input year,month:2004,2 ↙
　 29 days

② Input year,month:2009,2 ↙
　 28 days

③ Input year,month:2100,2 ↙
　 28 days

④ Input year,month:2000,2 ↙
　 29 days

⑤ Input year,month:2000,11 ↙
　 30 days

⑥ Input year,month:2000,13 ↙
　 Input error!

5.11　身高预测。每个做父母的都关心自己孩子成人后的身高,据有关生理卫生知识与数理统计分析表明,影响小孩成人后的身高的因素包括遗传、饮食习惯与体育锻炼等。小孩成人后的身高与其父母的身高和自身的性别密切相关。

设 faHeight 为其父身高,moHeight 为其母身高,身高预测公式为

男性成人时身高 = (faHeight + moHeight) × 0.54 cm

女性成人时身高 = (faHeight × 0.923 + moHeight) / 2 cm

此外,如果喜爱体育锻炼,那么可增加身高 2%;如果有良好的卫生饮食习惯,那么可增加身高 1.5%。

请编程从键盘输入用户的性别(用字符型变量 sex 存储,输入字符 F 表示女性,输入字符 M 表示男性)、父母身高(用实型变量存储,faHeight 为其父身高,moHeight 为其母身高)、是否喜爱体育锻炼(用字符型变量 sports 存储,输入字符 Y 表示喜爱,输入字符 N 表示不喜爱)、是否有良好的饮食习惯等条件(用字符型变量 diet 存储,输入字符 Y 表示良好,输入字符 N 表示不好),利用给定公式和身高预测方法对身高进行预测。

参考程序如下:

```
1   #include <stdio.h>
2   int main(void)
3   {
4       char sex;              // 孩子的性别
5       char sports;           // 是否喜欢体育运动
6       char diet;             // 是否有良好的饮食习惯
7       float myHeight;        // 孩子身高
8       float faHeight;        // 父亲身高
9       float moHeight;        // 母亲身高
10      printf("Are you a boy(M) or a girl(F)?");
11      scanf(" %c", &sex);    // 在%c前加一个空格,将存于缓冲区中的回车符读走
12      printf("Please input your father's height(cm):");
13      scanf("%f", &faHeight);
14      printf("Please input your mother's height(cm):");
15      scanf("%f", &moHeight);
16      printf("Do you like sports(Y/N)?");
17      scanf(" %c", &sports);    // %c 前加一空格,读走缓冲区中的回车符
18      printf("Do you have a good habit of diet(Y/N)?");
19      scanf(" %c", &diet);      // %c 前加一空格,读走缓冲区中的回车符
20      if (sex == 'M' || sex == 'm')
21          myHeight = (faHeight + moHeight)*0.54;
```

```
22        else
23            myHeight = (faHeight*0.923 + moHeight) / 2.0;
24        if (sports == 'Y'||sports == 'y')
25            myHeight = myHeight * (1 + 0.02);
26        if (diet == 'Y'||diet == 'y')
27            myHeight = myHeight * (1 + 0.015);
28        printf("Your future height will be %.0f(cm) \n", myHeight);
29        return 0;
30    }
```

程序运行结果如下:

    Are you a boy(M) or a girl(F)? F↙
    Please input your father's height(cm):182↙
    Please input your mother's height(cm):162↙
    Do you like sports(Y/N)? N↙
    Do you have a good habit of diet(Y/N)? Y↙
    Your future height will be 167(cm)

5.12 体型判断。医务工作者经广泛的调查和统计分析,根据身高与体重因素给出了以下按"体指数"进行体型判断的方法:

$$\text{体指数 } t = \text{体重 } w / (\text{身高 } h)^2 \quad (w \text{ 单位为千克}, h \text{ 单位为米})$$

当 t < 18 时,为低体重;
当 t 介于 18 和 25 之间时,为正常体重;
当 t 介于 25 和 27 之间时,为超重体重;
当 t ≥ 27 时,为肥胖。

分别用 if 语句和 if-else 语句编程,从键盘输入你的身高 h 和体重 w,根据上述给定的公式计算体指数 t,然后判断你的体重属于何种类型。

参考程序 1:

```
1    #include <stdio.h>
2    int main(void)
3    {
4        float h, w, t;
5        printf("Please enter h,w:");
6        scanf("%f, %f", &h, &w);
7        t = w / (h * h);
8        if (t < 18)
```

```
9            printf("t=%f \tLower weight!\n", t);
10       if (t >= 18 && t < 25)
11           printf("t=%f \tStandard weight!\n", t);
12       if (t >= 25 && t < 27)
13           printf("t=%f \tHigher weight!\n", t);
14       if (t >= 27)
15           printf("t=%f \tToo fat!\n", t);
16       return 0;
17   }
```

参考程序 2:

```
1    #include <stdio.h>
2    int main(void)
3    {
4        float  h, w, t;
5        printf("Please enter h,w:");
6        scanf("%f, %f", &h, &w);
7        t = w / (h*h);
8        if (t < 18)
9            printf("t=%f \tLower weight!\n", t);
10       else  if (t < 25)
11           printf("t=%f \tStandard weight!\n", t);
12       else  if (t < 27)
13           printf("t=%f \tHigher weight!\n", t);
14       else
15           printf("t=%f \tToo fat!\n", t);
16       return 0;
17   }
```

程序的 4 次测试结果如下:

① Please enter h,w: 1.64,45 ↙
t=16.731113   Lower weight!

② Please enter h,w: 1.64,60 ↙
t=22.308151   Standard weight!

③ Please enter h,w: 1.64,70 ↙
t=26.026175   Higher weight!

④ Please enter h,w: 1.64,75↙
　　t=27.885187　Too fat!

1.5　习题 6 解答

6.1　分析并写出下列程序的运行结果。
（1）
```
1   #include <stdio.h>
2   int main(void)
3   {
4       int i, j, k;
5       char space = ' ';
6       for (i=1;i<=4;i++)
7       {
8           for (j=1; j<=i; j++)
9           {
10              printf("%c",space);
11          }
12          for (k=1; k<=6; k++)
13          {
14              printf("*");
15          }
16          printf("\n");
17      }
18      return 0;
19  }
```
（2）
```
1   #include <stdio.h>
2   int main(void)
3   {
4       int k = 4, n;
5       for (n=0; n<k; n++)
6       {
7           if (n%2 == 0) continue;
8           k--;
```

```
 9          }
10          printf("k=%d, n=%d\n", k, n);
11          return 0;
12      }
```
(3)
```
 1      #include <stdio.h>
 2      int main(void)
 3      {
 4          int k = 4, n;
 5          for (n=0; n<k; n++)
 6          {
 7              if (n%2 == 0) break;
 8              k--;
 9          }
10          printf("k=%d, n=%d\n", k, n);
11          return 0;
12      }
```

参考答案：
(1) ＊＊＊＊＊＊
　　＊＊＊＊＊＊
　　＊＊＊＊＊＊
　　＊＊＊＊＊＊

(2) k=3, n=3

(3) k=4, n=0

6.2　阅读下面的程序，按要求在空白处填写适当的表达式或语句，使程序完整并符合题目要求，然后上机运行程序，写出程序的运行结果。

(1) 计算 1 + 3 + 5 + 7 + … + 99 + 101 的值。

```
 1      #include <stdio.h>
 2      int main(void)
 3      {
 4          int i, sum = 0;
 5          for (i=1; i<=101; _____①_____ )
 6          {
 7              _____②_____ ;
 8          }
```

```
 9        printf("sum = %d\n", sum);
10        return 0;
11    }
```

参考答案：① i = i + 2   ② sum = sum + i

程序的运行结果为：sum = 2601

（2）计算 1×2×3 + 3×4×5 + ⋯ + 99×100×101 的值。

```
 1    #include <stdio.h>
 2    int main(void)
 3    {
 4        long i ;
 5        long term, sum = 0;
 6        for (i=1;_____①_____; i=i+2)
 7        {
 8            term =_____②_____;
 9            sum = sum + term;
10        }
11        printf("sum = %ld\n", sum);
12        return 0;
13    }
```

参考答案：① i<=99   ② i * (i + 1) * (i + 2)

程序的运行结果为：sum = 13002450

（3）计算 $a + aa + aaa + \cdots + aa\cdots a(n 个 a)$ 的值，n 和 a 的值由键盘输入。

```
 1    #include <stdio.h>
 2    int main(void)
 3    {
 4        long____①____, sum = 0;
 5        int a , i, n;
 6        printf("Input a,n:");
 7        scanf("%d,%d", &a, &n);
 8        for (i=1; i<=n; i++)
 9        {
10            term =____②____;
11            sum = sum + term;
12        }
13        printf("sum = %ld\n", sum);
```

```
14        return 0;
15    }
```
参考答案：① term = 0 ② term * 10 + a

程序的运行结果如下：

    Input a,n:2,4↵
    sum = 2468

（4）计算 1-1/2+1/3-1/4+…+1/99-1/100+…，直到最后一项的绝对值小于 10^{-4} 为止。

```
1   #include <stdio.h>
2   #include <math.h>
3   int main(void)
4   {
5       int n = 1;
6       float term = 1.0, sign = 1, sum = 0;
7       while (_____①_____)
8       {
9           _____②_____;
10          sum = sum + term;
11          sign =_____③_____;
12          n++;
13      }
14      printf("sum = %f \n", sum);
15      return 0;
16  }
```

参考答案：① fabs(term) >= 1e-4   ② term = sign/n   ③ -sign

程序的运行结果为：sum = 0.693092

（5）利用 $\sin x \approx x - \dfrac{x^3}{3!} + \dfrac{x^5}{5!} - \dfrac{x^7}{7!} + \dfrac{x^9}{9!} - \cdots$，计算 $\sin x$（x 为弧度值）的值，直到最后一项的绝对值小于 10^{-5} 时为止，输出 $\sin x$ 的值并统计累加的项数。

```
1   #include <stdio.h>
2   #include <math.h>
3   int main(void)
4   {
5       int n = 1, count = 1;
6       double x, sum, term;
7       printf("Input x:");
```

```
8        scanf("%lf", ___①___);
9        sum = x;
10       term = x;
11       do{
12           term =_____②_____;
13           sum = sum + term;
14           n = n + 2;
15           ___③___;
16       }while (___④___);
17       printf("sin(x) = %f, count = %d\n", sum, count);
18       return 0;
19   }
```

参考答案:① &x ② -term*x*x/((n + 1)*(n + 2)) ③ count++
④ fabs(term) >= 1e-5

程序的运行结果如下:

  Input x:10↙
  sin(x) = -0.544022, count = 18

6.3 程序改错题。爱因斯坦曾出过这样一道数学题:有一个长阶梯,若每步跨2阶,最后剩下1阶;若每步跨3阶,最后剩下2阶;若每步跨5阶,最后剩下4阶;若每步跨6阶,则最后剩下5阶;只有每步跨7阶,最后才正好1阶不剩。参考例6.15程序,编写出的计算这个阶梯共有多少阶的程序如下所示,其中存在一些语法和逻辑错误,请找出并改正,然后上机运行程序并写出程序的运行结果。

```
1    #include <stdio.h>
2    int main(void)
3    {
4        int x = 1, find = 0;
5        while (!find);
6        {
7            if (x%2=1 && x%3=2 && x%5=4 && x%6=5 && x%7=0)
8            {
9                printf("x = %d\n", x);
10               find = 1;
11           x++;
12       }
13   }
```

```
14      return 0;
15  }
```
错误原因分析略。修正错误后的参考程序如下：
```
1   #include <stdio.h>
2   int main(void)
3   {
4       int x = 1, find = 0;
5       while (!find)
6       {
7           if (x%2==1 && x%3==2 && x%5==4 && x%6==5 && x%7==0)
8           {
9               printf("x = %d\n", x);
10              find = 1;
11          }
12          x++;
13      }
14      return 0;
15  }
```
程序的运行结果为：x = 119

6.4 参考例 6.4 程序，编程计算并输出 1~n 之间的所有数的平方和立方。其中，n 值由用户从键盘输入。

参考答案：这是一个计数控制的循环，适合用 for 语句实现。参考程序如下：
```
1   #include <stdio.h>
2   int main(void)
3   {
4       int i, n;
5       printf("Please enter n:");
6       scanf("%d", &n);
7       for (i=1; i<=n; i++)
8       {
9           printf("%d*%d = %d \n", i, i, i*i);  // 输出所有数的平方
10      }
11      for (i=1; i<=n; i++)
12      {
```

```
13              printf("%d*%d*%d = %d\n", i, i, i, i*i*i);// 输出所有数的立方
14
15          }
16      return 0;
17  }
```

程序的运行结果如下:

```
Please enter n:5↙
1 * 1 = 1
2 * 2 = 4
3 * 3 = 9
4 * 4 = 16
5 * 5 = 25
1 * 1 * 1 = 1
2 * 2 * 2 = 8
3 * 3 * 3 = 27
4 * 4 * 4 = 64
5 * 5 * 5 = 125
```

6.5 某人在国外留学,不熟悉当地天气预报中的华氏温度值,请编程按每隔 10°输出 0°~300°之间的华氏温度与摄氏温度的对照表,以方便他对照查找。已知华氏温度和摄氏温度的转换公式为 C=5/9×(F-32),其中,C 表示摄氏温度,F 表示华氏温度。

参考答案:这是一个计数控制的循环,适合用 for 语句实现。参考程序如下:

```
1   #include <stdio.h>
2   int main(void)
3   {
4       int    fahr;
5       float celsius;
6       for (fahr=0; fahr<=300; fahr=fahr+10)
7       {
8           celsius = 5.0/9*(fahr - 32);
9           printf("%4d\t%6.1f\n", fahr, celsius);
10      }
11      return 0;
12  }
```

程序的运行结果如下:

```
  0    -17.8
 10    -12.2
 20     -6.7
 30     -1.1
 40      4.4
 50     10.0
 60     15.6
 70     21.1
 80     26.7
 90     32.2
100     37.8
110     43.3
 ⋮       ⋮
280    137.8
290    143.3
300    148.9
```

6.6 假设银行一年整存零取的月息为 1.875%,现在某人手头有一笔钱,他打算在今后 5 年中,每年年底取出 1 000 元作为孩子来年的教育金,到第 5 年孩子毕业时刚好取完这笔钱,请编程计算第 1 年年初时他应存入银行多少钱。注意:每年年底结算一次,扣除取出的钱,剩余的作为下一年度存款本金,每年的利息按月计算,不是复利.

参考答案:采用逆推法分析存钱和取钱的过程,然后采用迭代法求解。若第 5 年年底连本带息要取出 1 000 元,则第 5 年年初银行中的存款数额 y_5 应为

$$y_5 = 1000/(1+12\times 0.01875)$$

按题意,由第 5 年年初银行中的存款数额 y_5 求得第 4 年年初银行中的存款数额 y_4 应为

$$y_4 = (y_5+1000)/(1+12\times 0.01875)$$

同理,由第 $n+1$ 年年初银行中的存款数额 y_{n+1} 求得第 n 年年初银行中的存款数额 y_n 为

$$y_n = (y_{n+1}+1000)/(1+12\times 0.01875)$$

以 0 作为 y_{n+1} 的初值,对上式进行逆推迭代求解,迭代 5 次的结果即为第 1 年年初银行中的存款数额 y_1,也就是他现在要存入银行的存款数额。参考程序如下:

```
1    #include <stdio.h>
2    #define RATE 0.01875
3    #define MONTHS 12
4    #define CAPITAL 1000
5    #define YEARS 5
6    int main(void)
```

```
7   {
8       int i;
9       double deposit = 0;
10      for (i=0; i<YEARS; i++)
11      {
12          deposit = (deposit + CAPITAL)/(1 + RATE * MONTHS);
13      }
14      printf("He must save%.2f at the first year.\n", deposit);
15      return 0;
16  }
```

程序的运行结果如下:

  He must save 2833.29 at first year.

6.7 已知今年的工业产值为 100 万元,产值增长率从键盘输入,请编程计算工业产值过多少年可实现翻一番(即增加一倍)。

参考答案:用符号常量 CURRENT 表示今年的工业产值为 100 万元,用变量 growRate 表示产值增长率,用变量 year 表示产值翻番所需的年数,则计算年产值增长额的计算公式为:

  output = output * (1 + growRate)

利用迭代法循环计算,直到 output >= 2 * CURRENT 时为止。当 output >= 2 * CURRENT 时,表示已实现产值翻番。此时,循环被执行的次数 year 即为产值翻番所需的年数。

参考程序 1 如下:

```
1   #include <stdio.h>
2   #define  CURRENT   100
3   int main(void)
4   {
5       int     year;                   // 产值翻番所需年数
6       double  growRate;               // 工业产值的增长率
7       double  output;                 // 工业总产值
8       printf("Input grow rate:");
9       scanf("%lf", &growRate);
10      output = CURRENT;               // 当年产值为 100 万元
11      for (year=0; output < 2*CURRENT; year++)
12      {
13          output = output*(1 + growRate);
14      }
```

```
15      printf("When grow rate is %.0f%%, the output can be doubled after
16              %d years.\n", growRate*100, year);
17      return 0;
18  }
```

参考程序 2 如下：

```
1   #include <stdio.h>
2   #define   CURRENT   100
3   int main(void)
4   {
5       int     year = 0;                   // 产值翻番所需年数,初始化为 0
6       double  growRate;                   // 工业产值的增长率
7       double  output = CURRENT;           // 工业总产值,初始化为当年产值 100 万元
8       printf("Input grow rate:");
9       scanf("%lf", &growRate);
10      do {
11          output = output * (1 + growRate);
12          year++;
13      }while (output < 2 *CURRENT);
14      printf("When grow rate is %.0f%%, the output can be doubled after
15              %d years.\n", growRate*100, year);
16      return 0;
17  }
```

程序的两次测试结果如下：

① Input grow rate: 0.08↙

When grow rate is 8%, the output can be doubled after 10 years.

② Input grow rate: 0.1↙

When grow rate is 10%, the output can be doubled after 8 years.

6.8 参考习题 6.2(5)程序，利用 $\frac{\pi}{4}=1-\frac{1}{3}+\frac{1}{5}-\frac{1}{7}+\cdots$，编程计算 π 的近似值，直到最后一项的绝对值小于 10^{-4} 时为止，输出 π 的值并统计累加的项数。

参考答案：利用计算累加项通式的方法来寻找累加项的构成规律，将累加项通式表示为：term=sign/n，分子 sign 按+1,-1,+1,-1,…以正负交替的形式变化，表示为 sign = -sign，取其初值为 1.0，分母 n 按 1,3,5,7,…变化，表示为 n=n+2，取其初值为 1，用计数器变量 count 统计累加的项数，取其初值为 0，每次循环执行 1 次加 1 运算。

循环累加的终止条件是：直到最后一项的绝对值小于 10^{-4} 时为止。显然，这是一个条件控

制的循环,适合用 do-while 语句或者 while 语句编程实现。

参考程序 1 如下:

```
1   #include <math.h>
2   #include <stdio.h>
3   int main(void)
4   {
5       double pi, sum = 0, term, sign = 1.0;
6       int count = 0, n = 1;
7       do{
8           term = sign/n;              // 计算累加项
9           sum = sum + term;           // 累加
10          count++;                    // 记录累加的项数
11          sign = -sign;               // 累加项分子的变化规律
12          n = n + 2;                  // 累加项分母的变化规律
13      }while (fabs(term) >= 1e-4);// 判断累加项是否满足循环终止条件
14      pi = sum * 4;
15      printf("pi = %f\ncount = %d\n", pi, count);
16      return 0;
17  }
```

参考程序 2 如下:

```
1   #include <math.h>
2   #include <stdio.h>
3   int main(void)
4   {
5       double pi, sum = 0, term, sign = 1.0;
6       int count = 0, n = 1;
7       term = 1.0;                     // term 在这里必须先初始化
8       while (fabs(term) >= 1e-4)      // 判断累加项是否满足循环终止条件
9       {
10          term = sign/n;              // 计算累加项
11          sum = sum + term;           // 累加
12          count++;                    // 记录累加的项数
13          sign = -sign;               // 累加项分子的变化规律
14          n = n + 2;                  // 累加项分母的变化规律
15      }
```

```
16        pi = sum * 4;
17        printf("pi = %f \ncount = %d \n", pi, count);
18        return 0;
19    }
```

程序的运行结果如下:

```
pi = 3.141793
count = 5001
```

6.9 参考习题6.2(5)程序,利用 $e = 1 + \dfrac{1}{1!} + \dfrac{1}{2!} + \dfrac{1}{3!} + \cdots + \dfrac{1}{n!}$,编程计算 e 的近似值,直到最后一项的绝对值小于 10^{-5} 时为止,输出 e 的值并统计累加的项数。

参考答案1:利用计算累加项通式的方法来寻找累加项的构成规律,先计算 1!,2!,3!,…,再计算其倒数作为累加项 term。参考程序如下:

```
1     #include <math.h>
2     #include <stdio.h>
3     int main(void)
4     {
5         int n = 1, count =1;
6         double e = 1.0, term = 1.0;
7         long fac = 1;
8         for (n=1; fabs(term) >= 1e-5; n++)
9         {
10            fac = fac * n;
11            term = 1.0/fac;              // 计算累加项
12            e = e + term;                // 累加
13            count++;                     // 记录累加的项数
14        }
15        printf("e=%f, count=%d \n", e, count);
16        return 0;
17    }
```

参考答案2:考虑到 $\dfrac{1}{2!} = \dfrac{1}{1!} \div 2, \dfrac{1}{3!} = \dfrac{1}{2!} \div 3, \cdots$,即前项与后项之间的关系为:term = term/n,因此可通过"利用前项计算后项"的方法来得到累加项的构成规律。参考程序如下:

```
1     #include <math.h>
2     #include <stdio.h>
3     int main(void)
```

```
4      {
5          int n = 1, count =1;
6          double e = 1.0, term = 1.0;
7          do{
8              term = term / n;        // 计算累加项
9              e = e + term;           // 累加
10             n++;
11             count++;                // 记录累加的项数
12         }while (fabs(term) >= 1e-5);
13         printf("e = %f, count = %d\n", e, count);
14         return 0;
15     }
```

参考答案 3：将参考答案 2 中的程序改用 while 语句实现。参考程序如下：

```
1      #include <math.h>
2      #include <stdio.h>
3      int main(void)
4      {
5          int n = 1, count =1;
6          double e = 1.0, term = 1.0;
7          while (fabs(term) >= 1e-5)
8          {
9              term = term / n;        // 计算累加项
10             e = e + term;           // 累加
11             n++;
12             count++;                // 记录累加的项数
13         }
14         printf("e = %f, count = %d\n", e, count);
15         return 0;
16     }
```

程序的运行结果如下：

    e = 2.718282, count = 10

6.10 水仙花数是指各位数字的立方和等于该数本身的三位数。例如，153 是水仙花数，因为 $153 = 1^3+3^3+5^3$。请编程计算并输出所有的水仙花数。

参考答案 1：首先确定水仙花数 n 的可能的取值范围，因为 n 是一个三位数，所以其取值在 100～999 之间变化，显然，这是一个计数控制的循环。对于 n 的每一个可能的取值，首先分离出

其百位数字 i、十位数字 j、个位数字 k，然后通过判定 n 与 $i*i*i+j*j*j+k*k*k$ 是否相等，即可确定 n 是否为水仙花数。参考程序如下：

```
1   #include <stdio.h>
2   int main(void)
3   {
4       int i, j, k, n;
5       for (n=100; n<1000; n++)
6       {
7           i = n / 100;                    // 分离出百位数字
8           j = (n - i * 100) / 10;         // 分离出十位数字
9           k = n %10;                      // 分离出个位数字
10          if (n == i*i*i + j*j*j + k*k*k) // 判定是否满足水仙花数的条件
11              printf("%6d", n);
12      }
13      printf(" \n");
14      return 0;
15  }
```

参考答案 2：设水仙花数的百位、十位、个位数字分别为 i、j、k，通过遍历 i、j、k 的所有可能取值（注意：对于三位数而言，其百位数字 i 的值不能为 0），并判定 $i*100+j*10+k$ 与 $i*i*i+j*j*j+k*k*k$ 是否相等，即可确定该三位数是否为水仙花数。参考程序如下：

```
1   #include <stdio.h>
2   int main(void)
3   {
4       int i, j, k;
5       for (i=1; i<=9; i++)              // 遍历百位数字的所有可能取值
6       {
7           for (j=0; j<=9; j++)          // 遍历十位数字的所有可能取值
8           {
9               for (k=0; k<=9; k++)      // 遍历个位数字的所有可能取值
10              {
11                  // 水仙花数判定
12                  if (i * 100+j * 10+k == i * i * i+j * j * j+k * k * k)
13                      printf("%6d", i * 100+j * 10+k);
14              }
15          }
```

```
16          }
17          printf("\n");
18          return 0;
19      }
```

程序的运行结果如下:

　　153　370　371　407

6.11　已知不等式: $1! + 2! + \cdots + m! < n$,请编程对用户指定的 n 值计算并输出满足该不等式的 m 的整数解。

参考答案:计算累加和 $1! + 2! + \cdots + m!$ 的值,直到累加和变量 sum $\geq n$ 时结束循环,这是一个条件控制的循环。注意,由于要计算满足 sum $< n$ 的 m 值,而退出循环时 m 值刚好使得 sum $\geq n$,即多累加了 1 项,所以满足 sum $< n$ 的 m 的整数解应为循环次数减 1 后的值。此外,由于将 n 定义为无符号长整型,所以输入、输出数据时应使用%lu 格式符。

参考程序 1 如下:

```
1   #include <stdio.h>
2   int main(void)
3   {
4       unsigned long i, n, term = 1, sum = 0;
5       printf("Please enter n:");
6       scanf("%lu", &n);
7       for (i=1; ;i++)
8       {
9           term = term * i;
10          sum = sum + term;
11          if (sum >= n) break;
12      }
13      printf("m <= %lu \n", i-1);
14      return 0;
15  }
```

参考程序 2 如下:

```
1   #include <stdio.h>
2   int main(void)
3   {
4       unsigned long i = 0, n, term = 1, sum = 0;
5       printf("Please enter n:");
6       scanf("%lu", &n);
```

```
7            do{
8                i++;
9                term = term * i;
10               sum = sum + term;
11           }while (sum < n);
12           printf("m <= %lu \n", i-1);
13           return 0;
14       }
```

参考程序 3 如下:

```
1    #include <stdio.h>
2    int main(void)
3    {
4        unsigned long i, n, term = 1, sum = 0;
5        int flag = 0;
6        printf("Please enter n:");
7        scanf("%lu", &n);
8        for (i=1; !flag; i++)
9        {
10           term = term * i;
11           sum = sum + term;
12           if (sum >= n)
13           {
14               flag = 1;
15               printf("m <= %lu \n", i-1);
16           }
17       }
18       return 0;
19   }
```

程序的运行结果如下:

  Please enter n: 1000000↙
  m <= 9

6.12 输入一些整数,编程计算并输出其中所有正数的和,输入负数或零时表示输入数据结束。要求最后统计出累加的项数。

参考答案:由于负数或零是输入数据结束的标志,因此这是一个标记控制的循环,适用 while 语句编程实现。

参考程序如下:
```
1   #include <stdio.h>
2   int main(void)
3   {
4       int i = 0, n, sum = 0;
5       printf("Input a number:");
6       scanf("%d", &n);
7       while(n > 0)
8       {
9           sum = sum + n;
10          printf("Input a number:");
11          scanf("%d", &n);
12          i++;
13      }
14      printf("sum = %d, count = %d\n", sum, i);
15      return 0;
16  }
```

程序的运行结果如下:

Input a number: 1↙
Input a number: 2↙
Input a number: 3↙
Input a number: 4↙
Input a number: 5↙
Input a number: -1↙
sum = 15, count = 5

6.13 参考例6.14程序,输入一些整数,编程计算并输出其中所有正数的和,输入负数时不累加,继续输入下一个数。输入零时表示数据输入结束。要求最后统计出累加的项数。

参考程序如下:
```
1   #include <stdio.h>
2   int main(void)
3   {
4       int i = 0, n, sum = 0;
5       printf("Input a number:");
6       scanf("%d", &n);
7       while(n != 0)
```

```
8          {
9              if (n > 0)
10             {
11                 sum = sum + n;
12                 i++;
13             }
14             printf("Input a number:");
15             scanf("%d", &n);
16         }
17         printf("sum = %d, count = %d\n", sum, i);
18         return 0;
19     }
```

程序的运行结果如下：

```
Input a number: 1↙
Input a number: 2↙
Input a number: 3↙
Input a number: -4↙
Input a number: 4↙
Input a number: 5↙
Input a number: 0↙
sum = 15, count = 5
```

6.14 马克思手稿中有这样一道趣味数学题：男人、女人和小孩总计30个人，在一家饭店里吃饭，共花了50先令，每个男人各花3先令，每个女人各花2先令，每个小孩各花1先令，请用穷举法编程计算男人、女人和小孩各有几人。

参考答案1：设有男人、女人和小孩各 x、y、z 人，按题目要求可列出如下方程组：

$$\begin{cases} x+y+z=30 \\ 3x+2y+z=50 \end{cases}$$

由于上述方程组中有三个未知数，因此这是一个不定方程，存在多解，需要采用例6.15中介绍的穷举法来求解。采用三重循环，令 x、y、z 分别从0变化到30，穷举 x、y、z 的全部可能取值的组合，然后判断 x、y、z 的每一种组合是否满足方程组的解的条件。参考程序如下：

```
1    #include <stdio.h>
2    int main(void)
3    {
4        int x, y, z;
5        printf("Man \tWomen \tChildren \n");
```

```
6          for (x=0; x<=30; x++)
7          {
8              for (y=0; y<=30; y++)
9              {
10                 for (z=0; z<=30; z++)
11                 {
12                     if (x+y+z == 30 && 3*x + 2*y + z == 50)
13                         printf("%3d\t%5d\t%8d\n", x, y, z);
14                 }
15             }
16         }
17         return 0;
18     }
```

参考答案 2：为了减少参考答案 1 中程序的循环次数，提高程序的运行效率，可通过增加一些启发式知识来优化程序，缩小需要穷举的范围。由于每个男人花 3 先令，所以在只花 50 先令的情况下，最多只有 16 个男人；同样，在只花 50 先令的情况下，最多只有 25 个女人，而小孩的人数可由方程式 $x+y+z=30$ 计算得到。参考程序如下：

```
1      #include <stdio.h>
2      int main(void)
3      {
4          int x, y, z;
5          printf("Men\tWomen\tChildren\n");
6          for (x=0; x<=16; x++)
7          {
8              for (y=0; y<=25; y++)
9              {
10                 z = 30 - x - y;
11                 if (3*x + 2*y + z == 50)
12                     printf("%3d\t%5d\t%8d\n", x, y, z);
13             }
14         }
15         return 0;
16     }
```

程序的运行结果如下：

Men	Women	Children
0	20	10
1	18	11
2	16	12
3	14	13
4	12	14
5	10	15
6	8	16
7	6	17
8	4	18
9	2	19
10	0	20

6.15 鸡兔同笼,共有 98 个头,386 只脚,请用穷举法编程计算鸡、兔各为多少只。

参考答案 1:设鸡为 x 只,兔为 y 只,根据题意有 $x+y=98, 2x+4y=386$。采用穷举法,令 x 和 y 分别从 1 变化到 98,若 x 和 y 同时满足 $x+y=98$ 和 $2x+4y=386$,则打印 x 和 y 的值。参考程序如下:

```
1   #include <stdio.h>
2   int main(void)
3   {
4       int x, y;
5       for (x=1; x<=98; x++)
6       {
7           for (y=1; y<98; y++)
8           {
9               if (x+y == 98 && 2*x+4*y == 386)
10                  printf("x = %d, y = %d\n", x, y);
11          }
12      }
13      return 0;
14  }
```

参考答案 2:采用穷举法,令 x 从 1 变化到 98,$y=98-x$,此时只要判断 x 和 y 是否满足 $2x+4y=386$ 即可。参考程序如下:

```
1   #include <stdio.h>
2   int main(void)
3   {
```

```
4        int x, y;
5        for (x=1; x<=98; x++)
6        {
7           y = 98 - x;
8           if (2*x+4*y == 386)
9              printf("x = %d, y = %d\n", x, y);
10       }
11       return 0;
12    }
```

程序的运行结果如下:

  x = 3, y = 95

  6.16 古代《张丘建算经》中有一道百鸡问题:鸡翁一,值钱五;鸡母一,值钱三;鸡雏三,值钱一。百钱买百鸡,问鸡翁、母、雏各几何? 其意为:公鸡每只5元,母鸡每只3元,小鸡3只1元。请用穷举法编程计算,若用100元买100只鸡,则公鸡、母鸡和小鸡各能买多少只。

  参考答案1:设公鸡、母鸡、小鸡分别为 x、y、z 只,根据题意有 $x+y+z=100$, $5x+3y+z/3=100$,采用穷举法求解,令 x、y、z 分别从 0 变化到 100,若 x、y、z 同时满足 $x+y+z=100$ 和 $5x+3y+z/3=100$,则打印 x、y、z 的值。参考程序如下:

```
1     #include <stdio.h>
2     int main(void)
3     {
4        int x, y, z;
5        for (x=0; x<=100; x++)
6        {
7           for (y=0; y<=100; y++)
8           {
9              for (z=0; z<=100; z++)
10             {
11                if (x+y+z == 100 && 5*x+3*y+z/3.0 == 100)
12                   printf("x=%d, y=%d, z=%d\n", x, y, z);
13             }
14          }
15       }
16       return 0;
17    }
```

  参考答案2:采用穷举法求解,因100元买公鸡最多可买20只,买母鸡最多可买33只,所以，可令 x 从 0 变化到 20，y 从 0 变化到 33，$z=100-x-y$，此时只要判断 x、y、z 是否满足 $5x+3y+z/3.0=100$ 即可。注意：$z/3.0$ 不能写成 $z/3$，由于 $z/3$ 是整除运算，会导致多个 z 值具有相等的 $z/3$ 计算结果，这样就会使得输出的解多出几组。参考程序如下：

```
1   #include <stdio.h>
2   int main(void)
3   {
4       int x, y, z;
5       for (x=0; x<=20; x++)
6       {
7           for (y=0; y<=33; y++)
8           {
9               z = 100 - x - y;
10              if (5*x+3*y+z/3.0 == 100)
11                  printf("x=%d, y=%d, z=%d\n", x, y, z);
12          }
13      }
14      return 0;
15  }
```

程序的运行结果如下：

x=0, y=25, z=75
x=4, y=18, z=78
x=8, y=11, z=81
x=12, y=4, z=84

6.17 用 100 元人民币兑换 10 元、5 元和 1 元的纸币（每一种都要有）共 50 张，请用穷举法编程计算共有几种兑换方案，每种方案各兑换多少张纸币。

参考答案 1：设 10 元、5 元和 1 元的纸币各换 x、y、z 张，根据题意有 $x+y+z=50$，$10x+5y+z=100$。由于每一种纸币都要有，所以令 x、y、z 分别从 1 变化到 49，若 x、y、z 同时满足 $x+y+z=50$ 和 $10x+5y+z=100$，则打印 x、y、z 的值，对每一组满足条件的 x、y、z 值，用计数器计数即可得到兑换方案的数目。参考程序如下：

```
1   #include <stdio.h>
2   int main(void)
3   {
4       int x, y, z, count = 0;
5       for (x=1; x<50; x++)
6       {
```

```
7              for (y=1; y<50; y++)
8              {
9                  for (z=1; z<50; z++)
10                 {
11                     if (x+y+z == 50 && 10*x+5*y+z == 100)
12                     {
13                         count++;
14                         printf("x = %d, y = %d, z = %d\n", x, y, z);
15                     }
16                 }
17             }
18         }
19         printf("count = %d\n", count);
20         return 0;
21     }
```

参考答案 2：由于每一种纸币都要有，故 10 元纸币最多可换 9 张，5 元纸币最多可换 19 张，1 元纸币可换 50-x-y 张，此时只要判断 x、y、z 是否满足 $10x+5y+z=100$ 即可。参考程序如下：

```
1  #include <stdio.h>
2  int main(void)
3  {
4      int x, y, z, count = 0;
5      for (x=1; x<=9; x++)
6      {
7          for (y=1; y<=19; y++)
8          {
9              z = 50 - x - y;
10             if (10*x+5*y+z == 100)
11             {
12                 count++;
13                 printf("x = %d, y = %d, z = %d\n", x, y, z);
14             }
15         }
16     }
17     printf("count = %d\n", count);
18     return 0;
```

```
19      }
```
程序的运行结果如下:

```
x = 2, y = 8, z = 40
count = 1
```

6.18 分别按如下三种形式编程输出九九乘法表。

```
            1   2   3   4   5   6   7   8   9
            2   4   6   8  10  12  14  16  18
            3   6   9  12  15  18  21  24  27
            4   8  12  16  20  24  28  32  36
            5  10  15  20  25  30  35  40  45
            6  12  18  24  30  36  42  48  54
            7  14  21  28  35  42  49  56  63
            8  16  24  32  40  48  56  64  72
            9  18  27  36  45  54  63  72  81

  1                                              1   2   3   4   5   6   7   8   9
  2   4                                              4   6   8  10  12  14  16  18
  3   6   9                                              9  12  15  18  21  24  27
  4   8  12  16                                             16  20  24  28  32  36
  5  10  15  20  25                                            25  30  35  40  45
  6  12  18  24  30  36                                            36  42  48  54
  7  14  21  28  35  42  49                                            49  56  63
  8  16  24  32  40  48  56  64                                            64  72
  9  18  27  36  45  54  63  72  81                                            81
```

(1) 参考程序如下:

```
1   #include <stdio.h>
2   int main(void)
3   {
4       int m, n;
5       for (m=1; m<10; m++)          // 外层循环控制行数(被乘数)的变化
6       {
7           for (n=1; n<10; n++)      // 内层循环控制列数(乘数)的变化
8           {
9               printf("%4d", m * n); // 输出第 m 行第 n 列中的 m×n 的值
10          }
11          printf("\n");             // 输出换行符,准备打印下一行
12      }
13      return 0;
```

```
14    }
```
（2）参考程序如下：
```
1     #include <stdio.h>
2     int main(void)
3     {
4         int m, n;
5         for (m=1; m<10; m++)        // 外层循环控制行数(被乘数)的变化
6         {
7             for (n=1; n<=m; n++)    // 内层循环控制列数(乘数)的变化
8             {
9                 printf("%4d", m * n); // 输出第 m 行第 n 列中的 m×n 的值
10            }
11            printf("\n");           // 输出换行符,准备打印下一行
12        }
13        return 0;
14    }
```
（3）参考程序如下：
```
1     #include <stdio.h>
2     int main(void)
3     {
4         int m, n, k;
5         for (m=1; m<10; m++)              // 外层循环控制行数(被乘数)的变化
6         {
7             for (k=1; k<=4 * m-4; k++)    // 在第 n 行先打印 4×m-4 个空格
8             {
9                 printf(" ");              // 输出相应空格,使数字右对齐
10            }
11            for (n=m; n<10; n++)          // 内层循环控制列数(乘数)的变化
12            {
13                printf("%4d", m * n);     // 输出第 m 行第 n 列中的 m×n 的值
14            }
15            printf("\n");                 // 输出换行符,准备打印下一行
16        }
17        return 0;
18    }
```

6.19 （选做）有一天，一位百万富翁遇到一个陌生人，陌生人找他谈一个换钱的计划，陌生人对百万富翁说："我每天给你 10 万元，而你第一天只需给我 1 分钱，第二天我仍给你 10 万元，你给我 2 分钱，第三天我仍给你 10 万元，你给我 4 分钱，依此类推。你每天给我的钱是前一天的 2 倍，直到满一个月（30 天）为止"，百万富翁很高兴，欣然接受了这个契约。请编程计算在这一个月中陌生人总计给百万富翁多少钱，百万富翁总计给陌生人多少钱。

参考程序如下：

```
1   #include <stdio.h>
2   int main(void)
3   {
4       int j;
5       double toStranger = 0;      // 富翁给陌生人的钱,以元为单位
6       double toRichman = 0;       // 陌生人给富翁的钱,以元为单位
7       double term = 0.01;         // 百万富翁第一天给陌生人 0.01 元钱
8       for (j=1; j<=30; j++)
9       {
10          toRichman += 100000;    //陌生人每天给富翁 10 万元
11          toStranger += term;
12          term = term * 2;        //富翁每天给陌生人的钱是前一天的 2 倍
13      }
14      printf("百万富翁给陌生人：%f 元 \n",toStranger);
15      printf("陌生人给百万富翁：%f 元 \n",toRichman);
16      return 0;
17  }
```

程序的运行结果如下：

百万富翁给陌生人：10737418.230000 元

陌生人给百万富翁：3000000.000000 元

6.20 （选做）一辆卡车违反了交通规则，撞人后逃逸。现场有三人目击了该事件，但都没有记住车号，只记住车号的一些特征。甲说：车号的前两位数字是相同的；乙说：车号的后两位数字是相同的，但与前两位不同；丙是位数学家，他说：4 位的车号正好是一个整数的平方。请根据以上线索编程协助警方找出车号，以便尽快破案，抓住交通肇事犯。

参考答案：假设这个 4 位数的前两位数字都是 i，后两位数字都是 j，则这个可能的 4 位数 $k = i * 1000 + i * 100 + j * 10 + j$。其中，$i$ 和 j 都在 0~9 之间变化。此外，k 还须满足的条件是：k 是一个整数 m 的平方。由于 k 是一个 4 位数，所以 m 值不可能小于 31。因此，可采用穷举法，从 31 开始试验 k 与 $m*m$ 是否相等，若不相等，则 m 加 1 后再试，直到找到与 $m*m$ 相等的 k 值为止，结束测试。参考程序如下：

```
1    #include <stdio.h>
2    int main(void)
3    {
4        int i, j, k, m;
5        for (i=0; i<=9; i++)
6        {
7            for (j=0; j<=9; j++)
8            {
9                if (i != j)
10               {
11                   k = i * 1000 + i * 100 + j * 10 + j;
12                   for (m=31; m*m<=k; m++)
13                   {
14                       if (m*m == k)
15                           printf("k=%d, m=%d\n", k, m);
16                   }
17               }
18           }
19       }
20       return 0;
21   }
```

程序的运行结果如下：

　　k = 7744, m = 88

6.21　（选做）在海军节开幕式上，有 A、B、C 三艘军舰要同时开始鸣放礼炮各 21 响。已知 A 舰每隔 5 s 放 1 次，B 舰每隔 6 s 放 1 次，C 舰每隔 7 s 放 1 次。假设各炮手对时间的掌握非常准确，请编程计算观众总共可以听到几次礼炮声。

参考答案：用 n 作为听到的礼炮声响的计数器，用 t 表示时间，从第 0 s 开始放第 1 响，A 舰到放完最后一响，最长时间为 20×5 s，B 舰到放完最后一响，最长时间为 20×6 s，C 舰到放完最后一响，最长时间为 20×7 s。因此，可以用一个 for 循环来模拟每一秒的时间变化，即 t 从 0 开始循环到 $t>20×7$ s 时结束。在循环体中判断：如果时间 t 是 5 的整数倍且 21 响未放完，则 A 舰放一响，计数器 n 加 1；如果时间 t 是 6 的整数倍且 21 响未放完，则 B 舰放一响，计数器 n 加 1；如果时间 t 是 7 的整数倍且 21 响未放完，则 C 舰放一响，计数器 n 加 1。注意：当有两舰或三舰同时鸣放时，应作为一响统计，即 n 不能同时计数，只要有一个执行了计数，其他两个就不能再进行计数。参考程序如下：

```
1    #include <stdio.h>
```

```c
 2    int main(void)
 3    {
 4        int n = 0, t;
 5        for (t = 0; t <= 20*7; t++)
 6        {
 7            if (t%5 == 0 && t <= 20*5)          // 控制 A 舰每隔 5s 放 1 次
 8            {
 9                n++;
10                continue;                        // 继续下一次循环
11            }
12            if (t%6 == 0 && t <= 20*6)          // 控制 B 舰每隔 6s 放 1 次
13            {
14                n++;
15                continue;                        // 继续下一次循环
16            }
17            if (t%7 == 0)                        // 控制 C 舰每隔 7s 放 1 次
18            {
19                n++;
20            }
21        }
22        printf("n = %d\n", n);
23        return 0;
24    }
```

程序的运行结果如下：

n = 54

6.22 国王的许诺。相传国际象棋是古印度舍罕王的宰相达依尔发明的。舍罕王十分喜欢象棋,决定让宰相自己选择何种赏赐。这位聪明的宰相指着 8×8 共 64 格的象棋盘说:陛下,请您赏给我一些麦子吧,就在棋盘的第 1 个格子中放 1 粒,第 2 格中放 2 粒,第 3 格中放 4 粒,以后每一格都比前一格增加一倍,依此放完棋盘上的 64 个格子,我就感恩不尽了。舍罕王让人扛来一袋麦子,他要兑现他的许诺。请问:国王能兑现他的许诺吗？分别采用两种累加方法(直接计算累加的通项,利用前项计算后项)编程计算舍罕王共需要多少麦子赏赐他的宰相,这些麦子合多少立方米(已知 1 立方米麦子约 1.42e8 粒)。

参考答案:第 1 格放 1 粒,第 2 格放 2 粒,第 3 格放 4 = 2^2 粒……第 i 格放 2^{i-1} 粒,所以,总粒数为 sum = $1+2+2^2+2^3+\cdots+2^{63}$。这是一个典型的等比数列求和问题,由于循环次数已知,所以可用计数控制的循环来实现。

寻找累加项的构成规律是累加求和问题求解的关键。一般地,有两种方法:一种是寻找一个通式来表示累加项;另一种是通过寻找前项与后项之间的联系,利用前项计算后项。

方法1:采用第一种方法计算累加项,得累加项的通式表示为:$term = 2^{n-1}$,即 $term = pow(2, n-1)$,令 n 从1变化到64,从第1项开始计算累加和,执行64次累加运算:$sum = sum + term$,取 sum 初值为0。参考程序如下:

```
1   #include <math.h>
2   #include <stdio.h>
3   #define   CONST  1.42e8           // 定义符号常量 CONST 值为 1.42e8
4   int main(void)
5   {
6       int    n;
7       double  term, sum = 0;
8       for (n=1; n<=64; n++)
9       {
10          term = pow(2, n-1);
11          sum = sum + term;
12      }
13      printf("sum = %e \n", sum);                    // 打印总麦粒数
14      printf("volum = %e \n", sum/CONST);  // 打印折合的总麦粒体积数
15      return 0;
16  }
```

方法2:采用第二种方法计算累加项,即通过前项计算后项的方法得到累加项,由于后项均为前项的2倍,于是可采用累乘的方法计算累加项的通项:$term = term * 2$,取 term 初值为1,从第2项开始计算累加项 term,执行63次累加运算:$sum = sum + term$,由于事先已将第1项累加到了 sum 中,所以这里取 sum 初值为1。参考程序如下:

```
1   #include <math.h>
2   #include <stdio.h>
3   #define   CONST  1.42e8           // 定义符号常量 CONST 值为 1.42e8
4   int main(void)
5   {
6       int    n;
7       double  term = 1, sum = 1;
8       for (n=2; n<=64; n++)
9       {
10          term = term * 2;                     // 根据后项是前项的2倍计算累加项
```

```
11            sum = sum + term;
12        }
13        printf("sum = %e\n", sum);              // 打印总麦粒数
14        printf("volum = %e\n", sum/CONST);  // 打印折合的总麦粒体积数
15        return 0;
16    }
```
程序的运行结果为:
  sum = 1.844674e+019
  volum = 1.299066e+011

1.6 习题 7 解答

7.1 分析并写出下面程序的运行结果。

```
1    #include <stdio.h>
2    int Square(int i)
3    {
4        return i * i;
5    }
6    int main(void)
7    {
8        int i = 0;
9        i = Square(i);
10       for ( ; i<3; i++)
11       {
12           static int i = 1;
13           i += Square(i);
14           printf("%d,", i);
15       }
16       printf("%d\n", i);
17       return 0;
18   }
```
程序运行结果:2,6,42,3

7.2 用全局变量编程模拟显示一个数字式时钟,然后上机验证。

```
1    #include <stdio.h>
2    int hour, minute, second;                   // 定义全局变量
```

```
3    void Update(void)
4    {
5        second++;
6        if (second == 60)
7        {
8            ____①____ ;
9            minute++;
10       }
11       if ( ____②____ )
12       {
13           minute = 0;
14           hour++;
15       }
16       if (hour == 24)
17           ____③____ ;
18   }
19   void Display(void)
20   {
21       printf("____④____", hour, minute, second);
22   }
23   void Delay(void)
24   {
25       int t;
26       for (t=0; t<100000000; t++);    // 用循环体为空语句的循环实现延时
27   }
28   int main(void)
29   {
30       int i;
31       ____⑤____ ;
32       for(i=0; i<1000000; i++)        // 利用循环结构,控制时钟运行的时间
33       {
34           Update();                    // 更新时、分、秒显示值
35           Display();                   // 显示时、分、秒
36           Delay();                     // 模拟延迟时间为1s
37       }
```

```
38        return 0;
39    }
```

参考答案：① second = 0；② minute == 60；③ hour = 0；④ %2d:%2d:%2d\r；⑤ hour = minute = second = 0

7.3 用函数编程计算两整数的最大值,在主函数中调用该函数计算并输出从键盘任意输入的两整数的最大值。

参考程序 1 如下：

```
1    #include <stdio.h>
2    int Max(int a, int b);
3    int main(void)
4    {
5        int a, b;
6        printf("Input a,b:");
7        scanf("%d,%d", &a, &b);
8        printf("max = %d\n", Max(a, b));
9        return 0;
10   }
11   // 函数功能:计算 a 和 b 的最大值
12   int Max(int a, int b)
13   {
14       return a > b ? a : b;
15   }
```

参考程序 2 如下：

```
1    #include <stdio.h>
2    int Max(int a, int b);
3    int main(void)
4    {
5        int a, b, c;
6        printf("Input a,b:");
7        scanf("%d,%d", &a, &b);
8        c = Max(a, b);
9        printf("max = %d\n", c);
10       return 0;
11   }
12   // 函数功能:计算 a 和 b 的最大值
```

```
13    int Max(int a, int b)
14    {
15        int c;
16        if (a > b)
17            c = a;
18        else
19            c = b;
20        return c;
21    }
```

程序的运行结果如下：

    Input a,b:5,8↵
    max = 8

7.4 采用穷举法，用函数编程实现计算两个正整数的**最小公倍数（Least Common Multiple，LCM）**的函数，在主函数中调用该函数计算并输出从键盘任意输入的两整数的最小公倍数。

参考答案：可以从正整数 a 和 b 的公倍数中来寻找其最小公倍数。首先，从 a 的倍数中寻找 b 的倍数（或者从 b 的倍数中寻找 a 的倍数），由于 $b×a$ 一定是 a 和 b 的公倍数，所以寻找 a 和 b 最小公倍数的范围不会超过 $b×a$。然后，在所有的 a 的倍数 $a,2×a,3×a,\cdots,b×a$ 中，从小到大依次判断该数是否是 b 的倍数，a 的倍数中第一个能被 b 整除的数必然是 a 和 b 的最小公倍数。

参考程序如下：

```
1     #include <stdio.h>
2     int Lcm(int a, int b);
3     int main(void)
4     {
5         int a, b, x;
6         printf("Input a,b:");
7         scanf("%d,%d", &a, &b);
8         x = Lcm(a, b);
9         if (x != -1)
10            printf("Least Common Multiple of %d and %d is %d\n", a, b, x);
11        else
12            printf("Input error!\n");
13        return 0;
14    }
```

```
15      // 函数功能:计算 a 和 b 的最小公倍数,输入负数时返回-1
16      int Lcm(int a, int b)
17      {
18          int i;
19          if (a <= 0 || b <= 0)  return -1;
20          for (i=1; i<b; i++)
21          {
22              if (i * a%b == 0)  return i * a;
23          }
24          return b * a;
25      }
```

程序的两次测试结果如下:

  ① Input a,b: 16,24↵

  Least Common Multiple of 16 and 24 is 48

  ② Input a,b: -16,24↵

  Input error!

7.5 参考例7.4,利用求阶乘函数Fact( ),编程计算并输出从1到 n 之间所有数的阶乘值。

参考程序如下:

```
1    #include <stdio.h>
2    unsigned long Fact(unsigned int n);
3    int main(void)
4    {
5        unsigned int i, n;
6        printf("Input n(n>0):");
7        scanf("%u", &n);
8        for (i = 1; i<=n; i++)
9        {
10           printf("%d! = %lu\n", i, Fact(i));
11       }
12       return 0;
13   }
14   // 函数功能:用迭代法计算无符号整型变量 n 的阶乘
15   unsigned long Fact(unsigned int n)
16   {
```

```
17      unsigned int i;
18      unsigned long result = 1;
19      for (i=2; i<=n; i++)
20      {
21          result *= i;
22      }
23      return result;
24  }
```

程序的运行结果如下：

```
Input n(n>0):10↵
1! = 1
2! = 2
3! = 6
4! = 24
5! = 120
6! = 720
7! = 5040
8! = 40320
9! = 362880
10! = 3628800
```

7.6 参考例 7.4,利用求阶乘函数 Fact( ),编程计算并输出 1! + 2! + ⋯ + n! 的值。

参考程序如下：

```
1   #include <stdio.h>
2   unsigned long Fact(unsigned int n);
3   int main(void)
4   {
5       unsigned int i, n;
6       unsigned long sum = 0;
7       printf("Input n(n>0):");
8       scanf("%u", &n);
9       for (i = 1; i<=n; i++)
10      {
11          sum = sum + Fact(i);
12      }
```

```
13          printf("sum = %lu \n", sum);
14          return 0;
15      }
16      // 函数功能:用迭代法计算无符号整型变量 n 的阶乘
17      unsigned long Fact(unsigned int n)
18      {
19          unsigned int i;
20          unsigned long result = 1;
21          for (i=2; i<=n; i++)
22          {
23              result *= i;
24          }
25          return result;
26      }
```

程序的运行结果如下：

  Input n(n>0):10 ↙
  sum = 4037913

7.7 两个正整数的**最大公约数**(**Greatest Common Divisor, GCD**)是能够整除这两个整数的最大整数。请分别采用如下3种方法编写计算最大公约数的函数 Gcd( )，在主函数中调用该函数计算并输出从键盘任意输入的两整数的最大公约数。

(1) **穷举法**。由于 a 和 b 的最大公约数不可能比 a 和 b 中的较小者还大，否则一定不能整除它，因此，先找到 a 和 b 中的较小者 t，然后从 t 开始逐次减 1 尝试每种可能，即检验 t 到 1 之间的所有整数，第一个满足公约数条件的 t 就是 a 和 b 的最大公约数。

(2) **欧几里得算法**，也称辗转相除法。对正整数 a 和 b，连续进行求余运算，直到余数为 0 为止，此时非 0 的除数就是最大公约数。设 $r = a \bmod b$ 表示 a 除以 b 的余数，若 $r \neq 0$，则将 b 作为新的 a，r 作为新的 b，即 $Gcd(a, b) = Gcd(b, r)$，重复 $a \bmod b$ 运算，直到 $r = 0$ 为止，此时 b 为所求的最大公约数。例如，50 和 15 的最大公约数的求解过程可表示为：$Gcd(50, 15) = Gcd(15, 5) = Gcd(5, 0) = 5$。

(3) **递归方法**。对正整数 a 和 b，当 $a>b$ 时，若 a 中含有与 b 相同的公约数，则 a 中去掉 b 后剩余的部分 $a-b$ 中也应含有与 b 相同的公约数，对 $a-b$ 和 b 计算公约数就相当于对 a 和 b 计算公约数。反复使用最大公约数的如下3条性质，直到 a 和 b 相等为止，这时，a 或 b 就是它们的最大公约数。

性质 1 如果 $a>b$，则 a 和 b 与 $a-b$ 和 b 的最大公约数相同，即 $Gcd(a, b) = Gcd(a-b, b)$。

性质 2 如果 $b>a$，则 a 和 b 与 a 和 $b-a$ 的最大公约数相同，即 $Gcd(a, b) = Gcd(a, b-a)$。

性质 3 如果 $a=b$，则 a 和 b 的最大公约数与 a 值和 b 值相同，即 $\text{Gcd}(a, b) = a = b$。

(1) 参考程序如下：

```
1    #include <stdio.h>
2    int Gcd(int a, int b);
3    int main(void)
4    {
5        int a, b, c;
6        printf("Input a,b:");
7        scanf("%d,%d", &a, &b);
8        c = Gcd(a,b);
9        if (c != -1)
10           printf("Greatest Common Divisor of %d and %d is %d\n", a, b, c);
11       else
12           printf("Input number should be positive!\n");
13       return 0;
14   }
15   // 函数功能:计算 a 和 b 的最大公约数,输入负数时返回-1
16   int Gcd(int a, int b)
17   {
18       int i, t;
19       if (a <= 0 || b <= 0)  return -1;
20       t = a < b ? a : b;
21       for (i=t; i>0; i--)
22       {
23           if (a%i==0 && b%i==0) return i;
24       }
25       return 1;
26   }
```

(2) 主函数同(1)，函数 Gcd( ) 的参考程序 1(非递归实现)如下：

```
19   // 函数功能:计算 a 和 b 的最大公约数,输入负数时返回-1
20   int Gcd(int a, int b)
21   {
22       int r;
23       if (a <= 0 || b <= 0)  return -1;
24       do{
```

```
25              r = a % b;
26              a = b;
27              b = r;
28         } while (r != 0);
29         return a;
30     }
```

函数 Gcd( ) 的参考程序 2(递归实现)如下:

```
19     // 函数功能:计算 a 和 b 的最大公约数,输入负数时返回-1
20     int Gcd(int a, int b)
21     {
22         if (a <= 0 || b <= 0) return -1;
23         if (a % b == 0)
24             return b;
25         else
26             return Gcd(b, a % b);
27     }
```

(3) 主函数同(1),根据最大公约数的 3 条性质,编写非递归函数 Gcd( ) 如下:

```
19     // 函数功能:计算 a 和 b 的最大公约数,输入负数时返回-1
20     int Gcd(int a, int b)
21     {
22         if (a <=0 || b <=0)   return -1;
23         while (a != b)
24         {
25             if (a > b)
26                 a = a - b;
27             else if (b > a)
28                 b = b - a;
29         }
30         return a;
31     }
```

此外,根据最大公约数的 3 条性质,还可以编写递归函数 Gcd( ) 如下:

```
19     // 函数功能:递归方法计算 a 和 b 的最大公约数,输入负数时返回-1
20     int Gcd(int a, int b)
21     {
22         if (a <=0 || b <=0)   return -1;
```

```
23        if (a == b)
24            return a;
25        else if (a > b)
26            return Gcd(a-b, b);
27        else
28            return Gcd(a, b-a);
29    }
```

程序的两次测试结果如下：

① `Input a,b: 16,24⏎`
   `Greatest Common Divisor of 16 and 24 is 8`

② `Input a,b: -16,24⏎`
   `Input number should be positive!`

7.8 （选做）5 个水手在岛上发现了一堆椰子，先由第 1 个水手把椰子分为等量的 5 堆，还剩下 1 个给了猴子，自己藏起 1 堆。然后，第 2 个水手把剩下的 4 堆混合后重新分为等量的 5 堆，还剩下 1 个给了猴子，自己藏起 1 堆。以后第 3、第 4 个水手依次按此方法处理。最后，第 5 个水手把剩下的椰子分为等量的 5 堆后，同样剩下 1 个给了猴子。请用迭代法编程计算并输出原来这堆椰子至少有多少个。

参考答案：若某水手面对的椰子数是 y 个，则他前一个水手面对的椰子数是 $y\times 5/4+1$ 个，依此类推。若对某一个整数 y 经上述 5 次迭代都是整数，最后的结果即为所求。让 x 从 1 开始取值，y 从 $5x+1$ 开始取值，在按 $y\times 5/4+1$ 进行的 4 次迭代中，若某一次 y 不是整数，则返回 x 增 1 再试，直到 5 次迭代的 y 值全部为整数时，打印输出 y 值即为所求。一般地，对于 $n(n>1)$ 个水手，按 $y\times n/(n-1)+1$ 进行 n 次迭代可得 n 个水手分椰子问题的解。参考程序如下：

```
1   #include <stdio.h>
2   int Coconut(int n);
3   int main(void)
4   {
5       printf("y = %d\n", Coconut(5));
6       return 0;
7   }
8   int Coconut(int n)
9   {
10      int i = 1;
11      float x = 1, y;
12      y = n * x + 1;
```

```
13          do{
14              y = y * n / (n-1) + 1;
15              i++;
16              if (y != (int)y)
17              {
18                  x = x + 1;
19                  y = n * x + 1;
20                  i = 1;
21              }
22          } while (i < n);
23          return (int)y;
24      }
```

程序的运行结果如下:

```
y = 3121
```

7.9 (选做)有 5 个人围坐在一起,问第 5 个人多大年龄,他说比第 4 个人大 2 岁;问第 4 个人多大年龄,他说比第 3 个人大 2 岁;问第 3 个人多大年龄,他说比第 2 个人大 2 岁;问第 2 个人多大年龄,他说比第 1 个人大 2 岁。第 1 个人说自己 10 岁。假设有 n 个人围坐在一起,请利用递归法编程计算并输出第 n 个人的年龄。

参考答案:这个问题可以用递归方法求解,递归公式为:

$$\text{age}(n) = \begin{cases} 10 & \text{当 } n=1 \\ \text{age}(n-1)+2 & \text{当 } n>1 \end{cases}$$

参考程序如下:

```
1   #include<stdio.h>
2   unsigned int ComputeAge(unsigned int n);
3   int main(void)
4   {
5       unsigned int n;
6       printf("Input total persons:");
7       scanf("%u", &n);
8       printf("The person's age is %d \n", ComputeAge(n));
9       return 0;
10  }
11  //函数功能:用递归算法计算年龄
12  unsigned int ComputeAge(unsigned int n)
```

```
13    {
14        unsigned int age;
15        if (n==1)
16            age=10;
17        else
18            age=ComputeAge(n-1)+2;
19        return age;
20    }
```

程序的运行结果如下：

Input total persons: 5↙

The person's age is 18

7.10 （选做）在一种室内互动游戏中，魔术师要每位观众心里想一个三位数 abc（a、b、c 分别是百位、十位和个位数字），然后魔术师让观众心中记下 acb、bac、bca、cab、cba 5 个数以及这 5 个数的和值。只要观众说出这个和是多少，则魔术师一定能猜出观众心里想的原数 abc 是多少。例如，观众甲说他计算的和值是 1999，则魔术师立即说出他想的数是 443，而观众乙说他计算的和值是 1998，则魔术师说："你算错了！"。请编程模拟这个数字魔术游戏。

参考答案：经分析，显然有 $m = acb + bac + bca + cab + cba = 122a + 212b + 221c$。已知 m，求解不定方程：

$$122a + 212b + 221c = m$$

其中，a、b、c 为一个数字，$a \neq 0$。采用穷举法，求解满足该方程的解值 a、b、c，然后打印输出。

参考程序如下：

```
1   #include <stdio.h>
2   int Magic(int m);
3   int main(void)
4   {
5       int m, ret;
6       printf("Input a sum:");
7       scanf("%d", &m);
8       ret = Magic(m);
9       if (ret == -1)
10          printf("The sum you calculated is wrong! \n");
11      else
12          printf("The number is %d \n",ret);
13      return 0;
14  }
```

```
15    int Magic(int m)
16    {
17        int a, b, c, n;
18        for (a=1; a<10; a++)
19        {
20            for (b=0; b<10; b++)
21            {
22                for(c=0; c<10; c++)
23                {
24                    n = 122 * a + 212 * b + 221 * c;
25                    if (m == n)
26                    {
27                        return 100 * a + 10 * b + c;
28                    }
29                }
30            }
31        }
32        return -1;
33    }
```

程序的两次测试结果如下：

① Input a sum:1998↙
   The sum you calculated is wrong!
② Input a sum:1999↙
   The number is 443

7.11 （选做）中国古代民间有这样一个游戏：两个人从 1 开始轮流报数，每人每次可报一个数或两个连续的数，谁先报到 30，谁为胜方。若要改成游戏者与计算机做这个游戏，则首先需要决定谁先报数，可以通过生成一个随机整数来决定计算机和游戏者谁先报数。计算机报数的原则为：若剩下数的个数除以 3，余数为 1，则报 1 个数；若剩下数的个数除以 3，余数为 2，则报 2 个数；否则随机报 1 个或 2 个数。游戏者通过键盘输入自己报的数，所报的数必须符合游戏的规则。如果计算机和游戏者都未报到 30，则可以接着报数。先报到 30 者即为胜方。请编程实现这个游戏，看一看游戏者和计算机谁能获胜。

参考答案：玩这个游戏获胜的必要条件是"牢牢抓住 3 的倍数"。即把对方报的数字对 3 求余，若值为 1，则报的数字为对方的数字加 2；若值为 2，则报的数字为对方的数字加 1；否则就随意加 1 或者 2。只要在游戏中紧紧抓住 3 的倍数，并坚持到最后就一定能获胜。参考程序如下：

```c
1    #include <time.h>
2    #include <stdlib.h>
3    #include <stdio.h>
4    int Input(int t);
5    int ControlComputer(int s);
6    int Rnd(void);
7    int main(void)
8    {
9        int tol = 1;                    // 从 1 开始报数
10       if (Rnd() == 1)                 // 取随机数决定计算机和游戏者谁先报数
11       {
12           tol = Input(tol);           // 若随机数为 1,则游戏者先报数
13       }
14       while (tol < 30)                // 若未到达游戏结束条件,则继续报数
15       {
16           tol = ControlComputer(tol);
17           if (tol == 30)              // 计算机先报到 30,则计算机获胜
18           {
19               printf("Player lose!\n");
20           }
21           else                        // 游戏者先报到 30,则游戏者获胜
22           {
23               tol = Input(tol);
24               if (tol >= 30)          // 若游戏者报的数是 30(或超过 30),则游戏者获胜
25               {
26                   printf("Computer lose!\n");
27               }
28           }
29       }
30       printf("Game over!\n");
31       return 0;
32   }
33   // 函数功能:游戏者报数
34   int Input(int t)
```

```
35   {
36       int a;
37       do{
38           printf("please count:");
39           scanf("%d", &a);              // 输入报数的个数,将决定报的数是加1还是加2
40           if (a>2 || a<1)
41               printf("Error input, again!");
42           else
43               printf("you count:%d\n", t+a);
44       } while (a>2 || a<1);
45       return t+a;                       // 返回报数已经报到的数值
46   }
47   /*  函数功能:控制计算机报数 */
48   int ControlComputer(int s)
49   {
50       int c;
51       printf("computer count:");
52       if (s%3 == 1)                     // 若余下数的个数除以3,余数为1,则取1
53       {
54           s++;
55           printf("%d\n", s);
56       }
57       else if (s%3 == 2)                // 若余下数的个数除以3,余数为2,则取2
58       {
59           s += 2;
60           printf("%d\n", s);
61       }
62       else
63       {                                 // 随机报数1或2个
64           c = Rnd() + 1;
65           s += c;
66           printf("%d\n", s);
67       }
68       return s;                         // 返回报数已经报到的数值
69   }
```

```
70      // 函数功能:生成随机数,返回值为 0 或者 1
71      int Rnd(void)
72      {
73          srand(time(NULL));              // 也可以用 srand((unsigned)time(0));
74          return rand()%2;
75      }
```

7.12 （选做）**汉诺塔(Hanoi)** 是必须用递归方法才能解决的经典问题。它来自于印度神话。上帝创造世界时造了 3 根金刚石柱子,在第一根柱子上从下往上按大小顺序摆着 64 片黄金圆盘。上帝命令婆罗门把圆盘从下面开始按大小顺序重新摆放到第二根柱子上,并且规定每次只能移动一个圆盘,在小圆盘上不能放大圆盘。请编程求解 $n(n>1)$ 个圆盘的汉诺塔问题。

【问题求解方法分析】图 1-1 是 $n(n>1)$ 个圆盘的汉诺塔的初始状态。首先需要将问题简化,这是求解复杂问题的基本方法。

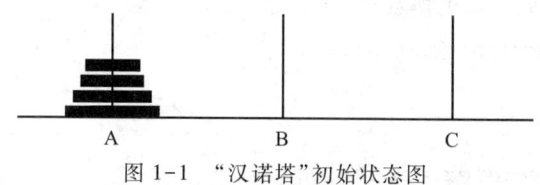

图 1-1 "汉诺塔"初始状态图

先考虑最简单的问题:对于只有 1 个圆盘的汉诺塔问题,只要直接将一个圆盘从一根柱子移到另一根柱子上即可求解,可用下面的函数实现:

```
Move(int n, char a, char b);
```

其含义为:表示将第 n 个圆盘从柱子 a 移到柱子 b 上。

接下来再考虑递归问题的表示:将 n 个圆盘借助于柱子 c 从柱子 a 移到柱子 b 上,可用下面的递归函数表示:

```
Hanoi(int n, char a, char b, char c);
```

为了求解 n 个圆盘的汉诺塔问题,需要采用数学归纳法来分析求解:假设 $n-1$ 个圆盘的汉诺塔问题已经解决,利用这个已解决的问题来求解 n 个圆盘的汉诺塔问题。具体方法是:将"上面的 $n-1$ 个圆盘"看成一个整体,即将 n 个圆盘分成两部分:上面的 $n-1$ 个圆盘和最下面的第 n 个圆盘。于是,移动 n 个圆盘的汉诺塔问题可简化如下:

(1) 如图 1-2 所示,将前 $n-1$ 个圆盘从第一根柱子移到第三根柱子上,即 A→C;

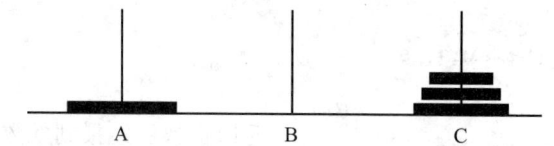

图 1-2 将前 $n-1$ 个圆盘从第一根柱子移到第三根柱子上

（2）如图 1-3 所示，将第 n 个圆盘从第一根柱子移到第二根柱子上，即 A→B；

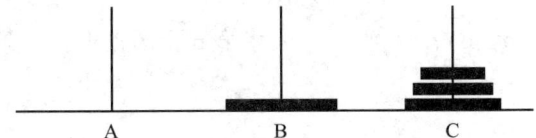

图 1-3　将第 n 个圆盘从第一根柱子移到第二根柱子上

（3）如图 1-4 所示，将前 $n-1$ 个圆盘从第三根柱子移到第二根柱子上，即 C→B。

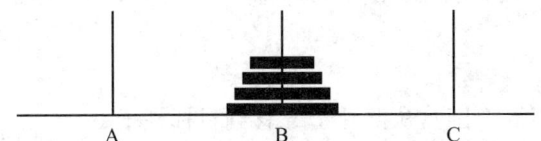

图 1-4　将前 $n-1$ 个圆盘从第三根柱子移到第二根柱子上

根据前面的分析，n 个圆盘汉诺塔问题的求解可用如下 3 步实现。

  step 1　Hanoi(n-1, a, c, b);
  step 2　Move(n, a, b);
  step 3　Hanoi(n-1, c, b, a);

根据上述的分析，编写程序如下：

```
1   #include <stdio.h>
2   void Hanoi(int n, char a, char b, char c);
3   void Move(int n, char a, char b);
4   int main(void)
5   {
6       int n;
7       printf("Input the number of disks:");
8       scanf("%d", &n);
9       printf("Steps of moving %d disks from A to B by means of C:\n", n);
10      Hanoi(n, 'A', 'B', 'C');  // 将 n 个圆盘借助于 C 由 A 移到 B
11      return 0;
12  }
13  // 函数功能:用递归方法将 n 个圆盘借助于柱子 c 从源柱子 a 移动到目标柱子 b 上
14  void Hanoi(int n, char a, char b, char c)
15  {
```

```
16        if (n == 1)
17        {
18            Move(n, a, b);           // 将第 n 个圆盘由 a 移到 b
19        }
20        else
21        {
22            Hanoi(n-1, a, c, b);     // 将第 n-1 个圆盘借助于 b 由 a 移动到 c
23            Move(n, a, b);           // 第 n 个圆盘由 a 移到 b
24            Hanoi(n-1, c, b, a);     // 将第 n-1 个圆盘借助于 a 由 c 移动到 b
25        }
26    }
27    // 函数功能:将第 n 个圆盘从源柱子 a 移到目标柱子 b 上
28    void Move(int n, char a, char b)
29    {
30        printf("Move %d: from %c to %c\n", n, a, b);
31    }
```

程序的运行结果如下:

```
Input the number of disks:3↙
Steps of moving 3 disks:
Move 1:from A to B
Move 2:from A to C
Move 1:from B to C
Move 3:from A to B
Move 1:from C to A
Move 2:from C to B
Move 1:from A to B
```

7.13 素数探求。素数(Pime Number),又称为**质数**,它是不能被 1 和它本身以外的其他整数整除的正整数。按照这个定义,负数、0 和 1 都不是素数,而 17 之所以是素数,是因为除了 1 和 17 以外,它不能被 2~16 之间的任何整数整除。

任务 1:试商法是最简单的判断素数的方法。用 $i = 2 \sim m-1$ 之间的整数去试商,若存在某个 m 能被 1 与 m 本身以外的整数 i 整除(即余数为 0),则 m 不是素数,若上述范围内的所有整数都不能整除 m,则 m 是素数。采用试商法,分别用 goto 语句、break 语句和采用设置标志变量并加强循环测试等三种方法编写素数判断函数 IsPrime( ),从键盘任意输入一个整数 m,判断 m 是否为素数,如果 m 是素数,则按"%d is a prime number\n"格式打印该数是素数,否则按"%d is not a prime number\n"格式打印该数不是素数。然后分析哪一种方法可读性更好。

任务 2:用数学的方法可以证明,不能被 $2\sim\sqrt{m}$(取整)之间的数整除的数,也必定不能被 $\sqrt{m}+1\sim m$ 之间的任何整数整除。因此,采用试商法只要测试 $2\sim\sqrt{m}$ 之间的整数不能整除 m 即可判断 m 是素数。根据这个性质,修改函数 IsPrime( ),编程完成任务 1。

任务 3:从键盘任意输入一个整数 n,编程计算并输出 $1\sim n$ 之间的所有素数之和。

任务 4:从键盘任意输入一个整数 m,若 m 不是素数,则计算并输出其所有的因子(不包括 1),例如对于 16,输出 2,4,8;否则输出"No divisor! It is a prime number"。

任务 5:如果一个正整数 m 的所有小于 m 的不同因子(包括1)加起来正好等于 m 本身,那么就称它为**完全数(Perfect Number)**。例如,6 就是一个完全数,是因为 $6 = 1 + 2 + 3$。请编写一个判断完全数的函数 IsPerfect( ),然后判断从键盘输入的整数是否是完全数。

任务 6:从键盘任意输入一个整数 m,若 m 不是素数,则对 m 进行质因数分解,并将 m 表示为质因数从小到大顺序排列的乘积形式输出,否则输出"It is a prime number"。例如,用户输入 90 时,程序输出 90 = 2 * 3 * 3 * 5;用户输入 17 时,程序输出"It is a prime number"。

任务 1 参考程序如下:

用 goto 语句编写的程序如下:

```
1   #include <stdio.h>
2   int IsPrime(int x);
3   int main(void)
4   {
5       int m;
6       printf("Input m:");
7       scanf("%d", &m);
8       if (IsPrime(m))           // 素数判定
9           printf("%d is a prime number \n", m);
10      else
11          printf("%d is not a prime number \n", m);
12      return 0;
13  }
14  // 函数功能:判断 x 是否是素数,若函数返回 0,则表示不是素数,若返回 1,则代表是素数
15  int IsPrime(int x)
16  {
17      int i;
18      if (x <= 1)   return 0;              // 负数、0 和 1 都不是素数
19      for (i=2; i<=x-1; i++)
20      {
```

```
21            if (x%i == 0)   goto End;      // 若能被整除,则不是素数
22        }
23    End:return   i<=x-1 ? 0 : 1;
24    }
```

用 break 语句编写的程序如下：

```
1   #include <stdio.h>
2   int IsPrime(int x);
3   int main(void)
4   {
5       int m;
6       printf("Input m:");
7       scanf("%d", &m);
8       if (IsPrime(m))                    // 素数判定
9           printf("%d is a prime number \n", m);
10      else
11          printf("%d is not a prime number \n", m);
12      return 0;
13  }
14  // 函数功能:判断 x 是否是素数,若函数返回 0,则表示不是素数,若返回 1,则代表是素数
15  int IsPrime(int x)
16  {
17      int i;
18      if (x <= 1)   return 0;       // 负数、0 和 1 都不是素数
19      for (i=2; i<=x-1; i++)
20      {
21          if (x%i == 0)   break;    // 若能被整除,则不是素数
22      }
23      return  i<=x-1 ? 0 : 1;
24  }
```

不采用 goto 和 break 语句编写的程序如下：

```
1   #include <stdio.h>
2   int IsPrime(int x);
3   int main(void)
4   {
5       int m;
```

```
6        printf("Input m:");
7        scanf("%d", &m);
8        if (IsPrime(m))          // 素数判定
9            printf("%d is a prime number \n", m);
10       else
11           printf("%d is not a prime number \n", m);
12       return 0;
13   }
14   // 函数功能:判断 x 是否是素数,若函数返回 0,则表示不是素数,若返回 1,则代表是素数
15   int IsPrime(int x)
16   {
17       int i;
18       if (x <= 1)   return 0;           // 负数、0 和 1 都不是素数
19       for (i=2; i<=x-1; i++)
20       {
21           if (x%i == 0) return 0;    // 若能被整除,则不是素数
22       }
23       return 1;
24   }
```

采用设置标志变量并加强循环测试的方法编写程序如下:

```
1    #include <stdio.h>
2    int IsPrime(int x);
3    int main(void)
4    {
5        int m;
6        printf("Input m:");
7        scanf("%d", &m);
8        if (IsPrime(m))          // 素数判定
9            printf("%d is a prime number \n", m);
10       else
11           printf("%d is not a prime number \n", m);
12       return 0;
13   }
14   // 函数功能:判断 x 是否是素数,若函数返回 0,则表示不是素数,若返回 1,则代表是素数
15   int IsPrime(int x)
```

```
16    {
17        int i, flag = 1;
18        if (x <= 1)    flag = 0;         // 负数、0 和 1 都不是素数
19        for (i=2; i<=x-1 && flag; i++)
20        {
21            if (x%i == 0)   flag = 0;    // 若能被整除,则不是素数
22        }
23        return flag;
24    }
```

任务 2 参考程序如下:

```
1  #include <stdio.h>
2  #include <math.h>
3  int IsPrime(int x);
4  int main(void)
5  {
6      int m;
7      printf("Input m:");
8      scanf("%d", &m);
9      if (IsPrime(m))    // 素数判定
10         printf("%d is a prime number \n", m);
11     else
12         printf("%d is not a prime number \n", m);
13     return 0;
14 }
15 // 函数功能:判断 x 是否是素数,若函数返回 0,则表示不是素数,若返回 1,则代表是素数
16 int IsPrime(int x)
17 {
18     int i, flag = 1;
19     int squareRoot = (int)sqrt(x);
20     if (x <= 1)    flag = 0;         // 负数、0 和 1 都不是素数
21     for (i=2; i<=squareRoot && flag; i++)
22     {
23         if (x%i == 0) flag = 0;      // 若能被整除,则不是素数
24     }
25     return flag;
```

```
26      }
```

程序的 5 次测试结果如下:

① Input m:4 ↵
   4 is not a prime number
② Input m:7 ↵
   7 is a prime number
③ Input m: 1 ↵
   1 is not a prime number
④ Input m:0 ↵
   0 is not a prime number
⑤ Input m:-1 ↵
   -1 is not a prime number

任务 3 的参考程序如下:

```
1   #include <stdio.h>
2   #include <math.h>
3   int IsPrime(int x);
4   int main(void)
5   {
6       int m, n, sum = 0;
7       printf("Input n:");
8       scanf("%d", &n);
9       for (m=1; m<=n; m++)
10      {
11          if (IsPrime(m))     // 素数判定
12          {
13              sum += m;
14          }
15      }
16      printf("sum = %d\n", sum);
17      return 0;
18  }
19  // 函数功能:判断 x 是否是素数,若函数返回 0,则表示不是素数,若返回 1,则代表是素数
20  int IsPrime(int x)
21  {
22      int i, flag = 1;
```

```
23          int squareRoot = (int)sqrt(x);
24          if (x <= 1)    flag = 0;         // 负数、0 和 1 都不是素数
25          for (i=2; i<=squareRoot && flag; i++)
26          {
27              if (x%i == 0) flag = 0;  // 若能被整除,则不是素数
28          }
29          return flag;
30      }
```

程序的运行结果为:

  Input n:8↙

  sum = 17

任务 4 的参考程序如下:

```
1   #include <stdio.h>
2   #include <math.h>
3   int IsPrime(int x);
4   int main(void)
5   {
6       int m, i, isFirstFactor = 1;
7       printf("Input m:");
8       scanf("%d", &m);
9       if (IsPrime(m))    // 素数判定
10      {
11          printf("No divisor! It is a prime number!  \n");
12      }
13      else
14      {
15          for (i=2; i<fabs(m); i++)
16          {
17              if (m%i == 0)
18              {
19                  if (isFirstFactor == 0)    printf(",");
20                  printf("%d", i);
21                  isFirstFactor = 0;
22              }
23          }
```

```
24              printf("\n");
25          }
26          return 0;
27      }
28      // 函数功能:判断 x 是否是素数,若函数返回 0,则表示不是素数,若返回 1,则代表是素数
29      int IsPrime(int x)
30      {
31          int i, flag = 1;
32          int squareRoot = (int)sqrt(x);
33          if (x <= 1)    flag = 0;        // 负数、0 和 1 都不是素数
34          for (i=2; i<=squareRoot && flag; i++)
35          {
36              if (x%i == 0)  flag = 0; // 若能被整除,则不是素数
37          }
38          return flag;
39      }
```

程序的运行结果为:

① Input m:16↙
   2,4,8

② Input m:17↙
   No divisor! It is a prime number!

任务 5 的参考程序如下:

完全数,又称完美数或完数,它是指这样的一些特殊的自然数。它所有的真因子(即除了自身以外的约数)的和,恰好等于它本身。注意:1 没有真因子,所以不是完全数。计算机已经证实在 10^{300} 以下,没有奇的完全数。

```
1   #include <stdio.h>
2   #include <math.h>
3   int IsPerfect(int x);
4   int main(void)
5   {
6       int m;
7       printf("Input m:");
8       scanf("%d", &m);
9       if (IsPerfect(m))                  // 完全数判定
10          printf("%d is a perfect number \n", m);
```

```
11          else
12              printf("%d is not a perfect number \n", m);
13          return 0;
14      }
15      // 函数功能:判断完全数,若函数返回 0,则代表不是完全数,若返回 1,则代表是完全数
16      int IsPerfect(int x)
17      {
18          int i;
19          int total = 0;                          // 1 没有真因子,不是完全数
20          for (i=1; i<x; i++)
21          {
22              if (x%i == 0)
23                  total = total + i;
24          }
25          return total==x ? 1 : 0;
26      }
```

程序的两次测试结果为:

① Input m:28↙

28 is a perfect number

② Input m:8↙

8 is not a perfect number

【思考题】请用函数 IsPerfect() 来编写一个程序判断并打印出 1 到 1000 之间所有的完美数,请同时打印出每一个完美数的全部因子,以验证这个数确实是一个完美数。

任务 6 的参考程序如下:

```
1       #include <stdio.h>
2       #include <math.h>
3       int IsPrime(int x);
4       void OutputPrimeFactor(int x);
5       int main(void)
6       {
7           int m;
8           printf("Input m:");
9           scanf("%d", &m);
10          if (IsPrime(m))                         // 素数判定
11          {
```

```c
12            printf("It is a prime number \n");
13        }
14        else
15        {
16            printf("%d = ", m);
17            OutputPrimeFactor(m);    // 输出 x 的质因数连乘
18        }
19        return 0;
20    }
21    // 函数功能:判断 x 是否是素数,若函数返回 0,则表示不是素数,若返回 1,则代表是素数
22    int IsPrime(int x)
23    {
24        int i, flag = 1;
25        int squareRoot = (int)sqrt(x);
26        if (x <= 1)   flag = 0;          // 负数、0 和 1 都不是素数
27        for (i=2; i<=squareRoot && flag; i++)
28        {
29            if (x%i == 0) flag = 0;      // 若能被整除,则不是素数
30        }
31        return flag;
32    }
33    // 函数功能:输出 x 的质因数连乘
34    void OutputPrimeFactor(int x)
35    {
36        int i;
37        for (i=2; i<x; i++)
38        {
39            if (x%i == 0)
40            {
41                printf("%d *", i);
42                OutputPrimeFactor(x/i);  // 递归调用该函数
43                return;                  // 不可以使用 break
44            }
45        }
```

```
46          printf("%d", x);              // 输出最后一个因子(质因数,不能再分解)
47      }
```

其中,函数 OutputPrimeFactor( )还可以按如下方式编写:

```
33  // 函数功能:输出 x 的质因数连乘
34  void OutputPrimeFactor(int x)
35  {
36      int i;
37      if (!IsPrime(x))
38      {
39          for (i=2; i<x; i++)
40          {
41              if (x%i == 0)
42              {
43                  printf("%d *", i);
44                  OutputPrimeFactor(x/i);    // 递归调用该函数
45                  return;                     // 也可以使用 break
46              }
47          }
48      }
49      else            // 输出最后一个因子(质因数,不能再分解)
50      {
51          printf("%d", x);
52      }
53  }
```

程序的两次测试结果为:

① Input m:90↙
　　90 = 2 * 3 * 3 * 5

② Input m:13↙
　　It is a prime number

7.14 小学生计算机辅助教学系统。计算机在教育中的应用常被称为**计算机辅助教学**(Computer-Assisted Instruction, CAI)。请编写一个程序来帮助小学生学习乘法。使用模块化程序设计方法,按下列任务要求以循序渐进的方式编程。

任务 1:程序首先随机产生两个 1~10 之间的正整数,在屏幕上打印出问题,例如:

　　6 * 7 = ?

然后让学生输入答案。程序检查学生输入的答案是否正确。若正确,则打印"Right!",然后问下一个问题;否则打印"Wrong! Please try again.",然后提示学生重做,**直到答对为止**。

任务2:在任务1的基础上,当学生回答错误时,**最多给三次重做的机会**,三次仍未做对,则显示"Wrong! You have tried three times! Test over!",程序结束。

任务3:在任务1的基础上,**连续做10道乘法运算题,不给机会重做**,若学生回答正确,则显示"Right!",否则显示"Wrong!"。10道题全部做完后,按每题10分统计并输出总分,同时为了记录学生能力提高的过程,再输出学生的回答正确率(即答对题数除以总题数的百分比)。

任务4:在任务3的基础上,通过**计算机随机产生10道四则运算题**,两个操作数为1~10之间的随机数,运算类型为随机产生的加、减、乘、整除中的任意一种,不给机会重做,如果学生回答正确,则显示"Right!",否则显示"Wrong!"。10道题全部做完后,按每题10分统计总得分,然后**打印出总分和学生的回答正确率**。

任务5:在任务4基础上,为使学生通过反复练习熟练掌握所学内容,在学生完成10道运算题后,若回答正确率低于75%,则重新做10道题,**直到回答正确率高于75%时才退出程序**。

任务6:开发一个CAI系统所要解决的另一个问题是学生疲劳的问题。消除学生疲劳的一种办法就是通过改变人机对话界面来吸引学生的注意力。在任务5的基础上,使用随机数产生函数产生一个1~4之间的随机数,配合使用switch语句和printf()函数调用,来**为学生输入的每一个正确或者错误的答案输出不同的评价**。

对于正确答案,可在以下4种提示信息中选择一个进行显示:

    Very good!

    Excellent!

    Nice work!

    Keep up the good work!

对于错误答案,可在以下4种提示信息中选择一个进行显示:

    No. Please try again.

    Wrong. Try once more.

    Don't give up!

    Not correct. Keep trying.

任务1的参考程序1如下:

```
1   #include <stdio.h>
2   #include <stdlib.h>
3   #include <time.h>
4   int Calculate(int x, char op, int y);
5   int CreateRandomNumber(void);
6   int main(void)
7   {
```

```
8          int a, b, answer;
9          int flag = 0;                // 置标志变量置为假
10         srand(time(NULL));
11         a = CreateRandomNumber();
12         b = CreateRandomNumber();
13         do{
14             printf("%d * %d = ? \n", a, b);
15             scanf("%d", &answer);
16             if (answer == Calculate(a, '*', b))
17             {
18                 printf("Right! \n");
19                 flag = 1;            // 做对,则将标志变量置为真
20             }
21             else
22             {
23                 printf("Wrong! Please try again. \n");
24             }
25         }while (flag != 1);          // 循环,直到做对(标志变量置为真)为止
26         return 0;
27     }
28     // 函数功能:计算两个数(x,y)的四则运算(由 op 定),返回计算结果值
29     int Calculate(int x, char op, int y)
30     {
31         switch(op)
32         {
33             case '+': return x + y;
34             case '-': return x - y;
35             case '*': return x * y;
36             case '/': return x / y;
37             default:  printf("Operator error! \n"); return 0;
38         }
39     }
40     // 函数功能:生成一个 1~10 的随机整数
41     int CreateRandomNumber(void)
```

```
42      {
43          return rand()%10 + 1;
44      }
```

参考程序2：

```
1   #include <stdio.h>
2   #include <stdlib.h>
3   #include <time.h>
4   int Calculate(int x, char op, int y);
5   int CreateRandomNumber(void);
6   int main(void)
7   {
8       int a, b, answer;
9       int isFirstTime = 1;
10      srand(time(NULL));
11      a = CreateRandomNumber();
12      b = CreateRandomNumber();
13      do{
14          if (isFirstTime == 0)
15              printf("Wrong! Please try again.\n");
16          printf("%d * %d = ? \n", a, b);
17          scanf("%d", &answer);
18          isFirstTime = 0;
19      }while (answer != Calculate(a,'*', b));
20      printf("Right!\n");
21      return 0;
22  }
23  /* 函数功能:计算两个数(x,y)的四则运算(由 op 定),返回计算结果值 */
24  int Calculate(int x, char op, int y)
25  {
26      switch(op)
27      {
28          case '+': return x + y;
29          case '-': return x - y;
30          case '*': return x * y;
```

```
31              case '/': return x / y;
32              default:printf("Operator error!\n"); return 0;
33          }
34      }
35      // 函数功能:生成一个 1~10 的随机整数
36      int CreateRandomNumber()
37      {
38          return rand() %10 + 1;
39      }
```

任务 2 的参考程序如下:

```
1   #include <stdio.h>
2   #include <stdlib.h>
3   #include <time.h>
4   int Calculate(int x, char op, int y);
5   int CreateRandomNumber(void);
6   int main(void)
7   {
8       int a, b, answer, wrongTimes = 0, flag = 0;
9       srand(time(NULL));
10      a = CreateRandomNumber();
11      b = CreateRandomNumber();
12      do{
13          printf("%d * %d = ? \n", a, b);
14          scanf("%d", &answer);
15          if (answer == Calculate(a, '*', b))
16          {
17              printf("Right! \n");
18              flag = 1;                      // 做对,则将标志变量置为真
19          }
20          else
21          {
22              wrongTimes++;
23              if (wrongTimes < 3)
24                  printf("Wrong! Please try again. \n");
```

```
25              else
26                  printf("Wrong! You have tried three times! Test over!");
27          }
28      }while (flag ! = 1 && wrongTimes < 3);// 未做对且未超过 3 次时循环
29      return 0;
30  }
31  // 函数功能:计算两个数(x,y)的四则运算(由 op 定),返回计算结果值
32  int Calculate(int x, char op, int y)
33  {
34      switch(op)
35      {
36          case '+': return x + y;
37          case '-': return x - y;
38          case '*': return x * y;
39          case '/': return x / y;
40          default:  printf("Operator error! \n"); return 0;
41      }
42  }
43  // 函数功能:生成一个 1~10 的随机整数
44  int CreateRandomNumber()
45  {
46      return rand()%10 + 1;
47  }
```

程序的两次测试结果为:

任务 3 的参考程序如下:

```
1   #include <stdio.h>
2   #include <stdlib.h>
3   #include <time.h>
4   int Calculate(int x, char op, int y);
5   int CreateRandomNumber(void);
6   int main(void)
7   {
8       int a, b, answer, i, rightNumber = 0;
9       srand(time(NULL));
```

```
10          for (i=0; i<10; i++)
11          {
12              a = CreateRandomNumber();
13              b = CreateRandomNumber();
14              printf("%d * %d = ? \n", a, b);
15              scanf("%d", &answer);
16              if (answer == Calculate(a,'*', b))
17              {
18                  printf("Right!\n");
19                  rightNumber++;
20              }
21              else
22              {
23                  printf("Wrong!\n");
24              }
25          }
26          printf("Total score is %d\n", rightNumber* 10);
27          printf("Rate of correctness is %d%%\n", rightNumber* 10);
28          return 0;
29      }
30      // 函数功能:计算两个数(x,y)的四则运算(由 op 定),返回计算结果值
31      int Calculate(int x, char op, int y)
32      {
33          switch(op)
34          {
35              case '+': return x + y;
36              case '-': return x - y;
37              case '*': return x * y;
38              case '/': return x / y;
39              default:printf("Operator error!\n"); return 0;
40          }
41      }
42      // 函数功能:生成一个 1~10 的随机整数
43      int CreateRandomNumber(void)
```

```
44      {
45          return rand() %10 + 1;
46      }
```
程序运行结果略。

任务 4 的参考程序如下：

```
1   #include <stdio.h>
2   #include <stdlib.h>
3   #include <time.h>
4   int Calculate(int x, char op, int y);
5   int CreateRandomNumber(void);
6   char CreateRandomOperator(void);
7   int main(void)
8   {
9       int  a, b, userAnswer, i, rightNumber = 0;
10      char opChar;
11      srand(time(NULL));
12      for (i=0; i<10; i++)
13      {
14          a = CreateRandomNumber();
15          b = CreateRandomNumber();
16          opChar = CreateRandomOperator();
17          printf("%d %c %d = ?\n", a, opChar, b);
18          scanf("%d", &userAnswer);
19          if (userAnswer == Calculate(a, opChar, b))
20          {
21              printf("Right!\n");
22              rightNumber++;
23          }
24          else
25          {
26              printf("Wrong!\n");
27          }
28      }
29      printf("Total score is %d\n", rightNumber* 10);
30      printf("Rate of correctness is %d%%\n", rightNumber*10);
```

```
31        return 0;
32    }
33    // 函数功能:计算两个数(x,y)的四则运算(由 op 定),返回计算结果值
34    int Calculate(int x, char op, int y)
35    {
36        switch(op)
37        {
38            case '+': return x + y;
39            case '-': return x - y;
40            case '*': return x * y;
41            case '/': return x / y;
42            default:  printf("Operator error!\n"); return 0;
43        }
44    }
45    // 函数功能:生成一个 1~10 的随机整数
46    int CreateRandomNumber(void)
47    {
48        return rand() %10 + 1;
49    }
50    // 函数功能:随机生成一个运算符号(+,-,*,/)
51    char CreateRandomOperator(void)
52    {
53        int op;
54        op = rand() %4 + 1;
55        switch (op)
56        {
57            case 1: return '+';
58            case 2: return '-';
59            case 3: return '*';
60            case 4: return '/';
61        }
62        return 0;
63    }
```

任务 5 的参考程序如下:

```c
1    #include <stdio.h>
2    #include <stdlib.h>
3    #include <time.h>
4    int Calculate(int x, char op, int y);
5    int CreateRandomNumber(void);
6    char CreateRandomOperator(void);
7    int main(void)
8    {
9        int  a, b, userAnswer, i, rightNumber,flag;
10       char opChar;
11       srand(time(NULL));
12       do{
13           rightNumber = flag = 0;
14           for (i=0; i<10; i++)
15           {
16               a = CreateRandomNumber();
17               b = CreateRandomNumber();
18               opChar = CreateRandomOperator();
19               printf("%d %c %d = ?\n", a, opChar, b);
20               scanf("%d", &userAnswer);
21               if (userAnswer == Calculate(a, opChar, b))
22               {
23                   printf("Right!\n");
24                   rightNumber++;
25               }
26               else
27               {
28                   printf("Wrong!\n");
29               }
30           }
31           printf("Total score is %d \n", rightNumber* 10);
32           printf("Rate of correctness is %d%% \n", rightNumber* 10);
33           if (rightNumber* 10 < 75)
34           {
35               printf("Once Again!\n");
```

```c
36                  rightNumber = 0;
37                  flag = 1;
38              }
39         }while (flag);
40         return 0;
41    }
42    // 函数功能:计算两个数(x,y)的四则运算(由 op 定),返回计算结果值
43    int Calculate(int x, char op, int y)
44    {
45         switch(op)
46         {
47             case '+': return x + y;
48             case '-': return x - y;
49             case '*': return x * y;
50             case '/': return x / y;
51             default:  printf("Operator error!\n"); return 0;
52         }
53    }
54    // 函数功能:生成一个 1~10 的随机整数
55    int CreateRandomNumber(void)
56    {
57         return rand() %10 + 1;
58    }
59    // 函数功能:随机生成一个运算符号(+,-,*,/)
60    char CreateRandomOperator(void)
61    {
62         int op;
63         op = rand() %4 + 1;
64         switch (op)
65         {
66             case 1: return '+';
67             case 2: return '-';
68             case 3: return '*';
69             case 4: return '/';
```

```
70          }
71          return 0;
72      }
```

任务 6 的参考程序如下：

```
1   #include <stdio.h>
2   #include <stdlib.h>
3   #include <time.h>
4   int Calculate(int x, char op, int y);
5   int CreateRandomNumber(void);
6   char CreateRandomOperator(void);
7   void PrintRandomRightEvaluation(void);
8   void PrintRandomWrongEvaluation(void);
9   int main(void)
10  {
11      int  a, b, userAnswer, i, rightNumber, flag;
12      char opChar;
13      srand(time(NULL));
14      do{
15          rightNumber = flag = 0;
16          for (i=0; i<10; i++)
17          {
18              a = CreateRandomNumber();
19              b = CreateRandomNumber();
20              opChar = CreateRandomOperator();
21              printf("%d %c %d = ?\n", a, opChar, b);
22              scanf("%d", &userAnswer);
23              if (userAnswer == Calculate(a, opChar, b))
24              {
25                  PrintRandomRightEvaluation();
26                  rightNumber++;
27              }
28              else
29              {
30                  PrintRandomWrongEvaluation();
31              }
```

```
32              }
33              printf("Total score is %d\n", rightNumber* 10);
34              printf("Rate of correctness is %d%%\n", rightNumber* 10);
35              if (rightNumber* 10 < 75)
36              {
37                  printf("Once Again!\n");
38                  rightNumber = 0;
39                  flag = 1;
40              }
41          }while (flag);
42          return 0;
43      }
44      // 函数功能:计算两个数(x,y)的四则运算(由 op 定),返回计算结果值
45      int Calculate(int x, char op, int y)
46      {
47          switch(op)
48          {
49              case '+': return x + y;
50              case '-': return x - y;
51              case '*': return x * y;
52              case '/': return x / y;
53              default:  printf("Operator error!\n"); return 0;
54          }
55      }
56      // 函数功能:生成一个 1~10 的随机整数
57      int CreateRandomNumber()
58      {
59          return rand() %10 + 1;
60      }
61      // 函数功能:随机生成一个运算符号(+,-,*,/)
62      char CreateRandomOperator()
63      {
64          int op;
65          op = rand() %4 + 1;
```

```c
66      switch (op)
67      {
68          case 1: return '+';
69          case 2: return '-';
70          case 3: return '*';
71          case 4: return '/';
72      }
73      return 0;
74  }
75  // 函数功能:生成一个题目做对的随机提示
76  void PrintRandomRightEvaluation()
77  {
78      int i;
79      i = rand() % 4 + 1;
80      switch(i)
81      {
82              case 1: printf("Very good!\n");
83                  break;
84              case 2: printf("Excellent!\n");
85                  break;
86              case 3: printf("Nice work!\n");
87                  break;
88              case 4: printf("Keep up the good work!\n");
89                  break;
90              default:printf("Wrong type!");
91      }
92  }
93  // 函数功能:生成一个题目做错的随机提示
94  void PrintRandomWrongEvaluation(void)
95  {
96      int i;
97      i = rand() % 4 + 1;
98      switch(i)
99      {
100             case 1: printf("No. Please try again.\n");
```

```
101                 break;
102         case 2: printf("Wrong. Try once more.\n");
103                 break;
104         case 3: printf("Don't give up!\n");
105                 break;
106         case 4: printf("Not correct. Keep trying.\n");
107                 break;
108         default:printf("Wrong type!");
109     }
110 }
```

1.7 习题 8 解答

8.1 分析并写出下面程序的运行结果。

（1）
```
1   #include <stdio.h>
2   void Func(int x)
3   {
4       x = 20;
5   }
6   int main(void)
7   {
8       int x = 10;
9       Func(x);
10      printf("%d", x);
11      return 0;
12  }
```

（2）
```
1   #include <stdio.h>
2   void Func(int b[])
3   {
4       int j;
5       for (j=0; j<4; j++)
6       {
7           b[j] = j;
```

```
8          }
9      }
10     int main(void)
11     {
12         static int a[] = {5,6,7,8}, i;
13         Func(a);
14         for (i=0; i<4; i++)
15         {
16             printf("%d", a[i]);
17         }
18         return 0;
19     }
```

参考答案：

(1) 10

(2) 0123

8.2 阅读程序，按要求在空白处填写适当的表达式或语句，使程序完整并符合题目要求。

(1) 下面的函数用于统计 10 个整数中正数的个数。

```
1    int PositiveNum(int a[], int n)
2    {
3        int i, count  ①  ;
4        for (i=0; i<n; i++)
5        {
6            if (a[i] > 0)  ②  ;
7        }
8        return  ③  ;
9    }
```

(2) 下面的函数使用迭代法计算 Fibonacci 数列前 n 项的值。

```
1    void Fib(long f[],  ①  )
2    {
3        int i;
4        f[0] = 0;
5        f[1] = 1;
6        for (i=2; i<n; i++)
7        {
8            f[i] =  ②  ;
```

（3）从键盘输入 10 个整数，编程计算并输出其最大值、最小值及其所在元素的下标位置。

```
1    #include <stdio.h>
2    int main(void)
3    {
4        int a[10], n, max, min, maxPos, minPos;
5        for (n=0; n<10; n++)
6        {
7            scanf("%d", &a[n]);
8        }
9        max = min = a[0];
10       maxPos = minPos =  ①  ;
11       for (n=0; n<10; n++)
12       {
13           if (  ②  )
14           {
15               max = a[n];
16               maxPos =  ③  ;
17           }
18           else if (  ④  )
19           {
20               min = a[n];
21               minPos =  ⑤  ;
22           }
23       }
24       printf("max=%d, pos=%d\n", max, maxPos);
25       printf("min=%d, pos=%d\n", min, minPos);
26       return 0;
27   }
```

（4）利用矩阵相乘公式 $c_{ij} = \sum_{k=1}^{n} a_{ik} \times b_{kj}$，编程计算 $m \times n$ 阶矩阵 **A** 和 $n \times m$ 阶矩阵 **B** 之积。

```
1    #include <stdio.h>
2    #define ROW 2
3    #define COL 3
```

```
4      // 函数功能:计算矩阵相乘之积,结果存于二维数组 c 中
5      MultiplyMatrix(int a[ROW][COL], int b[COL][ROW], int  ①  )
6      {
7          int i, j, k;
8          for (i=0; i<ROW; i++)
9          {
10             for (j=0; j<ROW; j++)
11             {
12                 c[i][j] =  ②  ;
13                 for (k=0; k<COL; k++)
14                 {
15                     c[i][j] =  ③  ;
16                 }
17             }
18         }
19     }
20     // 函数功能:输出矩阵 A 中的元素
21     void PrintMatrix(int a[ROW][ROW])
22     {
23         int i , j ;
24         for (i=0; i<ROW; i++)
25         {
26             for (j=0; j<ROW; j++)
27             {
28                 printf("%6d", a[i][j]);
29             }
30              ④  ;
31         }
32     }
33     int main(void)
34     {
35         int a[ROW][COL], b[COL][ROW], c[ROW][ROW], i, j;
36         printf("Input 2 * 3 matrix a:\n");
37         for (i=0; i<ROW ;i++)
```

```
38          {
39              for (j=0; j<COL; j++)
40              {
41                  scanf("%d",   ⑤   );
42              }
43          }
44          printf("Input 3 * 2 matrix b:\n");
45          for (i=0; i<COL; i++)
46          {
47              for (j=0; j<ROW; j++)
48              {
49                  scanf("%d",   ⑥   );
50              }
51          }
52          MultiplyMatrix(  ⑦  );
53          printf("Results:\n");
54          PrintMatrix(c);
55          return 0;
56      }
```

参考答案：

(1) ① =0   ② count++   ③ count

(2) ① int n   ② f[i-1]+f[i-2]

(3) ① 0   ② a[n]>max   ③ n   ④ a[n]<min   ⑤ n

(4) ① int c[ROW][ROW]   ② 0   ③ c[i][j]+a[i][k] * b[k][j]
　　④ printf ("\n")   ⑤ &a[i][j]   ⑥ &b[i][j]   ⑦ a,b,c

8.3 输入某班学生某门课程的成绩（最多不超过 40 人，具体人数由用户从键盘输入），用函数编程统计不及格的人数。

参考程序如下：

```
1   #include <stdio.h>
2   #define N 40
3   int GetFailNum(int score[], int n);
4   int main(void)
5   {
6       int i, n, fail, score[N];
```

```
7       printf("How many students?");
8       scanf("%d", &n);
9       for (i=0; i<n; i++)
10      {
11          scanf("%d", &score[i]);
12      }
13      fail = GetFailNum(score, n);
14      printf("Fail students = %d\n", fail);
15      return 0;
16  }
17  // 函数功能:统计不及格人数
18  int GetFailNum(int score[], int n)
19  {
20      int i, count = 0;
21      for (i=0; i<n; i++)
22      {
23          if (score[i] < 60) count++;
24      }
25      return count;
26  }
```

程序的运行结果如下：

```
How many students? 5↙
45 56 78 99 100↙
Fail students = 2
```

8.4 参考例 8.6 程序中的函数 ReadScore( )和 Average( )，输入某班学生某门课程的成绩（最多不超过 40 人），当输入为负值时，表示输入结束。用函数编程统计成绩高于平均分的学生人数。

参考程序如下：

```
1   #include <stdio.h>
2   #define N 40
3   int Average(int score[], int n);
4   int ReadScore(int score[]);
5   int GetAboveAver(int score[], int n);
6   int main(void)
```

```c
7   {
8       int score[N], m, n;
9       n = ReadScore(score);            // 输入成绩,返回学生人数
10      printf("Total students are %d\n", n);
11      m = GetAboveAver(score, n);// 统计成绩在平均分及以上的学生人数
12      if(m != -1)printf("Students of above average is %d\n", m);
13      return 0;
14  }
15  // 函数功能:若 n>0,则计算并返回 n 个学生成绩的平均分,否则返回-1
16  int Average(int score[], int n)
17  {
18      int i, sum = 0;
19      for (i=0; i<n; i++)
20      {
21          sum += score[i];
22      }
23      return n>0 ? sum/n : -1;
24  }
25  // 函数功能:输入学生某门课程成绩,当输入成绩为负值时,结束输入,返回学生人数
26  int ReadScore(int score[])
27  {
28      int i = -1;
29      do{
30          i++;
31          printf("Input score:");
32          scanf("%d", &score[i]);
33      } while (score[i] >= 0);
34      return i;
35  }
36  // 函数功能:若 n>0,则统计并返回成绩在平均分及平均分之上的学生人数,否则返回-1
37  int GetAboveAver(int score[], int n)
38  {
39      int i, count = 0, aver;
40      aver = Average(score, n);      // 计算并打印平均分
```

```
41            if(aver == -1)return -1;
42            printf("Average score is %d\n", aver);
43            for (i=0; i<n; i++)
44            {
45                if (score[i] >= aver) count++;
46            }
47            return count;
48        }
```

程序的运行结果如下：

Input score:45✓

Input score:56✓

Input score:78✓

Input score:99✓

Input score:100✓

Input score:-1✓

Total students are 5

Average score is 75

Students of above average is 3

8.5 参考例 8.7 程序中的函数 ReadScore( )和 FindMax( )，从键盘输入某班学生某门课程的成绩和学号(最多不超过 40 人)，当输入为负值时，表示输入结束。用函数编程通过返回数组中最大元素的下标，查找并输出成绩的最高分及其所属的学生学号。

参考程序如下：

```
1    #include <stdio.h>
2    #define N 40
3    int ReadScore(int score[], long num[]);
4    int FindMax(int score[], int n);
5    int main(void)
6    {
7        int score[N], maxNum, n;
8        long num[N];
9        n = ReadScore(score, num);        // 输入成绩,返回学生人数
10       printf("Total students are %d \n", n);
11       maxNum = FindMax(score, n);       // 计算并返回最高分所在数组的下标
12       printf("The highest is %ld, ID is %d \n", num[maxNum], score[maxNum]);
13       return 0;
```

```c
14      }
15      // 函数功能:输入学生某门课程的成绩,当输入为负值时,结束输入,返回学生人数
16      int ReadScore(int score[], long num[])
17      {
18          int i = -1;
19          do{
20              i++;
21              printf("Input student's ID and score:");
22              scanf("%ld%d", &num[i], &score[i]);
23          } while (score[i] >= 0 && num[i] >= 0);
24          return i;
25      }
26      // 函数功能:计算并返回最高分所在数组的下标
27      int FindMax(int score[], int n)
28      {
29          int max = score[0], i, maxNum = 0;
30          for (i=1; i<n; i++)
31          {
32              if (score[i] > max)
33              {
34                  max = score[i];
35                  maxNum = i;
36              }
37          }
38          return maxNum;
39      }
```

程序的运行结果如下:

```
Input student's ID and score:120310122 84↙
Input student's ID and score:120310123 83↙
Input student's ID and score:120310124 88↙
Input student's ID and score:120310125 87↙
Input student's ID and score:120310126 61↙
Input student's ID and score:-1 -1↙
Total students are 5
The highest is 120310124,ID is 88
```

8.6 参考例 8.7 程序中的函数 FindMax( )，输入 10 个整数，用函数编程将其中最大数与最小数的位置互换，然后输出互换后的数组。

参考程序 1 如下：

```
1   #include <stdio.h>
2   void MaxMinExchange(int a[], int n);
3   int FindMaxPos(int s[], int n);
4   int FindMinPos(int s[], int n);
5   int main(void)
6   {
7       int i, a[10];
8       printf("Input 10 numbers:");
9       for (i=0; i<10; i++)
10      {
11          scanf("%d", &a[i]);
12      }
13      MaxMinExchange(a, 10);
14      printf("Exchange results:");
15      for (i=0; i<10; i++)
16      {
17          printf("%4d", a[i]);
18      }
19      printf("\n");
20      return 0;
21  }
22  // 函数功能:将数组中最大数与最小数的位置互换
23  void MaxMinExchange(int a[], int n)
24  {
25      int maxPos, minPos, temp;
26      maxPos = FindMaxPos(a, n);
27      minPos = FindMinPos(a, n);
28      temp = a[maxPos];
29      a[maxPos] = a[minPos];
30      a[minPos] = temp;
31  }
32  // 函数功能:计算数组中的最大值在数组中的下标位置
```

```
33      int FindMaxPos(int s[], int n)
34      {
35          int maxPos = 0, max = s[0], i;
36          for (i=1; i<n; i++)
37          {
38              if (s[i] > max)
39              {
40                  max = s[i];
41                  maxPos = i;
42              }
43          }
44          return maxPos;
45      }
46      // 函数功能:计算数组中的最小值在数组中的下标位置
47      int FindMinPos(int s[], int n)
48      {
49          int minPos = 0, min = s[0], i;
50          for (i=1; i<n; i++)
51          {
52              if (s[i] < min)
53              {
54                  min = s[i];
55                  minPos = i;
56              }
57          }
58          return minPos;
59      }
```

参考程序 2 如下:

```
1       #include <stdio.h>
2       void MaxMinExchange(int a[], int n);
3       int main(void)
4       {
5           int i, a[10];
6           printf("Input 10 numbers:");
7           for (i=0; i<10; i++)
```

```c
8       {
9           scanf("%d", &a[i]);
10      }
11      MaxMinExchange(a, 10);
12      printf("Exchange results:");
13      for (i=0; i<10; i++)
14      {
15          printf("%4d", a[i]);
16      }
17      printf("\n");
18      return 0;
19  }
20  // 函数功能:将数组中最大数与最小数的位置互换
21  void MaxMinExchange(int a[], int n)
22  {
23      int max = a[0], min = a[0], maxPos = 0, minPos = 0;
24      int i, temp;
25      for (i=1; i<n; i++)
26      {
27          if (a[i] > max)
28          {
29              max = a[i];
30              maxPos = i;
31          }
32          if (a[i] < min)
33          {
34              min = a[i];
35              minPos = i;
36          }
37      }
38      temp = a[maxPos];
39      a[maxPos] = a[minPos];
40      a[minPos] = temp;
41  }
```

程序的运行结果如下:

```
            Input 10 numbers:1 2 3 4 5 6 7 8 9 10↙
            Exchange results: 10   2   3   4   5   6   7   8   9   1
```

8.7 假设有 40 个学生被邀请来给餐厅的饮食和服务质量打分,分数划分为 1~10 这 10 个等级(1 表示最低分,10 表示最高分),编程统计并按如下格式输出餐饮服务质量调查结果。

```
        Grade       Count       Histogram
          1           5         * * * * *
          2          10         * * * * * * * * * *
          3           7         * * * * * * *
          ...
```

参考程序 1 如下:

```
1    #include <stdio.h>
2    #define M 40
3    #define N 11
4    int main(void)
5    {
6        int i, j, grade, feedback[M], count[N] = {0};
7        printf("Input the feedbacks of 40 students:\n");
8        for (i=0; i<M; i++)
9        {
10           scanf("%d", &feedback[i]);
11       }
12       for (i=0; i<M; i++)
13       {
14           switch (feedback[i])
15           {
16               case 1: count[1]++;break;
17               case 2: count[2]++;break;
18               case 3: count[3]++;break;
19               case 4: count[4]++;break;
20               case 5: count[5]++;break;
21               case 6: count[6]++;break;
22               case 7: count[7]++;break;
23               case 8: count[8]++;break;
24               case 9: count[9]++;break;
```

```
25              case 10:count[10]++;break;
26              default:printf("input error!\n");
27          }
28      }
29      printf("Feedback\tCount\tHistogram\n");
30      for (grade=1; grade<=N-1; grade++)
31      {
32          printf("%8d\t%5d\t", grade, count[grade]);
33          for (j=0; j<count[grade]; j++)
34          {
35              printf("%c",'*');
36          }
37          printf("\n");
38      }
39      return 0;
40  }
```

参考程序 2 如下:

```
1   #include <stdio.h>
2   #define M 40
3   #define N 11
4   int main(void)
5   {
6       int i, j, grade, feedback[M], count[N] = {0};
7       printf("Input the feedbacks of 40 students:\n");
8       for (i=0; i<M; i++)
9       {
10          scanf("%d", &feedback[i]);
11      }
12      for (i=0; i<M; i++)
13      {
14          count[feedback[i]]++;
15      }
16      printf("Feedback\tCount\tHistogram\n");
17      for (grade=1; grade<=N-1; grade++)
```

```
18          {
19              printf("%8d\t%5d\t", grade, count[grade]);
20              for (j=0; j<count[grade]; j++)
21              {
22                  printf("%c",'*');
23              }
24              printf("\n");
25          }
26      return 0;
27  }
```

程序的运行结果如下：

```
Input the feedbacks of 40 students:
10 9 10 8 7  6 5  10 9 8↙
8  9 7  6 10 9 8  8  7 7↙
6  6 8  8 9  9 10 8  7 7↙
9  8 7  9 7  6 5  9  8 7↙
```

Feedback	Count	Histogram
1	0	
2	0	
3	0	
4	0	
5	2	* *
6	5	* * * * *
7	9	* * * * * * * * *
8	10	* * * * * * * * * *
9	9	* * * * * * * * *
10	5	* * * * *

8.8 在习题 8.7 的基础上，用一个整型数组 feedback 保存调查的 40 个反馈意见。用函数编程计算反馈意见的**平均数（Mean）**、**中位数（Median）**和**众数（Mode）**。中位数指的是排列在数组中间的数。如果原始数据的个数是偶数，那么中位数等于中间那两个元素的算术平均值。众数是数组中出现次数最多的那个数（不考虑两个或两个以上的反馈意见出现次数相同的情况）。

参考答案：在调查数据分析（Survey Data Analysis）中经常需要计算平均数、中位数和众数。计算中位数时，首先要调用排序函数对数组按升序进行排序，然后取出排序后数组中间位置的元素 answer[$n/2$],就得到了中位数。如果数组元素的个数是偶数,那么中位数就等于数组中间那两个元素的算术平均值。

众数就是 40 个反馈意见中出现次数最多的那个数。计算众数时,首先要统计不同类型的反馈意见出现的次数,然后找出出现次数最多的那个反馈意见,这个反馈意见就是众数(这里没有考虑两个或者两个以上的反馈意见出现次数相同的情况)。习题 8.7 的运行结果以直方图的形式打印出了这一统计结果,可以帮助用户直观地判断众数的计算结果是否正确。

参考程序如下:

```
1   #include <stdio.h>
2   #define M 40
3   #define N 11
4   int Mean(int answer[], int n);
5   int Median(int answer[], int n);
6   int Mode(int answer[], int n);
7   void DataSort(int a[], int n);
8   int main(void)
9   {
10      int i, feedback[M];
11      printf("Input the feedbacks of 40 students:\n");
12      for (i=0; i<M; i++)
13      {
14          scanf("%d", &feedback[i]);
15      }
16      printf("Mean value = %d\n", Mean(feedback, M));
17      printf("Median value = %d\n", Median(feedback, M));
18      printf("Mode value = %d\n", Mode(feedback, M));
19      return 0;
20  }
21  // 函数功能:若 n>0,则计算并返回 n 个数的平均数,否则返回-1
22  int Mean(int answer[], int n)
23  {
24      int i, sum = 0;
25      for (i=0; i<n; i++)
26      {
27          sum += answer[i];
28      }
```

```c
29        return n>0? sum/n:-1;
30    }
31    // 函数功能:计算 n 个数的中位数
32    int Median(int answer[], int n)
33    {
34        DataSort(answer, n);
35        if (n%2 == 0)
36            return (answer[n/2] + answer[n/2-1])/2;
37        else
38            return answer[n/2];
39    }
40    // 函数功能:计算 n 个数的众数
41    int Mode(int answer[], int n)
42    {
43        int i, grade, max = 0, modeValue = 0, count[N] = {0};
44        for (i=0; i<n; i++)
45        {
46            count[answer[i]]++;
47        }
48        for (grade=1; grade<=N-1; grade++)
49        {
50            if (count[grade] > max)
51            {
52                max = count[grade];
53                modeValue = grade;
54            }
55        }
56        return modeValue;
57    }
58    // 函数功能:按选择法对数组 a 中的 n 个元素进行排序
59    void DataSort(int a[], int n)
60    {
61        int i, j, k, temp;
62        for (i=0; i<n-1; i++)
63        {
```

```
64              k = i;
65              for (j=i+1; j<n; j++)
66              {
67                  if (a[j] < a[k])   k=j;
68              }
69              if (k != i)
70              {
71                  temp = a[k];
72                  a[k] = a[i];
73                  a[i] = temp;
74              }
75          }
76      }
```

程序的运行结果如下:

```
Input the feedbacks of 40 students:
10 9 10 8 7  6 5   10 9 8↙
8  9 7  6 10 9 8  8  7 7↙
6  6 8  8 9  9 10 8  7 7↙
9  8 7  9 7  6 5  9  8 7↙
Mean value = 7
Median value = 8
Mode value = 8
```

8.9 输入 $n \times n$ 阶矩阵,用函数编程计算并输出其两条对角线上的各元素之和。

参考程序如下:

```
1   #include <stdio.h>
2   #define N 10
3   void InputMatrix(int a[N][N], int n);
4   int AddDiagonal(int a[N][N], int n);
5   int main(void)
6   {
7       int a[N][N], n, sum;
8       printf("Input n:");
9       scanf("%d", &n);
10      InputMatrix(a, n);
11      sum = AddDiagonal(a, n);
```

```
12        printf("sum = %d\n", sum);
13        return 0;
14    }
15    // 函数功能：输入 n×n 矩阵的元素值,存于数组 a 中
16    void InputMatrix(int a[N][N], int n)
17    {
18        int i, j;
19        printf("Input %d * %d matrix:\n", n, n);
20        for (i=0; i<n; i++)
21        {
22            for (j=0; j<n; j++)
23            {
24                scanf("%d",&a[i][j]);
25            }
26        }
27    }
28    // 函数功能：计算 n×n 矩阵中两条对角线上的元素之和
29    int AddDiagonal(int a[N][N], int n)
30    {
31        int i, j, sum = 0;
32        for (i=0; i<n; i++)
33        {
34            for (j=0; j<n; j++)
35            {
36                if (i == j || i+j == n-1)
37                    sum = sum + a[i][j];
38            }
39        }
40        return sum;
41    }
```

程序的运行结果如下：

Input n:5↙
Input 5 * 5 matrix:
1 2 3 4 5↙

```
2 3 4 5 6↙
3 4 5 6 7↙
4 5 6 7 8↙
5 6 7 8 9↙
sum = 45
```

8.10 输入 $m \times n$ 阶矩阵 A 和 B, 用函数编程计算并输出 A 与 B 之和。

参考程序如下：

```
1    #include<stdio.h>
2    #define ROW 10
3    #define COL 10
4    void InputMatrix(int a[ROW][COL], int m, int n);
5    void AddMatrix(int a[ROW][COL], int b[ROW][COL], int c[ROW][COL],
6                   int m, int n);
7    void PrintMatrix(int a[ROW][COL], int m, int n);
8    int main(void)
9    {
10       int a[ROW][COL], b[ROW][COL], c[ROW][COL], m, n;
11       printf("Input m, n:");
12       scanf("%d,%d", &m, &n);
13       printf("Input %d * %d matrix a:\n", m, n);
14       InputMatrix(a, m, n);
15       printf("Input %d * %d matrix b:\n", m, n);
16       InputMatrix(b, m, n);
17       AddMatrix(a, b, c, m, n);
18       printf("Results:\n");
19       PrintMatrix(c, m, n);
20       return 0;
21   }
22   // 函数功能: 输入 m×n 矩阵的元素值, 存于数组 a 中
23   void InputMatrix(int a[ROW][COL], int m, int n)
24   {
25       int i, j;
26       for (i=0; i<m; i++)
27       {
```

```
28              for (j=0; j<n; j++)
29              {
30                  scanf("%d", &a[i][j]);
31              }
32          }
33      }
34      // 函数功能:计算 m×n 矩阵之和,即对应位置元素之和,结果存于数组 c 中
35      void AddMatrix(int a[ROW][COL], int b[ROW][COL], int c[ROW][COL],
36                     int m, int n)
37      {
38          int i, j;
39          for (i=0; i<m; i++)
40          {
41              for (j=0; j<n; j++)
42              {
43                  c[i][j] = a[i][j] + b[i][j];
44              }
45          }
46      }
47      // 函数功能:输出 m×n 矩阵的元素值
48      void PrintMatrix(int a[ROW][COL], int m, int n)
49      {
50          int i, j;
51          for (i=0; i<m; i++)
52          {
53              for (j=0; j<n; j++)
54              {
55                  printf("%6d", a[i][j]);
56              }
57              printf("\n");
58          }
59      }
```

程序的运行结果如下:

  Input m, n:2,3✓

  Input 2 * 3 matrix a:

```
        1  2  3↙
        4  5  6↙
Input 2 * 3 matrix b:
        11 12 13↙
        14 15 16↙
Results:
            12    14    16
            18    20    22
```

8.11 用函数编程计算并输出如图 1-5 所示的杨辉三角形。

参考程序 1 如下:

```
1    #include<stdio.h>
2    #define N 20
3    void CalculateYH(int a[][N], int n);
4    void PrintYH(int a[][N], int n);
5    int main(void)
6    {
7        int a[N][N] = {0}, n;
8        printf("Input n(n<20):");
9        scanf("%d", &n);
10       CalculateYH(a, n);
11       PrintYH(a, n);
12       return 0;
13   }
14   // 函数功能:计算杨辉三角形前 n 行元素的值
15   void CalculateYH(int a[][N], int n)
16   {
17       int i, j;
18       for (i=0; i<n; i++)
19       {
20           a[i][0] = 1;
21           a[i][i] = 1;
22       }
23       for (i=2; i<n; i++)
24       {
```

```
1
1  1
1  2  1
1  3  3  1
1  4  6  4  1
1  5  10 10 5  1
1  6  15 20 15 6  1
```

图 1-5 杨辉三角形

```
25            for (j=1; j<=i-1; j++)
26            {
27                a[i][j] = a[i-1][j-1] + a[i-1][j];
28            }
29        }
30    }
31    // 函数功能:输出杨辉三角形前 n 行元素的值
32    void PrintYH(int a[][N], int n)
33    {
34        int i, j;
35        for (i=0; i<n; i++)
36        {
37            for (j=0; j<=i; j++)
38            {
39                printf("%4d", a[i][j]);
40            }
41            printf("\n");
42        }
43    }
```

参考程序 2 如下:

```
1    #include<stdio.h>
2    #define N 20
3    void CalculateYH(int a[][N], int n);
4    void PrintYH(int a[][N], int n);
5    int main(void)
6    {
7        int a[N][N] = {0}, n;
8        printf("Input n(n<20):");
9        scanf("%d", &n);
10       CalculateYH(a, n);
11       PrintYH(a, n);
12       return 0;
13   }
14   // 函数功能:计算杨辉三角形前 n 行元素的值
15   void CalculateYH(int a[][N], int n)
```

```
16   {
17       int i, j;
18       for (i=0; i<n; i++)
19       {
20           for (j=0; j<=i; j++)
21           {
22               if (j==0 || i==j)
23                   a[i][j] = 1;
24               else
25                   a[i][j] = a[i-1][j-1] + a[i-1][j];
26           }
27       }
28   }
29   // 函数功能:输出杨辉三角形前 n 行元素的值
30   void PrintYH(int a[][N], int n)
31   {
32       int i, j;
33       for (i=0; i<n; i++)
34       {
35           for (j=0; j<=i; j++)
36           {
37               printf("%4d", a[i][j]);
38           }
39           printf("\n");
40       }
41   }
```

程序的运行结果如下:

```
Input n(n<20):7
   1
   1   1
   1   2   1
   1   3   3   1
   1   4   6   4   1
   1   5  10  10   5   1
   1   6  15  20  15   6   1
```

8.12　(选做)兔子生崽问题。假设一对小兔的成熟期是一个月,即一个月可长成成兔,那么如果每对成兔每个月都可以生一对小兔,一对新生的小兔从第二个月起就开始生兔子,试问从一对兔子开始繁殖,一年以后可有多少对兔子？请编程求解该问题。

参考答案:依题意,兔子的繁殖情况示意图如图 1-6 所示。图中实线表示成兔仍是成兔或者小兔长成成兔;虚线表示成兔生小兔。观察分析此图可发现如下规律:

(1) 每个月小兔对数 = 上个月成兔对数。

(2) 每个月成兔对数 = 上个月成兔对数 + 上个月小兔对数。

综合(1)和(2)有:每个月成兔对数 = 前两个月成兔对数之和。

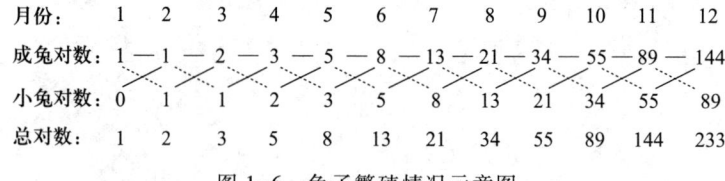

图 1-6　兔子繁殖情况示意图

用 $f_n(n=1,2,\cdots)$ 表示第 n 个月成兔对数,于是可将上述规律表示为如下递推公式:

$$f_1 = 1 \quad\quad (n=1)$$
$$f_2 = 1 \quad\quad (n=2)$$
$$f_n = f_{n-1} + f_{n-2} \quad\quad (n \geqslant 3)$$

依次令 $n=1,2,3,\cdots$,可由上述公式递推求出每个月成兔对数为:

$$1,1,2,3,5,8,13,21,34,55,89,144,\cdots$$

这就是著名的 Fibonacci 数列。同理,可得每个月小兔的对数为:

$$0,1,1,2,3,5,8,13,21,34,55,89,\cdots$$

因此,每个月兔子的总对数为:

$$1,2,3,5,8,13,21,34,55,89,144,233,\cdots$$

每个月兔子的总对数以及一年以后兔子总对数的参考程序如下:

```
1   #include <stdio.h>
2   #define N 12
3   void Fibonacci(int f[], int n);
4   int main(void)
5   {
6       int f[N], i;
7       Fibonacci(f, N);
8       printf("\nTotal = %d \n", f[N-1]);
9       return 0;
```

```
10     }
11     // 函数功能:计算并打印 Fibonacci 数列的前 n 项
12     void Fibonacci(int f[], int n)
13     {
14         int i;
15         f[0] = 1;
16         f[1] = 2;
17         for (i=2; i<n; i++)
18         {
19             f[i] = f[i-1] + f[i-2];
20         }
21         for (i=0; i<N; i++)
22         {
23             printf("%4d", f[i]);
24         }
25     }
```
程序的运行结果如下:
```
   1   2   3   5   8  13  21  34  55  89 144 233
Total = 233
```
8.13 (选做)模拟骰子的 6 000 次投掷,编程统计并输出骰子的 6 个面各自出现的概率。

参考程序如下:
```
1    #include <stdlib.h>
2    #include <time.h>
3    #include <stdio.h>
4    int main(void)
5    {
6        int face, roll, frequency[7] = {0};
7        srand(time(NULL));
8        for (roll=1; roll<=6000; roll++)
9        {
10           face = rand()%6 + 1;
11           frequency[face]++;
12       }
13       printf("%4s%17s\n", "Face", "Frequency");
14       for (face=1; face<=6; face++)
```

```
15          {
16              printf("%4d%17d\n", face, frequency[face]);
17          }
18          return 0;
19      }
```

程序的运行结果如下：

```
Face        Frequency
 1             997
 2             998
 3             972
 4            1033
 5             971
 6            1029
```

8.14 （选做）模拟文曲星上的猜数游戏。先由计算机随机生成一个各位相异的 4 位数字，由用户来猜，根据用户猜测的结果给出提示：$xAyB$。其中，A 前面的数字表示有几位数字不仅数字猜对了，而且位置也正确，B 前面的数字表示有几位数字猜对了，但是位置不正确。最多允许用户猜的次数由用户从键盘输入。如果猜对，则提示"Congratulations！"；如果在规定次数以内仍然猜不对，则给出提示"Sorry, you haven't got it, see you next time！"。程序结束之前，在屏幕上显示这个正确的数字。

参考答案：首先要随机生成一个各位相异的 4 位数，方法是：将 0~9 这 10 个数字顺序放入数组 a（应足够大）中，然后将其排列顺序随机打乱 10 次，取前 4 个数组元素的值，即可得到一个各位相异的 4 位数。然后，用数组 a 存储计算机随机生成的 4 位数，用数组 b 存储用户猜的 4 位数，对 a 和 b 中相同位置的元素进行比较，可得 A 前面待显示的数字；对 a 和 b 的不同位置的元素进行比较，可得 B 前面待显示的数字。参考程序如下：

```
1   #include <stdio.h>
2   #include <time.h>
3   #include <stdlib.h>
4   void MakeDigit(int a[]);
5   int InputGuess(int b[]);
6   int IsRightPosition(int magic[], int guess[]);
7   int IsRightDigit(int magic[], int guess[]);
8   int main(void)
9   {
10      int a[10];              // 记录计算机所想的数
11      int b[4];               // 记录人猜的数
```

```c
12      int count;                          // 记录已经猜的次数
13      int rightDigit;                     // 猜对的数字个数
14      int rightPosition;                  // 数字和位置都猜对的个数
15      int level;                          // 最多允许猜的次数
16      srand(time(NULL));
17      MakeDigit(a);                       // 随机生成一个各位相异的 4 位数
18      printf("How many times do you want to guess?");
19      scanf("%d", &level);
20      count = 0;
21      do{
22          printf("No.%d of %d times:\n", count+1, level);
23          printf("Please input a number:");
24          if (InputGuess(b) != 0)         // 读入用户的猜测
25          {
26          count++;
27          rightPosition = IsRightPosition(a, b);// 数字和位置都猜对的个数
28          rightDigit = IsRightDigit(a, b); // 用户猜对的数字个数
29          rightDigit = rightDigit - rightPosition;
30          printf("%dA%dB\n", rightPosition, rightDigit);
31              }
32      } while (count < level && rightPosition != 4);
33      if (rightPosition == 4)
34          printf("Congratulations, you got it at No.%d\n", count);
35      else
36          printf("Sorry, you haven't got it, see you next time!\n");
37      printf("Correct answer is:%d%d%d%d\n", a[0], a[1], a[2], a[3]);
38      return 0;
39  }
40  // 函数功能:随机生成一个各位相异的 4 位数
41  void MakeDigit(int a[])
42  {
43      int j, k, temp;
44      for (j=0; j<10; j++)
45      {
46          a[j] = j;
47      }
```

```
48              for (j=0; j<10; j++)
49              {
50                  k = rand() % 10;
51                  temp = a[j];
52                  a[j] = a[k];
53                  a[k] = temp;
54              }
55      }
56      // 函数功能：读入用户猜的数，读入失败返回 0,否则返回非 0
57      int InputGuess(int b[])
58      {
59          int i, ret = 1;
60          for (i=0; i<4; i++)
61          {
62              ret = scanf("%1d", &b[i]);
63              if (ret != 1)                          // 如果输入非法
64              {
65                  printf("Input Data Type Error!\n");
66                  while (getchar()!= '\n');          // 清除输入缓冲区中的内容
67                  return 0;
68              }
69          }
70          if (b[0] == b[1] || b[0] == b[2] || b[0] == b[3] ||
71              b[1] == b[2] || b[1] == b[3] || b[2] == b[3])
72          {
73              printf("The digits must be different from each other! \n");
74              return 0;
75          }
76          else
77          {
78              return 1;
79          }
80      }
81      // 函数功能：统计 guess 和 magic 数组中数字和位置都一致的个数
82      int IsRightPosition(int magic[],int guess[])
83      {
```

```
84          int rightPosition = 0;
85          int j;
86          for (j=0; j<4; j++)
87          {
88              if (guess[j] == magic[j])
89                  rightPosition = rightPosition + 1;
90          }
91          return rightPosition;
92      }
93      // 函数功能:统计 guess 和 magic 数组中数字一致(不管位置是否一致)的个数
94      int IsRightDigit(int magic[],int guess[])
95      {
96          int rightDigit = 0;
97          int j, k;
98          for (j=0; j<4; j++)
99          {
100             for (k=0; k<4; k++)
101             {
102                 if (guess[j] == magic[k])
103                     rightDigit = rightDigit + 1;
104             }
105         }
106         return rightDigit;
107     }
```
程序的运行结果如下:

How many times do you want to guess? 7↙

No.1 of 7 times:

Please input a number:1234↙

2A0B

No.2 of 7 times:

Please input a number:2304↙

0A3B

No.3 of 7 times:

Please input a number:0235↙

3A0B

No.4 of 7 times:
Please input a number:0239↙
3A0B
No.5 of 7 times:
Please input a number:0237↙
4A0B
Congratulations, you got it at No.5
Correct answer is:0237

8.15 (选做)用函数编程实现在一个按升序排序的数组中查找 x 应插入的位置,将 x 插入数组中,使数组元素仍按升序排列。

参考答案:插入(Insertion)是数组的基本操作之一。插入排序算法的关键在于要找到正确的插入位置,然后依次移动插入位置及其后的所有元素,腾出这个位置放入待插入的元素。插入排序的算法示意如图 1-7 所示。

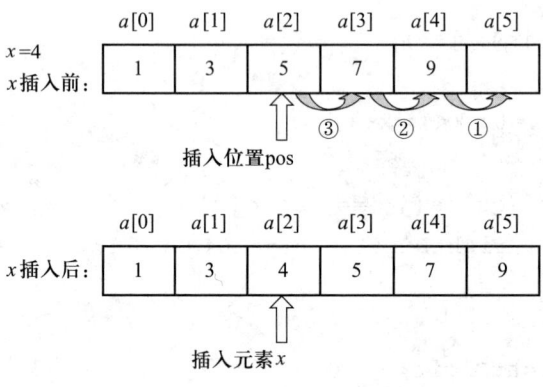

图 1-7 插入排序算法示意

参考程序如下:

```
1   #include<stdio.h>
2   #define N 20                    // 插入前数组最大元素个数
3   void insert(int a[], int n, int x);
4   int main(void)
5   {
6       int a[N+1];                 // 定义数组长度为插入前的数组元素个数加 1
7       int x, i, n;
8       printf("Input array size:");
9       scanf("%d", &n);            // 输入插入前数组元素个数
```

```c
10      printf("Input array:");
11      for (i=0; i<n; i++)
12      {
13          scanf("%d", &a[i]);     // 输入插入前已按升序排序的数组元素
14      }
15      printf("Input x:");
16      scanf("%d", &x);            // 输入待插入的元素 x
17      Insert(a, n, x);            // 插入元素 x 到已排序数组中
18      printf("After insert %d:\n", x);
19      for (i=0; i<n+1; i++)
20      {
21          printf("%4d", a[i]);    // 输出插入 x 后的数组元素
22      }
23      printf("\n");
24      return 0;
25  }
26  // 函数功能:将 x 插入到一个已按升序排序的数组中
27  void Insert(int a[], int n, int x)
28  {
29      int i = 0, pos;
30      while (i < n && x > a[i])   // 查找待插入位置
31      {
32          i++;
33      }
34      pos = i;                    // 记录元素 x 应插入的数组下标位置 pos
35      for (i = n-1; i >= pos; i--)  // 从尾部开始移动 pos 及其后所有的元素
36      {
37          a[i+1] = a[i];          // 向后复制数组元素
38      }
39      a[pos] = x;                 // 插入元素 x 到位置 pos
40  }
```

程序的运行结果如下:

Input array size: 5↵

Input array:1 3 5 7 9↵

Input x: 4↵

```
    After insert 4:
        1  3  4  5  7  9
```

8.16 （选做）冒泡排序（Bubble Sort），也称为沉降排序（Sinking Sort），之所以称其为冒泡排序，是因为算法中值相对较小的数据会像水中的气泡一样逐渐上升到数组的最顶端。与此同时，较大的数据逐渐地下沉到数组的底部。这个处理过程需要在整个数组范围内反复执行多遍。每一遍执行时，比较相邻的两个元素，若顺序不对，则将其位置交换，当没有数据需要交换时，数据也就排好序了。在例 8.7 程序的基础上，编程将排序函数 DataSort( ) 改用冒泡法实现。

参考答案：如图 1-8 所示，采用冒泡法进行升序排序的基本原理如下。

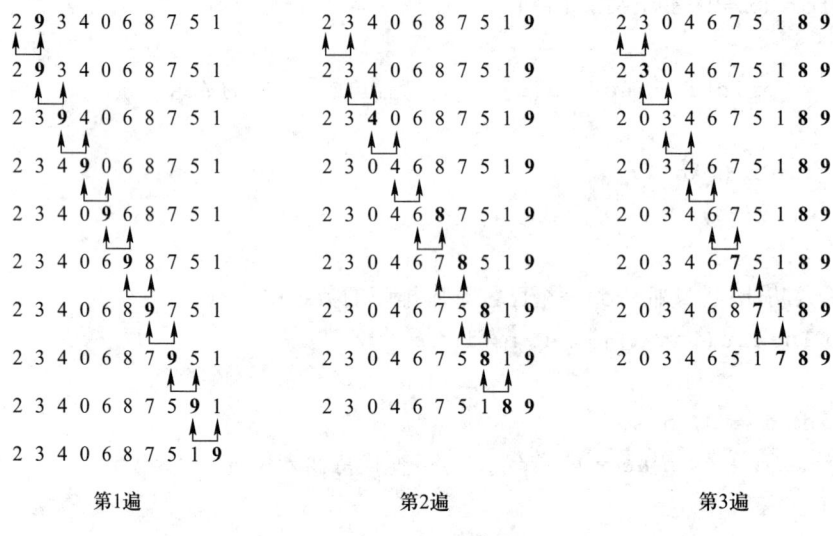

图 1-8　冒泡法排序原理

对数组中的 n 个数执行 $n-1$ 遍检查操作，在每一遍执行时，对数组中剩余的尚未排好序的元素进行如下操作：对相邻的两个元素进行比较，若排在后面的数小于排在前面的数，则交换其位置，这样每一遍操作中都将参与比较的数中的大数沉到数组的底部，经过 $n-1$ 遍操作后，就将全部 n 个数按从小到大的顺序排好序了。冒泡排序法的优点是易于理解、实现简单。但缺点是运行效率较低，这是因为在每一次交换中，一个元素只能向它的最终目标位置移动一个位置。在对一个较大的数组进行排序时，这一点表现得尤为明显。

参考程序如下：
```
1    #include<stdio.h>
2    #define N 10
3    void BubbleSort(int a[], int n);
4    int main(void)
```

```
5    {
6        int i, n, a[N];
7        printf("Input n:");
8        scanf("%d", &n);
9        printf("Input %d numbers:", n);
10       for (i=0; i<n; i++)
11       {
12           scanf("%d", &a[i]);
13       }
14       BubbleSort(a, n);
15       printf("Sorting results:");
16       for (i=0; i<n; i++)
17       {
18           printf("%4d", a[i]);
19       }
20       printf("\n");
21       return 0;
22   }
23   // 函数功能:使用冒泡法实现数组 a 的 n 个元素的升序排序
24   void BubbleSort(int a[], int n)
25   {
26       int i, j, temp;
27       for (i=0; i<n-1; i++)
28       {
29           for (j=1; j<n-i; j++)
30           {
31               if (a[j] < a[j-1])
32               {
33                   temp = a[j];
34                   a[j] = a[j-1];
35                   a[j-1] = temp;
36               }
37           }
38       }
39   }
```

程序的运行结果如下:

```
Input n: 10↙
Input 10 numbers:2 9 3 4 0 6 8 7 5 1↙
Sorting results:  0 1 2 3 4 5 6 7 8 9
```

8.17 (选做)挑战类型表示的极限——大数的存储问题。编程计算并输出 1~40 之间的所有数的阶乘。提示:用一个包含 50 个元素的数组存储一个大数,每个数组元素存储大数中的一位数字。

参考答案:用一个数组存储一个大数,每个数组元素存储大数中的一位数字,然后采用逐位相乘、后位向前进位的方法计算大数的阶乘值,只要数组长度定义得足够大,就可以计算足够大的数的阶乘值。不用函数编写的参考程序如下:

```
1   #include <stdio.h>
2   #include <stdlib.h>
3   #define SIZE 51
4   int main(void)
5   {
6       int data[SIZE]={0};  // 存储50位数,元素全部初始化为0,不使用data[0]
7       int index = 1;       // 数组元素个数,表示阶乘值的位数
8       int n;               // 准备计算的阶乘中的最大数
9       int i, j, k;
10      data[1] = 1;         // 初始化,令1!=1
11      printf("Input n:");
12      scanf("%d", &n);
13      for (i=1; i<=n; i++)              // 计算1~n之间所有数的阶乘值
14      {
15          for (j=1; j<=index; j++)      // 计算阶乘i!
16          {
17              data[j] = data[j]*i;      // 每一位数字都乘以i
18          }
19          for (k=1; k<index; k++)
20          {
21              if (data[k] >= 10)  // 若阶乘值的每位数字大于或等于10,则进位
22              {
23                  data[k+1] = data[k+1] + data[k]/10;     // 当前位向前进位
24                  data[k] = data[k] % 10;                 // 进位之后的值
```

```
25                }
26            }
                    // 单独处理最高位,若计算之后的最高位大于或等于10,则位数 index 加 1
28            while (data[index] >= 10 && index <= SIZE-1)
29            {
30                data[index+1] = data[index] / 10;        // 向最高位进位
31                data[index] = data[index] % 10;          // 进位之后的值
32                index++;                                  // 位数 index 加 1
33            }
34            if (index <= SIZE-1)        // 检验数组是否溢出,若未溢出,则打印阶乘值
35            {
36                printf("%d! = ", i);
37                for (j=index; j>0; j--)  // 从最高位开始打印每一位阶乘值
38                {
39                    printf("%d", data[j]);
40                }
41                printf("\n");
42            }
43            else                         // 若大于50,数组溢出,则提示错误信息
44            {
45                printf("Overflow! \n");
46                exit(1);
47            }
48        }
49        return 0;
50    }
```

用函数编写的参考程序如下:

```
1   #include <stdio.h>
2   #include <stdlib.h>
3   #define SIZE 51
4   int BigFact(int m, int data[]);
5   int main(void)
6   {
7       int data[SIZE]={0};      // 存储50位数,元素全部初始化为0,不使用 data[0]
8       int index;               // 数组元素个数,表示阶乘值的位数
```

```
 9        int n;                          // 准备计算的阶乘中的最大数
10        int i, j;
11        printf("Input n:");
12        scanf("%d", &n);
13        for (i=1; i<=n; i++)    // 计算 1~n 之间所有数的阶乘值
14        {
15            index = BigFact(i, data);   // 计算阶乘 i!,返回阶乘值的位数
16            if (index != 0)             // 检验数组是否溢出,若未溢出,则打印阶乘值
17            {
18                printf("%d! = ", i);
19                for (j=index; j>0; j--)    // 从最高位开始打印每一位阶乘值
20                {
21                    printf("%d", data[j]);
22                }
23                printf("\n");
24            }
25            else                        // 若大于 50,数组溢出,则提示错误信息
26            {
27                printf("Overflow!\n");
28                exit(1);
29            }
30        }
31        return 0;
32    }
33    // 函数功能:计算 m!,存于数组 data 中,若数组未溢出,则返回阶乘值的位数,否则返回 0
34    int BigFact(int m, int data[])
35    {
36        int i,j,k;
37        int index = 1;                  // 表示数组中的位数
38        for (i=0; i<SIZE; i++)
39        {
40            data[i] = 0;    // 每个数组元素存储阶乘值的每一位数字,全部初始化为 0
41        }
42        data[1] = 1;                    // 初始化,令 1! =1
43        for (i=1; i<=m; i++)            // 计算阶乘 m!
```

```
44          {
45              for (j=1; j<=index; j++)
46              {
47                  data[j] = data[j] * i;        // 每一位数字都乘以 i
48              }
49              for (k=1; k<index; k++)
50              {
51                  if (data[k] >= 10)// 若阶乘值的每位数字大于或等于10,则进位
52                  {
53                      data[k+1] = data[k+1] + data[k]/10;    // 当前位向前进位
54                      data[k] = data[k] % 10;                // 进位之后的值
55                  }
56              }
57              // 单独处理最高位,若计算之后的最高位大于或等于10,则位数 index 加 1
58              while (data[index] >= 10 && index <= SIZE-1)
59              {
60                  data[index+1] = data[index] / 10;    // 向最高位进位
61                  data[index] = data[index] % 10;      // 进位之后的值
62                  index++;                             // 位数 index 加 1
63              }
64          }
65          if (index <= SIZE-1)         // 检验数组是否溢出,若未溢出,则返回阶乘值的位数
66              return index;
67          else                          // 若大于 50,数组溢出,则返回 0 值
68              return 0;
69      }
```

程序的运行结果如下：

```
Input n: 40↙
1! = 1
2! = 2
3! = 6
4! = 24
5! = 120
6! = 720
```

7! = 5040
8! = 40320
9! = 362880
10! = 3628800
11! = 39916800
12! = 479001600
13! = 6227020800
14! = 87178291200
15! = 1307674368000
16! = 20922789888000
17! = 355687428096000
18! = 6402373705728000
19! = 121645100408832000
20! = 2432902008176640000
21! = 51090942171709440000
22! = 1124000727777607680000
23! = 25852016738884976640000
24! = 620448401733239439360000
25! = 15511210043330985984000000
26! = 403291461126605635584000000
27! = 10888869450418352160768000000
28! = 304888344611713860501504000000
29! = 8841761993739701954543616000000
30! = 265252859812191058636308480000000
31! = 8222838654177922817725562880000000
32! = 263130836933693530167218012160000000
33! = 8683317618811886495518194401280000000
34! = 295232799039604140847618609643520000000
35! = 10333147966386144929666513375232000000000
36! = 371993326789901217467999448150835200000000
37! = 13763753091226345046315979581580902400000000
38! = 523022617466601111760007224100074291200000000
39! = 20397882081197443358640281739902897356800000000
40! = 815915283247897734345611269596115894272000000000

8.18 （选做）大奖赛现场统分。已知某大奖赛有 n 个选手参赛，$m(m>2)$ 个评委为参赛选手评分(最高10分,最低0分)。计分规则为:在每个选手的 m 个得分中,去掉一个最高分和一个最低分后,取平均分作为该选手的最后得分。要求编程实现:

(1) 根据 n 个选手的最后得分,从高到低输出选手的得分名次表,以确定获奖名单。

(2) 根据各选手的最后得分与各评委给该选手所评分数的差距,对每个评委评分的准确性和评分水准给出一个定量的评价,从高到低输出各评委得分的名次表。

参考答案:首先设计如下 5 个数组。

(1) sh[i],存放第 i 个选手的编号。

(2) sf[i],存放第 i 个选手的最后得分,即去掉一个最高分和一个最低分以后的平均分。

(3) ph[j],存放第 j 个评委的编号。

(4) f[i][j],存放第 j 个评委给第 i 个选手的评分。

(5) pf[j],存放代表第 j 个评委评分水准的得分。

解决本问题的关键在于计算选手的最后得分和评委的得分。

先计算选手的最后得分。外层循环控制参赛选手的编号 i 从 1 变化到 n,当第 i 个选手上场时,输入该选手的编号 sh[i]。内层循环控制给选手评分的评委的编号 j 从 1 变化到 m,依次输入第 j 个评委给第 i 个选手的评分 f[i][j],并将其累加到 sf[i] 中,同时求出最高分 max 和最低分 min。当第 i 个选手的 m 个得分全部输入并累加完毕后,去掉一个最高分 max,去掉一个最低分 min,于是第 i 个选手的最后得分为:

```
sf[i] = (sf[i] -max -min)/(m-2);
```

当 n 个参赛选手的最后得分 sf[0],sf[1],…,sf[n] 全部计算完毕后,再将其从高到低排序,打印参赛选手的名次表。

下面计算评委的得分。评委给选手评分存在误差,即 f[i][j] $\neq$ sf[i] 是正常的,也是允许的。但如果某个评委给每个选手的评分与各选手的最后得分都相差太大,则说明该评委的评分有失水准。可用下面的公式来对各个评委的评分水平进行定量评价:

$$pf[j] = 10 - \sqrt{\frac{\sum_{i=1}^{n}(f[i][j] - sf[i])^2}{n}}$$

显然,pf[j] 值越高,说明评委的评分水平越高,因此可依据 m 个评委的 pf[j] 值打印出评委评分水平高低的名次表。参考程序如下:

```
1   #include <stdio.h>
2   #include <math.h>
3   #define ATHLETE 40           // 选手人数最高限
4   #define JUDGE 20             // 评委人数最高限
5   void CountAthleteScore(int sh[], float sf[], int n, float f[], int m);
6   void Sort(int h[], float f[], int n);
```

```
7       void Print(int h[], float f[], int n);
8       void CountJudgeScore(int ph[], float pf[], int m, float sf[], float f[],
9                            int n);
10      int main(void)
11      {
12          int j, m, n;
13          int sh[ATHLETE];                              // 选手的编号
14          int ph[JUDGE];                                // 评委的编号
15          float sf[ATHLETE];                            // 选手的最后得分
16          float pf[JUDGE];                              // 评委的得分
17          float f[ATHLETE][JUDGE];                      // 评委给选手的评分
18          printf("How many Athletes?");
19          scanf("%d", &n);                              // 输入选手人数
20          printf("How many judges?");
21          scanf("%d", &m);                              // 输入评委人数
22          for(j=1; j<=m; j++)
23          {
24              ph[j] = j;
25          }
26          printf("Scores of Athletes:\n");
27          CountAthleteScore(sh, sf, n, *f, m);          // 现场为选手统计分数
28          CountJudgeScore(ph,pf,m,sf,*f,n);             // 为各个评委打分
29          printf("Order of Athletes:\n");
30          Sort(sh, sf, n);                              // 选手得分排序
31          Print(sh, sf, n);                             // 打印选手名次表
32          printf("Order of judges:\n");
33          Sort(ph, pf, m);                              // 评委得分排序
34          Print(ph, pf, m);                             // 打印评委名次表
35          printf("Over! Thank you!\n");
36          return 0;
37      }
38      // 函数功能:统计参赛选手的得分
39      void CountAthleteScore(int sh[], float sf[], int n, float f[], int m)
40      {
```

```
41        int i, j;
42        float max, min;
43        for (i=1; i<=n; i++)                    // 第i个选手
44        {
45            printf("\nAthlete %d is playing.", i);
46            printf("\nPlease enter his number code:");
47            scanf("%d", &sh[i]);
48            sf[i] = 0;
49            max = 0;                             // 最高分初值设为最小值
50            min = 100;                           // 最低分初值设为最大值
51            for (j=1; j<=m; j++)                 // 第j个评委
52            {
53                printf("Judge %d gives score:", j);
54                scanf("%f", &f[i*m+j]);
55                sf[i] = sf[i] + f[i*m+j];        // 累加评委对第i个选手的评分
56                if (max < f[i*m+j])              // 找出最高分
57                    max = f[i*m+j];
58                if (min > f[i*m+j])              // 找出最低分
59                    min = f[i*m+j];
60            }
61            printf("Delete a maximum score:%.1f\n", max);
62            printf("Delete a minimum score:%.1f\n", min);
63            sf[i] = (sf[i] - max - min)/(m - 2); // 去掉一个最高分和一个最低分
64            printf("The final score of Athlete %d is %.3f\n", sh[i], sf[i]);
65        }
66    }
67    // 函数功能:对分数从高到低排序
68    void Sort(int h[], float f[], int n)
69    {
70        int i, j, k, temp2;
71        float temp1;
72        for (i=1; i<=n-1; i++)
73        {
```

```
74              k = i;
75              for (j=i+1; j<=n; j++)
76              {
77                  if (f[j] > f[k]) k = j;
78              }
79              if (k != i)
80              {
81                  temp1 = f[k]; f[k] = f[i]; f[i] = temp1;
82                  temp2 = h[k]; h[k] = h[i]; h[i] = temp2;
83              }
84          }
85     }
86     // 函数功能:打印名次表
87     void Print(int h[], float f[], int n)
88     {
89         int i;
90         printf("order\tfinal score\tnumber code\n");
91         for (i=1; i<=n; i++)
92         {
93             printf("%5d\t%11.3f\t%6d\n", i, f[i], h[i]);
94         }
95     }
96     // 函数功能:统计评委的得分
97     void CountJudgeScore(int ph[], float pf[], int m, float sf[],
98                          float f[], int n)
99     {
100        int i, j;
101        for (j-1; j<=m; j++)                // 第 j 个评委
102        {
103            pf[j] = 0;
104            for (i=1; i<=n; i++)            // 第 i 个选手
105            {
106                pf[j] = pf[j] + (f[i*m+j] - sf[i]) * (f[i*m+j] - sf[i]);
107            }
```

```
108             pf[j] = 10 - sqrt(pf[j]/n);
109         }
110     }
```

程序的运行结果如下:

How many Athletes? 5 ↵
How many judges? 5 ↵
Scores of Athletes:

Athlete 1 is playing.
Please enter his number code:11 ↵
Judge 1 gives score:9.5 ↵
Judge 2 gives score:9.6 ↵
Judge 3 gives score:9.7 ↵
Judge 4 gives score:9.4 ↵
Judge 5 gives score:9.0 ↵
Delete a maximum score:9.7
Delete a minimum score:9.0
The final score of Athlete 11 is 9.500

Athlete 2 is playing.
Please enter his number code:12 ↵
Judge 1 gives score:9.0 ↵
Judge 2 gives score:9.2 ↵
Judge 3 gives score:9.1 ↵
Judge 4 gives score:9.3 ↵
Judge 5 gives score:8.9 ↵
Delete a maximum score:9.3
Delete a minimum score:8.9
The final score of Athlete 12 is 9.100

Athlete 3 is playing.
Please enter his number code:13 ↵
Judge 1 gives score:9.6 ↵
Judge 2 gives score:9.7 ↵
Judge 3 gives score:9.5 ↵

Judge 4 gives score:9.8↵
Judge 5 gives score:9.4↵
Delete a maximum score:9.8
Delete a minimum score:9.4
The final score of Athlete 13 is 9.600

Athlete 4 is playing.
Please enter his number code:14↵
Judge 1 gives score:8.9↵
Judge 2 gives score:8.8↵
Judge 3 gives score:8.7↵
Judge 4 gives score:9.0↵
Judge 5 gives score:8.6↵
Delete a maximum score:9.0
Delete a minimum score:8.6
The final score of Athlete 14 is 8.800

Athlete 5 is playing.
Please enter his number code:15↵
Judge 1 gives score:9.0↵
Judge 2 gives score:9.1↵
Judge 3 gives score:8.8↵
Judge 4 gives score:8.9↵
Judge 5 gives score:9.2↵
Delete a maximum score:9.2
Delete a minimum score:8.8
The final score of Athlete 11 is 9.000
Order of Athletes:

order	final score	number code
1	9.600	13
2	9.500	11
3	9.100	12
4	9.000	15
5	8.800	14

Order of judges:

```
order    final score    number code
  1         9.937           1
  2         9.911           2
  3         9.859           3
  4         9.833           4
  5         9.714           5
Over! Thank you!
```

1.8 习题 9 解答

9.1 请结合例 9.6 程序分析下面两个程序能否实现两数交换功能,并说明为什么。

(1)
```
1  void Swap(int *x, int *y)
2  {
3      int *pTemp;
4      *pTemp = *x;
5      *x = *y;
6      *y = *pTemp;
7  }
```

(2)
```
1  void Swap(int *x, int *y)
2  {
3      int *pTemp;
4      pTemp = x;
5      x = y;
6      y = pTemp;
7  }
```

参考答案:

(1) 不能实现两数交换功能,因为指针变量 pTemp 未初始化,在指针 pTemp 指向未知的情况下,在第 4 行就对 pTemp 指向的未知单元进行写操作,这是很危险的。

(2) 不能实现两数交换功能,虽然指针变量 pTemp 在第 4 行被赋了一个初值,但第 4~6 行语句交换的是地址值,不是指针指向存储单元中的内容。

9.2 分析下面的函数能否实现"返回一个数组中所有元素被第一个元素除的结果"的功能。代码中存在怎样的错误隐患?请编写正确的程序。

```
1  void DivArray(int *pArray, int n)
2  {
3      int i;
4      for (i=0; i<n; i++)
5      {
6          pArray[i] /= pArray[0];
7      }
8  }
```

参考答案:应该将第 4 行语句

   `for (i=0; i<n; i++)`

改成

   `for (i=n-1; i>0; i--)`

  否则,程序第一次循环后 pArray[0] 的值就变成了 1,这样后面的数组元素的值就不再是被第一个元素除的结果。为了得到数组中所有元素被第一个元素除的结果,应该从数组最后一个元素开始依次向前计算。

  9.3 利用例 9.6 程序中的函数 Swap( ),用函数编程实现两个数组中对应元素值的交换。

  参考程序如下:

```
1   #include <stdio.h>
2   #define N 10
3   void ReadData(int a[], int n);
4   void PrintData(int a[], int n);
5   void Swap(int *x, int *y);
6   int main(void)
7   {
8       int a[N], b[N], i, n;
9       printf("Input array size(n<=10):");
10      scanf("%d", &n);
11      printf("Input array a:");
12      ReadData(a, n);
13      printf("Input array b:");
14      ReadData(b, n);
15      for (i=0; i<n; i++)
16      {
17          Swap(&a[i], &b[i]);
18      }
19      printf("Output array a:");
20      PrintData(a, n);
21      printf("Output array b:");
22      PrintData(b, n);
23      return 0;
24  }
25  // 函数功能:输入数组 a 的 n 个元素值
```

```
26   void ReadData(int a[], int n)
27   {
28       int i;
29       for (i=0; i<n; i++)
30       {
31           scanf("%d", &a[i]);
32       }
33   }
34   // 函数功能:输出数组 a 的 n 个元素值
35   void PrintData(int a[], int n)
36   {
37       int i;
38       for (i=0; i<n; i++)
39       {
40           printf("%5d", a[i]);
41       }
42       printf("\n");
43   }
44   // 函数功能:两整数值互换
45   void Swap(int *x, int *y)
46   {
47       int temp;
48       temp = *x;
49       *x = *y;
50       *y = temp;
51   }
```

程序的运行结果如下：

```
Input array size(n<=10):5↙
Input array a:1 2 3 4 5↙
Input array b:6 7 8 9 10↙
Output array a:    6    7    8    9   10
Output array b:    1    2    3    4    5
```

9.4 利用例 9.6 程序中的函数 Swap()，从键盘输入 10 个整数，用函数编程实现计算其最大值和最小值，并互换它们所在数组中的位置。

参考程序如下：

```
1    #include <stdio.h>
2    void ReadData(int a[], int n);
3    void PrintData(int a[], int n);
4    void MaxMinExchang(int a[], int n);
5    void Swap(int *x, int *y);
6    int main(void)
7    {
8        int a[10], n;
9        printf("Input n(n<=10):");
10       scanf("%d", &n);
11       printf("Input %d numbers:", n);
12       ReadData(a, n);
13       MaxMinExchang(a, n);
14       printf("Exchange results:");
15       PrintData(a, n);
16       return 0;
17   }
18   // 函数功能:输入数组 a 的 n 个元素值
19   void ReadData(int a[], int n)
20   {
21       int i;
22       for (i=0; i<n; i++)
23       {
24           scanf("%d", &a[i]);
25       }
26   }
27   // 函数功能:输出数组 a 的 n 个元素值
28   void PrintData(int a[], int n)
29   {
30       int i;
31       for (i=0; i<n; i++)
32       {
33           printf("%5d", a[i]);
```

```
34              }
35              printf("\n");
36      }
37      // 函数功能:将数组 a 中最大数与最小数的位置互换
38      void MaxMinExchang(int a[], int n)
39      {
40          int maxValue = a[0], minValue = a[0], maxPos = 0, minPos = 0;
41          int i;
42          for (i=1; i<n; i++)
43          {
44              if (a[i] > maxValue)
45              {
46                  maxValue = a[i];
47                  maxPos = i;
48              }
49              if (a[i] < minValue)
50              {
51                  minValue = a[i];
52                  minPos = i;
53              }
54          }
55          Swap(&a[maxPos],&a[minPos]);
56      }
57      // 函数功能:两整数值互换
58      void Swap(int *x, int *y)
59      {
60          int temp;
61          temp = *x;
62          *x = *y;
63          *y = temp;
64      }
```

程序的运行结果如下:

  Input n(n<=10):10↙

  Input 10 Numbers:1 4 3 0 -2 6 7 2 9 -1↙

Exchange results: 1   4   3   0   9   6   7   2   -2   -1

9.5 按如下函数原型,用函数编程解决如下的日期转换问题(要求考虑闰年)。

(1) 输入某年某月某日,计算并输出它是这一年的第几天。

```
/* 函数功能:对给定的某年某月某日,计算它是这一年的第几天
   函数参数:整型变量 year、month、day,分别代表年、月、日
   函数返回值:这一年的第几天 */
int DayofYear(int year, int month, int day);
```

(2) 输入某一年的第几天,计算并输出它是这一年的第几月第几日。

```
/* 函数功能:   对给定的某一年的第几天,计算它是这一年的第几月第几日
   函数入口参数:整型变量 year,存储年
               整型变量 yearDay,存储这一年的第几天
   函数出口参数:整型指针 pMonth,指向存储这一年第几月的整型变量
               整型指针 pDay,指向存储第几日的整型变量
   函数返回值:   无 */
void MonthDay(int year, int yearDay, int *pMonth, int *pDay);
```

(3) 输出如下菜单,用 switch 语句实现根据用户输入的选择执行相应的操作。

```
1. year/month/day -> yearDay
2. yearDay -> year/month/day
3. Exit
Please enter your choice:
```

参考答案:首先需要建立一张存放 12 个月每月天数的表格,考虑到二月份的天数在平年和闰年是不同的,所以需要定义一个 2 行 13 列的二维数组 dayTab(分别用第 1~12 列的元素存放第 1~12 个月的天数),将其定义为全局数组类型,用于存放每个月的天数,第 0 行对应于平年各月份的天数(其中,二月份天数为 28 天),第 1 行对应于闰年各月份的天数(其中,二月份天数为 29 天)。若是闰年,则采用数组中第 1 行存放的每月天数计算;否则,采用数组中第 0 行存放的每月天数计算。

(1) 函数 DayofYear()将某年某月某日转换为这一年的第几天,并将函数值返回。其实现算法为:若给定的月是 month,则将 1,2,3,…,month-1 月的各月天数依次累加,再加上指定的日,即可得到它是这一年的第几天。参考程序如下:

```
1    #include<stdio.h>
2    int DayofYear(int year, int month, int day);
3    int dayTab[2][13] = {{0,31,28,31,30,31,30,31,31,30,31,30,31},
4                        {0,31,29,31,30,31,30,31,31,30,31,30,31}};
5    int main(void)
6    {
```

```
7       int year, month, day, yearDay;
8       printf("Please enter year, month, day:");
9       scanf("%d,%d,%d", &year, &month, &day);
10      yearDay = DayofYear(year, month, day);
11      printf("yearDay = %d\n", yearDay);
12      return 0;
13  }
14  // 函数功能:对给定的某年某月某日,计算并返回它是这一年的第几天
15  int DayofYear(int year, int month, int day)
16  {
17      int i, leap;
18      // 若 year 为闰年,即 leap 值为 1,则用第 1 行元素 dayTab[1][i]计算;
19      //     否则 leap 值为 0,用第 0 行 dayTab[0][i]计算
20      leap = ((year %4 == 0) && (year %100 != 0)) || (year %400 == 0);
21      for (i=1; i<month; i++)
22      {
23          day = day + dayTab[leap][i];
24      }
25      return day;              // 返回计算出的 day 的值
26  }
```

程序的两次测试结果如下:

① Please enter year, month, day:2000,3,1↙
  yearDay = 61

② Please enter year, month,day:2011,3,1↙
  yearDay = 60

(2) 函数 MonthDay( )将某年的第几天转换为某月某日。由于该函数需要计算两个值,无法同时用 return 语句返回,所以将相应的形参定义为指针类型。其实现算法为:对给定的某年的第几天 yearDay,只要从 yearDay 中依次减去 1,2,3,…各月的天数,直到正好减为 0 或不够减时为止,若已减了 i 个月的天数,则月份 month 的值为 i+1。这时,yearDay 中剩下的天数即为第 month 月的 day 的值。参考程序如下:

```
1   #include<stdio.h>
2   void MonthDay(int year, int yearDay, int *pMonth, int *pDay);
3   int dayTab[2][13] = {{0,31,28,31,30,31,30,31,31,30,31,30,31},
4                        {0,31,29,31,30,31,30,31,31,30,31,30,31}};
5   int main(void)
```

```c
6    {
7        int year, month, day, yearDay;
8        printf("Please enter year, yearDay:");
9        scanf("%d,%d", &year, &yearDay);
10       MonthDay(year, yearDay, &month, &day);
11       printf("month = %d, day = %d\n", month, day);
12       return 0;
13   }
14   // 函数功能:对给定的某一年的第几天,计算它是这一年的第几月第几日
15   void MonthDay(int year, int yearDay, int *pMonth, int *pDay)
16   {
17       int i, leap;
18       leap = ((year %4 == 0) && (year %100 != 0)) || (year %400 == 0);
19       for (i=1; yearDay>dayTab[leap][i]; i++)
20       {
21           yearDay = yearDay - dayTab[leap][i];
22       }
23       *pMonth = i;        // 将计算出的月份值赋值给 pMonth 所指向的变量
24       *pDay = yearDay;    // 将计算出的日号赋值给 pDay 所指向的变量
25   }
```

程序的两次测试结果如下:

① Please enter year, yearDay:2000,61✓
   month = 3, day = 1
② Please enter year, yearDay:2011,60✓
   month = 3, day = 1

(3) 参考程序如下:

```c
1    #include <stdio.h>
2    #include <stdlib.h>
3    int DayofYear(int year, int month, int day);
4    void MonthDay(int year, int yearDay, int *pMonth, int *pDay);
5    void Menu(void);
6    int dayTab[2][13] = {{0,31,28,31,30,31,30,31,31,30,31,30,31},
7                         {0,31,29,31,30,31,30,31,31,30,31,30,31}};
8    int main(void)
```

```c
9   {
10      int year, month, day, yearDay;
11      char c;
12      Menu();                    // 调用 Menu 函数显示一个固定式菜单
13      c = getchar();             // 输入选择
14      switch (c)                 // 判断选择的是何种操作
15      {
16          case '1':printf("Please enter year, month, day:");
17                  scanf("%d,%d,%d", &year, &month, &day);
18                  yearDay = DayofYear(year, month, day);
19                  printf("yearDay = %d\n", yearDay);
20                  break;
21          case '2':printf("Please enter year, yearDay:");
22                  scanf("%d,%d", &year, &yearDay);
23                  MonthDay(year, yearDay, &month, &day);
24                  printf("month = %d,day = %d\n", month, day);
25                  break;
26          case '3':exit(0);          // 退出程序的运行
27          default:printf("Input error!");
28      }
29      return 0;
30  }
31  // 函数功能:对给定的某年某月某日,计算并返回它是这一年的第几天
32  int DayofYear(int year, int month, int day)
33  {
34      int i, leap;
35      // 若 year 为闰年,即 leap 值为 1,则用第 1 行元素 dayTab[1][i]计算;
36          // 否则 leap 值为 0,用第 0 行 dayTab[0][i]计算
37      leap = ((year %4 == 0) && (year %100 != 0)) || (year %400 == 0);
38      for (i=1; i<month; i++)
39      {
40          day = day + dayTab[leap][i];
41      }
42      return day;             // 返回计算出的 day 的值
43  }
```

```
44      // 函数功能:对给定的某一年的第几天,计算它是这一年的第几月第几日
45      void MonthDay(int year, int yearDay, int *pMonth, int *pDay)
46      {
47          int i, leap;
48          leap = ((year %4 == 0) && (year %100 != 0)) || (year %400 == 0);
49          for (i=1; yearDay>dayTab[leap][i]; i++)
50          {
51              yearDay = yearDay - dayTab[leap][i];
52          }
53          *pMonth = i;          // 将计算出的月份值赋值给 pMonth 所指向的变量
54          *pDay = yearDay;      // 将计算出的日号赋值给 pDay 所指向的变量
55      }
56      // 函数功能:显示菜单
57      void Menu(void)
58      {
59          printf("1. year/month/day -> yearDay \n");
60          printf("2. yearDay -> year/month/day \n");
61          printf("3. Exit \n");
62          printf("Please enter your choice:");
63      }
```

程序的 4 次测试结果如下:

① 1. year/month/day -> yearDay
2. yearDay -> year/month/day
3. Exit
Please enter your choice: 1↙
Please enter year, month,day:2000,3,1↙
yearDay = 61

② 1. year/month/day -> yearDay
2. yearDay -> year/month/day
3. Exit
Please enter your choice: 1↙
Please enter year, month,day:2011,3,1↙
yearDay = 60

③ 1. year/month/day -> yearDay

```
        2. yearDay -> year/month/day
        3. Exit
        Please enter your choice: 2↙
        Please enter year, yearDay:2000,61↙
        month = 3, day = 1
```
④
```
        1. year/month/day -> yearDay
        2. yearDay -> year/month/day
        3. Exit
        Please enter your choice: 2↙
        Please enter year, yearDay:2011,60↙
        month = 3, day = 1
```

9.6 （选做）按如下函数原型，采用如图 1-9 所示的梯形法编程实现，在积分区间 $[a,b]$ 内计算函数 $y_1 = \int_0^1 (1+x^2)\,dx$ 和 $y_2 = \int_0^3 \frac{x}{1+x^2}\,dx$ 的定积分。其中，指向函数的指针变量 f 用于接收被积函数的入口地址。

`Integral(float (*f)(float), float a, float b);`

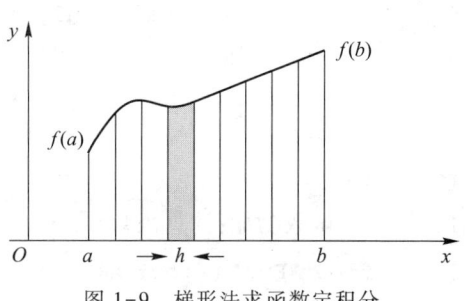

图 1-9 梯形法求函数定积分

参考答案：在区间 $[a,b]$ 内计算连续函数的定积分，就是要计算函数 $f(x)$、直线 $x=a$、$x=b$ 与 x 轴所围成的曲边梯形的面积。用梯形法近似计算定积分的基本思想为：将区间 $[a,b]$ 划分成 n 等份（由编程者自己设定，本例设定 n 为 100），等分区间的长度为 $h=(b-a)/n$，将每个小曲边梯形的面积用 n 个直边小梯形的面积近似，求出 n 个直边小梯形的面积累加和，当 n 的取值足够大时，直边梯形的面积之和就近似等于定积分的值。具体计算公式为：

$$\int_a^b f(x)\,dx = \frac{h}{2}[f(a)+f(a+h)] + \frac{h}{2}[(f(a+h)+f(a+2h))] + \cdots +$$

$$\frac{h}{2}[f(a+(n-i)h)+f(b)]$$

$$= \frac{h}{2}[f(a)+2f(a+h)+2f(a+2h)+\cdots+2f(a+(n-1)h)+f(b)]$$

$$= h\left[\frac{1}{2}(f(a)+f(b)) + \sum_{i=1}^{n-1} f(a+ih)\right]$$

为了设计一个通用的计算连续函数定积分的函数，需要使用函数指针类型的形参指向需要计算定积分的函数 $f(x)$，即编写一个函数 Integral(float (* f)(float), float a, float b)，其中形参 a 和 b 分别代表积分下限和积分上限，第一个被声明为函数指针类型的形参 f 用于接收被积函数的入口地址。因此,无须在函数 Integral( )内部显式地给出被积函数的解析表达式,当被积函数变化时,也无须修改函数代码,只要将被积函数的名字(即入口地址)作为函数实参来调用函数 Integral( )即可计算出不同函数的定积分。而如果不使用函数指针的话,就不得不分别针对不同的被积函数编写不同的计算定积分函数,不但编码效率低,而且程序的结构也不够简洁。参考程序如下:

```
1    #include <stdio.h>
2    float Fun1(float x);
3    float Fun2(float x);
4    float Integral(float (*f)(float), float a, float b);
5    int main(void)
6    {
7        float y1, y2;
8        y1 = Integral(Fun1, 0.0, 1.0);
9        y2 = Integral(Fun2, 0.0, 3.0);
10       printf("y1=%f \ny2=%f \n", y1, y2);
11       return 0;
12   }
13   // 函数功能:计算函数 1+ x * x 的函数值
14   float Fun1(float x)
15   {
16       return 1 + x * x;
17   }
18   // 函数功能:计算函数 x/(1+ x * x)的函数值
19   float Fun2(float x)
20   {
21       return x/(1 + x * x);
22   }
23   // 函数功能:用梯形法计算函数的定积分
24   float Integral(float (*f)(float), float a, float b)
25   {
26       float s, h;
27       int n = 100, i;
28       s = ((*f)(a) + (*f)(b))/2;
29       h = (b - a)/n;
30       for (i=1; i<n; i++)
```

```
31          {
32              s += (*f)(a + i * h);
33          }
34      return s * h;
35  }
```
程序的运行结果如下：

　　y1 = 1.333350
　　y2 = 1.151212

1.9　习题 10 解答

10.1　函数 MyStrcpy( ) 可用下面更为简洁的形式编写,请读者分析这个程序是如何执行的,然后写出第 3~5 行的 while 语句的等价形式,使其变为循环体不为空的语句。

```
1   void MyStrcpy(char *dstStr, const char *srcStr)
2   {
3       while ((*dstStr++ = *srcStr++) != '\0')
4       {
5       }
6   }
```

参考答案:第 3~5 行的 while 语句的等价形式为:

```
while (*srcStr != '\0')
{
    *dstStr =*srcStr;
    dstStr++;
    srcStr++;
}
```

从上述等价形式,读者不难分析出第 3~5 行的 while 语句是如何执行的。

10.2　C 语言的高效和高能主要来自于指针,大多数语言都有无数的"不可能",而 C 语言则是"一切皆有可能"。请按下列格式输入程序(注意不要在程序中随意加空格和换行),并上机运行程序,然后分析为什么下面程序的运行结果与源代码一模一样。

　　main(){char*a="main(){char*a=%c%s%c;printf(a,34,a,34);}";printf(a,34,a,34);}

参考答案:略

10.3　阅读程序,按要求在空白处填写适当的表达式或语句,使程序完整并符合题目要求。

(1) 下面函数的功能是计算指针 p 所指向的字符串的长度(即实际字符个数)。

```
1   unsigned int MyStrlen(char *p)
2   {
3       unsigned int len;
4       len = 0;
5       for (; *p != ____①____ ; p++)
6       {
7           len____②____;
8       }
9       return____③____;
10  }
```

(2) 下面的函数计算字符数组 s 中字符串长度的方法与(1)有所不同。

```
1   unsigned int MyStrlen(char s[])
2   {
3       char *p = s;
4       while (*p != ____①____ )
5       {
6           p++;                    // 移动指针 p 使其指向下一个字符
7       }
8       return____②____;           // 返回指针 p 与字符串首地址之间的差值
9   }
```

(3) 下面函数的功能是比较两个字符串的大小,将字符串中第 1 个出现的不相同字符的 ASCII 码值之差作为比较结果返回。若第 1 个字符串大于第 2 个字符串,则返回正值;若第 1 个字符串小于第 2 个字符串,则返回负值;若两个字符串完全相同,则返回 0 值。

```
1   int MyStrcmp(char *p1, char *p2)
2   {
3       for (; *p1 == *p2; p1++,p2++)
4       {
5           if (*p1 == '\0' ) return____①____;
6       }
7       return____②____;
8   }
```

(4) 下面的函数同样实现函数 strcmp( )的功能,比较两个字符串 s 和 t,然后将两个字符串中第 1 个不相同字符的 ASCII 码值之差作为函数值返回。

```
1    int MyStrcmp(char s[], char t[])
2    {
3        int i;
4        for (i=0; s[i] == t[i]; i++ )
5        {
6            if (s[i] == ___①___ ) return 0 ;
7        }
8        return (___②___);
9    }
```

（5）下面的程序比较用户输入的密码 userInput 与内设的密码 password 是否相同。若相同，则输出"Correct password! Welcome to the system…"；若 password<userInput，则输出"Invalid password! user input<password"；否则输出"Invalid password! user input>password"。

```
1    #include <stdio.h>
2    #include <string.h>
3    int main(void)
4    {
5        char password[7] = "secret";
6        char userInput[81];
7        printf("Input Password:");
8        scanf("%s", userInput);
9        if (_____①_____)
10           printf("Correct password! Welcome to the system...\n");
11       else if (_____②_____)
12           printf("Invalid password! user input<password\n");
13       else
14           printf("Invalid password! user input>password\n");
15       return 0;
16   }
```

参考答案：
(1) ① '\0'   ② ++   ③ len
(2) ① '\0'   ② p-s
(3) ① 0   ② *p1- *p2
(4) ① '\0'   ② s[i]-t[i]
(5) ① strcmp(userInput, password) == 0 ② strcmp(userInput, password) < 0

10.4 输入一行字符,用函数编程统计其中有多少个单词。假设单词之间以空格分开。

参考答案:当前被检验字符不是空格,而前一个被检验字符是空格,则表示有新单词出现。根据这一判断是否有新单词出现的方法,编写程序如下:

```
1    #include <stdio.h>
2    int CountWords(char str[]);
3    int main(void)
4    {
5        char str[20];
6        printf("Input a string:");
7        gets(str);
8        printf("Numbers of words = %d\n", CountWords(str));
9        return 0;
10   }
11   int CountWords(char str[])
12   {
13       int i, num;
14       num = (str[0] != ' ') ? 1 : 0;
15       for (i=1; str[i]!='\0'; i++)
16       {
17           if (str[i]!= ' ' && str[i-1] == ' ')
18           {
19               num++;
20           }
21       }
22       return num;
23   }
```

程序的运行结果如下:

Input a string: How are you↙
Numbers of words = 3

10.5 参考例 10.5,分别用字符数组和字符指针作函数参数,用两种方法编程实现如下功能:在字符串中删除与某字符相同的字符。

参考程序 1:用字符数组作函数参数。

```
1    #include <stdio.h>
2    void Squeeze(char s[], char c);
3    int main(void)
```

```
4   {
5       char str[20], ch;
6       printf("Input a string:");
7       gets(str);
8       printf("Input a character:");
9       ch = getchar();
10      Squeeze(str, ch);
11      printf("Results:%s\n", str);
12      return 0;
13  }
14  void Squeeze(char s[], char c)
15  {
16      int i, j;
17      for (i=j=0; s[i]!='\0'; i++)
18      {
19          if (s[i] != c)
20          {
21              s[j] = s[i];
22              j++;
23          }
24      }
25      s[j] = '\0'; // 在字符串 s 的末尾添加字符串结束标志
26  }
```

参考程序 2:用字符指针作函数参数。

```
1   #include <stdio.h>
2   #include <string.h>
3   #define N 100
4   void Squeeze(char *s, char c);
5   int main(void)
6   {
7       char str[20], ch;
8       printf("Input a string:");
9       gets(str);
10      printf("Input a character:");
```

```c
11          ch = getchar();
12          Squeeze(str, ch);
13          printf("Results:%s \n", str);
14          return 0;
15      }
16      void Squeeze(char *s, char c)
17      {
18          char str[N];
19          char *t = str;
20          strcpy(t, s);
21          for (; *t != '\0'; t++)
22          {
23              if (*t != c)
24              {
25                  *s = *t;
26                  s++;
27              }
28          }
29          *s = '\0';   // 在字符串 s 的末尾添加字符串结束标志
30      }
```

参考程序 3:用字符指针作函数参数。

```c
1   #include <stdio.h>
2   void Squeeze(char *s, char c);
3   int main(void)
4   {
5       char str[20], ch;
6       printf("Input a string:");
7       gets(str);
8       printf("Input a character:");
9       ch = getchar();
10      Squeeze(str, ch);
11      printf("Results:%s \n", str);
12      return 0;
13  }
```

```
14      void Squeeze(char *s, char c)
15      {
16          char *t1 = s, *t2 = s;
17          for (; *t1 != '\0'; t1++)
18          {
19              if (*t1 != c)
20              {
21                  *t2 = *t1;
22                  t2++;
23              }
24          }
25          *t2 = '\0';   // 在字符串 t2 的末尾添加字符串结束标志
26      }
```

程序的运行结果如下:

  Input a string:Hello! How are you! ↙

  Input a character:! ↙

  Results:Hello How are you

10.6 参考例 10.5,分别用字符数组和字符指针作函数参数,用两种方法编程实现在字符串每个字符间插入一个空格的功能。

参考程序 1:用字符数组作函数参数。

```
1       #include <stdio.h>
2       #include <string.h>
3       #define N 100
4       void Insert(char s[]);
5       int main(void)
6       {
7           char str[N];
8           printf("Input a string:");
9           gets(str);
10          Insert(str);
11          printf("Insert results:%s \n", str);
12          return 0;
13      }
14      void Insert(char s[])
```

```
15      {
16          char t[N];
17          int i, j;
18          strcpy(t, s);
19          for (i=0, j=0; t[i] != '\0'; i++, j++)
20          {
21              s[j] = t[i];
22              j++;
23              s[j] =' ';
24          }
25          s[j] ='\0';                    // 在字符串 s 的末尾添加字符串结束标志
26      }
```

参考程序 2:用字符指针作函数参数。

```
1   #include <stdio.h>
2   #include <string.h>
3   #include <stdlib.h>
4   #define N 100
5   void Insert(char *s);
6   int main(void)
7   {
8       char str[N];
9       printf("Input a string:");
10      gets(str);
11      Insert(str);
12      printf("Insert results:%s \n", str);
13      return 0;
14  }
15  void Insert(char *s)
16  {
17      char str[N];
18      char *t = str;
19      strcpy(t, s);
20      for (; *t !='\0'; s++, t++)
21      {
```

```
22              *s = *t;
23              s++;
24              *s = ' ';
25          }
26          *s = '\0';              // 在字符串 s 的末尾添加字符串结束标志
27      }
```

程序的运行结果如下：

  Input a string:Howareyou✓

  Insert results:H o w a r e y o u

10.7 参考例 10.5，分别用字符数组和字符指针作函数参数，用两种方法编程实现字符串逆序存放功能。

参考程序 1：用字符数组作函数参数，利用两个数组实现字符串的逆序存放。

```
1   #include <stdio.h>
2   #include <string.h>
3   #define N 80
4   void Inverse(char str[], char ptr[]);
5   int main(void)
6   {
7       char a[N], b[N];
8       printf("Input a string:");
9       gets(a);
10      Inverse(a, b);
11      printf("Inversed results:%s \n", b);
12      return 0;
13  }
14  // 函数功能：实现将字符数组中的字符串逆序存放
15  void Inverse(char str[], char ptr[])
16  {
17      int len, i, j;
18      len = strlen(str);
19      for (i=0, j=len-1; str[i] != '\0'; i++, j--)
20      {
21          ptr[j] = str[i];
22      }
```

```
23          ptr[i]='\0';  /* 在字符串 ptr 的末尾添加字符串结束标志 */
24      }
```

参考程序 2:用字符数组作函数参数,利用一个数组实现字符串的逆序存放。借助于中间变量 temp,将数组中首尾对称位置的元素互换。i 指向数组首部的元素,从 0 依次加 1 变化;j 指向数组尾部的元素,从 $n-1$ 依次减 1 变化;当 $i>j$ 时,停止互换操作。

```
1   #include <stdio.h>
2   #include <string.h>
3   #define N 80
4   void Inverse(char str[]);
5   int main(void)
6   {
7       char a[N];
8       printf("Input a string:");
9       gets(a);
10      Inverse(a);
11      printf("Inversed results:%s \n", a);
12      return 0;
13  }
14  // 函数功能:实现将字符数组中的字符串逆序存放
15  void Inverse(char str[])
16  {
17      int len, i, j;
18      char temp;
19      len = strlen(str);
20      for (i=0, j=len-1; i<j; i++, j--)
21      {
22          temp = str[i];
23          str[i] = str[j];
24          str[j] = temp;
25      }
26  }
```

参考程序 3:用字符指针作函数参数。定义两个指针分别指向字符串的两端,同时向前和向后分别移动指针,边移动指针边交换指针指向的字符。

```
1   #include <stdio.h>
2   #include <string.h>
```

```
3   #define N 80
4   void Inverse(char *pStr);
5   int main(void)
6   {
7       char a[N];
8       printf("Input a string:");
9       gets(a);
10      Inverse(a);
11      printf("Inversed results:%s\n", a);
12      return 0;
13  }
14  // 函数功能：实现将字符数组中的字符串逆序存放
15  void Inverse(char *pStr)
16  {
17      int len;
18      char temp;
19      char *pStart;          // 指针变量 pStart 指向字符串的第一个字符
20      char *pEnd;            // 指针变量 pEnd 指向字符串的最后一个字符
21      len = strlen(pStr);    // 求出字符串长度
22      for (pStart=pStr,pEnd=pStr+len-1; pStart<pEnd; pStart++,pEnd--)
23      {
24          temp = *pStart;
25          *pStart = *pEnd;
26          *pEnd = temp;
27      }
28  }
```

参考程序 4：

```
1   #include<stdio.h>
2   void Inverse(char str[]);
3   int main(void)
4   {
5       char str[80];
6       printf("Input a string:\n");
7       gets(str);
```

```
8           Inverse(str);
9           printf("Inversed results:\n");
10          puts(str);
11          return 0;
12      }
13      void Inverse(char str[])
14      {
15          int i,n=0;
16          char c;
17          for(i=0;str[i]!='\0';i++)
18          {
19              n++;
20          }
21          for(i=0;i<n/2;i++)
22          {
23              c=str[n-i-1];
24              str[n-i-1]=str[i];
25              str[i]=c;
26          }
27          return;
28      }
```

程序的运行结果如下:

```
Input a string:ABCDEFGHI✓
Inversed results:IHGFEDCBA
```

10.8 参考例 10.7,不用返回指针值的函数编程实现字符串连接函数 strcat( )的功能。

参考答案:用 i 和 j 分别作为字符数组 srcStr 和字符数组 dstStr 的下标,先将 i 和 j 同时初始化为 0,然后改变 i 的值使其位于字符 dstStr 的尾部,即字符串结束标志处,最后将字符数组 srcStr 中的字符依次复制到字符数组 dstStr 中。

参考程序 1:用字符数组作函数参数。

```
1   #include <stdio.h>
2   #include <string.h>
3   #define N 80
4   void MyStrcat(char dstStr[], char strStr[]);
5   int main(void)
6   {
```

```
7       char s[N], t[N];
8       printf("Input a string:");
9       gets(s);
10      printf("Input another string:");
11      gets(t);
12      MyStrcat(s,t);
13      printf("Concatenate results:%s \n", s);
14      return 0;
15  }
16  // 函数功能:将字符串 srcStr 连接到字符串 dstStr 之后
17  void MyStrcat(char dstStr[], char srcStr[])
18  {
19      unsigned int i, j;
20      i = strlen(dstStr);              // 将下标移动到字符串 dstStr 的末尾
21      for (j=0; j<=strlen(srcStr); j++, i++)
22      {
23          dstStr[i] = srcStr[j];
24      }
25  }
```

参考程序 2:用字符数组作函数参数。用 i 和 j 分别作为字符数组 srcStr 和字符数组 dstStr 的下标,先将 i 和 j 同时初始化为 0,然后移动 i 使其位于字符 dstStr 的尾部,即字符串结束标志处,再将字符数组 srcStr 中的字符依次复制到字符数组 dstStr 中。

```
1   #include <stdio.h>
2   #include <string.h>
3   #define N 80
4   void MyStrcat(char dstStr[], char srcStr[]);
5   int main(void)
6   {
7       char s[N], t[N];
8       printf("Input a string:");
9       gets(s);
10      printf("Input another string:");
11      gets(t);
12      MyStrcat(s,t);
13      printf("Concatenate results:%s \n", s);
```

```
14        return 0;
15    }
16    // 函数功能:将字符串 srcStr 连接到字符串 dstStr 之后
17    void MyStrcat(char dstStr[], char srcStr[])
18    {
19        int i=0, j=0;
20        while (dstStr[i] != '\0')   // 将下标移动到字符串 dstStr 的末尾
21        {
22            i++;
23        }
24        while (srcStr[j] != '\0')
25        {
26            dstStr[i] = srcStr[j];
27            i++;
28            j++;
29        }
30        dstStr[i] = '\0';   // 在字符串 dstStr 的末尾添加字符串结束标志
31    }
```

参考程序 3:用字符指针作函数参数。

```
1    #include <stdio.h>
2    #include <string.h>
3    #define N 80
4    void MyStrcat(char *dstStr, char *srcStr);
5    int main(void)
6    {
7        char s[N], t[N];
8        printf("Input a string:");
9        gets(s);
10       printf("Input another string:");
11       gets(t);
12       MyStrcat(s,t);
13       printf("Concatenate results:%s \n", s);
14       return 0;
15   }
```

```
16      // 函数功能:将字符串 srcStr 连接到字符串 dstStr 之后
17      void MyStrcat(char *dstStr, char *srcStr)
18      {
19          while (*dstStr != '\0')
20          {
21              dstStr++;
22          }
23          while (*srcStr != '\0')    // 若 srcStr 所指字符不是字符串结束标志
24          {
25              *dstStr = *srcStr;     //将 srcStr 所指字符复制到 dstStr 所指内存中
26              srcStr++;              // 使 srcStr 指向下一个字符
27              dstStr++;              // 使 dstStr 指向下一个存储单元
28          }
29          *dstStr = '\0';            // 在字符串 dstStr 的末尾添加字符串结束标志
30      }
```

程序的运行结果如下:

  Input a string: Hello✓

  Input another string: China!✓

  Concatenate results:Hello China!

10.9 参考例 10.4,输入 5 个国名,编程找出并输出按字典顺序排在最前面的国名。

参考答案:所谓字典顺序就是将字符串按由小到大的顺序排列,因此找出按字典顺序排在最前面的国名指的就是找出最小的字符串。

参考程序 1 如下:

```
1    #include <stdio.h>
2    #include <string.h>
3    #define N 80                              // 字符串最大长度
4    int main(void)
5    {
6        int n;
7        char str[N], min[N];
8        printf("Input five countries' names:\n");
9        gets(str);                            // 输入一个字符串
10       strcpy(min, str);                     // 将其作为最小字符串暂存
11       for (n=1; n<5; n++)
```

```
12          {
13              gets(str);                          // 每次输入一个字符串
14              if (strcmp(str, min) < 0)           // 比较两个字符串的大小
15              {
16                  strcpy(min, str);
17              }
18          }
19          printf("The minimum is:%s \n", min);// 输出最小字符串 min
20          return 0;
21      }
```

参考程序 2 如下:

```
1       #include <stdio.h>
2       #include <string.h>
3       #define N 80
4       int MinString(char str[][N], int n);
5       int main(void)
6       {
7           int n=5, min, i;
8           char str[5][N];
9           printf("Input five countries'names: \n");
10          for (i=0; i<n; i++)
11          {
12              gets(str[i]);
13          }
14          min = MinString(str, n);
15          printf("The minimum is:%s \n", str[min]);
16          return 0;
17      }
18      // 函数功能:找出并返回按字典顺序排在最前面的字符串
19      int MinString(char str[][N], int n)
20      {
21          int i, minIndex;
22          char min[N];
23          strcpy(min, str[0]);
24          minIndex = 0;
```

```
25        for (i=1; i<n; i++)
26        {
27            if (strcmp(str[i], min) < 0)
28            {
29                strcpy(min, str[i]);
30                minIndex = i;
31            }
32        }
33        return minIndex;         // 返回最小的字符串在二维字符数组中的位置
34    }
```
程序的运行结果如下：

```
Input five countries'names:
America✓
China✓
Japan✓
England✓
Sweden✓
The minimum is:America
```

10.10 （选做）任意输入英文的星期几，通过查找如图1-10所示的星期表，输出其对应的数字，若查到表尾仍未找到，则输出错误提示信息。

参考答案：用一个二维字符数组 weekDay 来存放如图1-10所示的星期表的内容（字符串）。输入待查找的字符串，然后在星期表中顺序查找与输入字符串相匹配的字符串，找到的字符串在星期表数组中的第一维下标（行号）即为题目所求。

需要注意的是，不能直接使用关系运算符比较输入的字符串 x 和星期表中的字符串 weekDay[i]是否相等，必须使用字符串处理函数，即用 if(strcmp(x,weekDay[i]) == 0)；其中，调用函数 strcmp()时的实参数组名 x 代表其中输入字符串的首地址，而 weekDay[i]代表二维字符数组 weekDay 的第 i 行第 0 列的首地址，即第 i+1 个星期字符串的首地址。

0	Sunday
1	Monday
2	Tuesday
3	Wednesday
4	Thursday
5	Friday
6	Saturday

图1-10 星期表的内容

参考程序如下：

```
1    #include <stdio.h>
2    #include <string.h>
3    #define WEEKDAYS 7                          // 每星期天数
```

```
4       #define MAX_STR_LEN 10                  // 字符串最大长度
5       int main(void)
6       {
7           int i, pos;
8           int findFlag = 0;                   // 置找到标志为假
9           char x[MAX_STR_LEN];
10          char weekDay[][MAX_STR_LEN] = {"Sunday", "Monday", "Tuesday",
11                                         "Wednesday", "Thursday", "Friday",
12                                         "Saturday"};
13          printf("Please enter a string:");
14          scanf("%s", x);                     // 输入待查找的字符串
15          for (i=0; i<WEEKDAYS && !findFlag; i++)
16          {
17              if (strcmp(x, weekDay[i]) == 0)
18              {
19                  pos = i;                    // 记录找到的位置
20                  findFlag = 1;               // 若找到,则置找到标志为真,退出循环
21              }
22          }
23          if (findFlag)                       // 找到标志为真,说明找到
24              printf("%s is %d\n", x, pos);
25          else                                // 找到标志为假,说明未找到
26              printf("Not found! \n");
27          return 0;
28      }
```

程序的两次测试结果如下:

① `Please enter a string: Thursday`↙
`Thursday is 4`

② `Please enter a string: Thirsday`↙
`Not found!`

1.10 习题 11 解答

11.1 请先分析说明表达式(＊p)++和＊p++的不同含义,然后写出下面程序的运行结果。

```
1       #include <stdio.h>
```

```
2       int main(void)
3       {
4           int a[]={1,2,3,4,5};
5           int *p=a;
6           printf("%d,",*p);
7           printf("%d,",*(++p));
8           printf("%d,",(*p)++);
9           printf("%d,",*p);
10          printf("%d,",*p--);
11          printf("%d,",--(*p));
12          printf("%d\n",*p);
13          return 0;
14      }
```

参考答案:表达式(*p)++和*p++具有不同的含义,(*p)++指的是先取出 p 指向的存储单元中的内容,然后将取出的数值加 1,而 p 仍然指向原来的存储单元。*p++则指的是先取出 p 指向的存储单元中的内容,然后将 p 值加 1,此时 p 不再指向原来的存储单元。

程序的运行结果为:1,2,2,3,3,0,0

11.2 通过上机运行程序并观察运行结果,分析下面程序错误的原因并改正之。

(1) 下面程序希望得到的运行结果如下:

Total string numbers = 3
How are you

```
1       #include <stdio.h>
2       void Print(char *arr[], int len);
3       int main(void)
4       {
5           char *pArray[] = {"How","are","you"};
6           int num = sizeof(pArray) / sizeof(char);
7           printf("Total string numbers = %d \n", num);
8           Print(pArray, num);
9           return 0;
10      }
11      void Print(char *arr[], int len)
12      {
```

```
13          int i;
14          for (i=0; i<len; i++)
15          {
16              printf("%s ", arr[i]);
17          }
18          printf("\n");
19      }
```

参考答案：程序第 6 行语句应修改为：

```
    int num = sizeof(pArray) / sizeof(char*);
```

这是因为指针数组的基类型是 char*，而非 char。

（2）下面程序从键盘输入 5 个整数，然后将其输出到屏幕上。

```
1   #include <stdio.h>
2   void InputArray(int *pa, int n);
3   void OutputArray(int *pa, int n);
4   int main(void)
5   {
6       int a[5];
7       printf("Input five numbers:");
8       InputArray(a, 5);
9       OutputArray(a, 5);
10      return 0;
11  }
12  void InputArray(int *pa, int n)
13  {
14      for (; pa<pa+n; pa++)
15      {
16          scanf("%d", pa);
17      }
18  }
19  void OutputArray(int *pa, int n)
20  {
21      for (; pa<pa+n; pa++)
22      {
23          printf("%4d", *pa);
```

```
24         }
25         printf("\n");
26    }
```

参考答案：该程序的主要问题出在第 14 行和第 21 行的语句上，应将程序第 12~26 行修改为：

```
12    void InputArray(int *pa, int n)
13    {
14        int *p = pa;
15        for (; p<pa+n; p++)
16        {
17            scanf("%d", p);
18        }
19    }
20    void OutputArray(int *pa, int n)
21    {
22        int *p = pa;
23        for (; p<pa+n; p++)
24        {
25            printf("%4d", *p);
26        }
27        printf("\n");
28    }
```

(3) 输入 m 个学生（最多为 30 人）n 门课程（最多为 5 门）的成绩，然后计算并打印每个学生各门课的总分和平均分。其中，m 和 n 的值由用户从键盘输入。

```
1     #include <stdio.h>
2     #define STUD 30           // 最多可能的学生人数
3     #define COURSE 5          // 最多可能的考试科目数
4     void Total(int *pScore, int sum[], float aver[], int m, int n);
5     void Print(int *pScore, int sum[], float aver[], int m, int n);
6     int main(void)
7     {
8         int i, j, m, n, score[STUD][COURSE], sum[STUD];
9         float aver[STUD];
10        printf("How many students?");
11        scanf("%d", &m);
```

```
12          printf("How many courses?");
13          scanf("%d", &n);
14          printf("Input scores:\n");
15          for (i=0; i<m; i++)
16          {
17              for (j=0; j<n; j++)
18              {
19                  scanf("%d", &score[i][j]);
20              }
21          }
22          Total(*score, sum, aver, m, n);
23          Print(*score, sum, aver, m, n);
24          return 0;
25      }
26      void Total(int *pScore, int sum[], float aver[], int m, int n)
27      {
28          int i, j;
29          for (i=0; i<m; i++)
30          {
31              sum[i] = 0;
32              for (j=0; j<n; j++)
33              {
34                  sum[i] = sum[i] + pScore[i*n+j];
35              }
36              aver[i] = (float) sum[i] / n;
37          }
38      }
39      void Print(int *pScore, int sum[], float aver[], int m, int n)
40      {
41          int i, j;
42          printf("Result:\n");
43          for (i=0; i<m; i++)
44          {
45              for (j=0; j<n; j++)
```

```
46                {
47                    printf("%4d\t", pScore[i*n+j]);
48                }
49                printf("%5d\t%6.1f\n", sum[i], aver[i]);
50            }
51        }
```

参考答案:这个程序在 Code::Blocks 下的运行结果为:

How many students? 4↵
How many courses? 3↵
Input scores:
60 60 60↵
70 70 70↵
80 80 80↵
90 90 90↵
Result:

60	60	60	180	60.0
2358744	2090008641	70	2092367455	697455808.0
70	70	0	140	46.7
65	80	80	225	75.0

从上面的错误运行结果可知,仅第 1 个学生的统计结果是正确的,其余各行的统计结果均有一些乱码,但总分和平均分又确实是按照这些乱码值计算的,这说明计算总分和平均分的程序没有错误,错误很可能存在于从主函数传给函数 Total() 的成绩值。经分析发现,在主函数中二维数组 score 被定义为 STUD 行、COURSE 列,这 STUD×COURSE 个数组元素值是按行连续存储在内存中的,而在函数 Total() 中,是通过 *(score + i * n + j) 来间接寻址每个数组元素的,即是按每行 n 列读取数组元素值的,如果 n 与 COURSE 的值相等,那么错误就不会发生,否则(这里 n 值为 3,COURSE 值为 5),由于数组 score 是按每行 COURSE 列分配的内存,而第 15~21 行程序仅为数组的每一行输入了前 n 个数据,后面的 COURSE-n 个数据未被初始化,导致其为乱码。此时,如果按每行 n 列从首地址开始连续读取数组元素值,那么就会导致第 39~51 行程序读出的数组元素值发生错位。

在函数 Total() 的入口处插入打印语句,分别按照每行 COURSE 列和 n 列,从首地址 score 开始打印存于内存中的数组元素,对比其结果即可验证上述错误分析结果。

```
1    void Total(int *pScore, int sum[], float aver[], int m, int n)
2    {
```

```
3           int i, j;
4           printf("COURSE column results:\n");    // 按每行 COURSE 列打印数组元素
5           for (i=0; i<m; i++)
6           {
7               for (j=0; j<COURSE; j++)
8               {
9                   printf("%4d\t", pScore[i*COURSE+j]);
10              }
11              printf(" \n");
12          }
13          printf("n column results:\n");         // 按每行 n 列打印数组元素
14          for (i=0; i<m; i++)
15          {
16              for (j=0; j<n; j++)
17              {
18                  printf("%4d\t", pScore[i*n+j]);
19              }
20              printf(" \n");
21          }
22          for (i=0; i<m; i++)
23          {
24              sum[i] = 0;
25              for (j=0; j<n; j++)
26              {
27                  sum[i] = sum[i] + pScore[i*n+j];
28              }
29              aver[i] = (float) sum[i] /n;
30          }
31      }
```

此时,程序的运行结果如下:

```
How many students? 4↙
How many courses? 3↙
Input scores:
60 60 60↙
```

70 70 70↙
80 80 80↙
90 90 90↙
COURSE column results:

60	60	60	2358744	2090009937
70	70	70	0	65
80	80	80	128	2358600
90	90	90	2358620	2090107312

n column results:

60	60	60
2358744	2090009937	70
70	70	0
65	80	80

Result:

60	60	60	180	60.0
2358744	2090008641	70	2092367455	697455808.0
70	70	0	140	46.7
65	80	80	225	75.0

修正这个错误的第 1 种方法是将函数 Total( ) 和函数 Print( ) 中的 pScore[i∗n+j]改为 pScore[i∗COURSE+j]。第 2 种方法是将程序改为如下形式：

```
1    #include <stdio.h>
2    #define STUD 30           // 最多可能的学生人数
3    #define COURSE 5          // 最多可能的考试科目数
4    void Input(int *pScore, int m, int n);
5    void Total(int *pScore, int sum[], float aver[], int m, int n);
6    void Print(int *pScore, int sum[], float aver[], int m, int n);
7    int main(void)
8    {
9        int m, n, score[STUD][COURSE], sum[STUD];
10       float aver[STUD];
11       printf("How many students?");
12       scanf("%d", &m);
13       printf("How many courses?");
```

```
14          scanf("%d", &n);
15          Input(*score, m, n);
16          Total(*score, sum, aver, m, n);
17          Print(*score, sum, aver, m, n);
18          return 0;
19      }
20      // 函数功能:连续输入 m×n 个整数存入起始地址为 pScore 的连续内存单元中
21      void Input(int *pScore, int m, int n)
22      {
23          int i, j;
24          printf("Input scores:\n");
25          for (i=0; i<m; i++)
26          {
27              for (j=0; j<n; j++)
28              {
29                  scanf("%d", &pScore[i*n+j]);
30              }
31          }
32      }
33      // 函数功能:计算起始地址为 pScore 的连续内存中存储的 m×n 个数组元素值的平均值
34      void Total(int *pScore, int sum[], float aver[], int m, int n)
35      {
36          int i, j;
37          for (i=0; i<m; i++)
38          {
39              sum[i] = 0;
40              for (j=0; j<n; j++)
41              {
42                  sum[i] = sum[i] + pScore[i*n+j];
43              }
44              aver[i] = (float) sum[i] / n;
45          }
46      }
47      // 函数功能:打印起始地址为 pScore 的连续内存单元中存储的 m×n 个数组元素值
```

```
48  void Print(int *pScore, int sum[], float aver[], int m, int n)
49  {
50      int i, j;
51      printf("Result:\n");
52      for (i=0; i<m; i++)
53      {
54          for (j=0; j<n; j++)
55          {
56              printf("%4d\t", pScore[i*n+j]);
57          }
58          printf("%5d\t%6.1f\n", sum[i], aver[i]);
59      }
60  }
```

此时,程序的运行结果如下:

How many students? 4 ↵
How many courses? 3 ↵
Input scores:
60 60 60 ↵
70 70 70 ↵
80 80 80 ↵
90 90 90 ↵
Result:

60	60	60	180	60.0
70	70	70	210	70.0
80	80	80	240	80.0
90	90	90	270	90.0

11.3 从键盘任意输入一个整型表示的月份值,用指针数组编程输出该月份的英文表示,若输入的月份值不在 1~12 之间,则输出"Illegal month"。

参考答案:从键盘任意输入一个月份值 n,用指针数组编程实现输出该月份的英文表示,若 n 不在 1~12 之间,则输出"Illegal month"。

```
1  #include <stdio.h>
2  int main(void)
3  {
```

```
4        int n;
5        static char * monthName[]={"Illegal month", "January", "February",
6                                   "March", "April", "May", "June", "July",
7                                   "August", "September", "October",
8                                   "November", "December"};
9        printf("Input month number:");
10       scanf("%d", &n);
11       if ((n <= 12) && (n >= 1))
12           printf("month %d is %s \n", n, monthName[n]);// 输出相应月份
13       else
14           printf("%s \n", monthName[0]);              // 输出错误提示信息
15       return 0;
16   }
```

程序的 3 次测试结果如下：

① Input month number:5 ✓
　month 5 is May

② Input month number:12 ✓
　month 12 is December

③ Input month number:13 ✓
　Illegal month

11.4　利用例 9.6 程序中的函数 Swap()，分别按如下函数原型编程计算并输出 $n×n$ 阶矩阵的转置矩阵。其中，n 由用户从键盘输入。已知 n 值不超过 10。

```
    void Transpose(int a[][N], int n);
    void Transpose(int (*a)[N], int n);
    void Transpose(int *a, int n);
```

参考程序 1：用二维数组作为函数参数，实现矩阵转置。

```
1    #include <stdio.h>
2    #define N 10
3    void Swap(int *x, int *y);
4    void Transpose(int a[][N], int n);
5    void InputMatrix(int a[][N], int n);
6    void PrintMatrix(int a[][N], int n);
7    int main(void)
8    {
```

```
9        int s[N][N], n;
10       printf("Input n:");
11       scanf("%d", &n);
12       InputMatrix(s, n);
13       Transpose(s, n);
14       printf("The transposed matrix is:\n");
15       PrintMatrix(s, n);
16       return 0;
17   }
18   // 函数功能:交换两个整型数的值
19   void Swap(int *x, int *y)
20   {
21       int temp;
22       temp = *x;
23       *x = *y;
24       *y = temp;
25   }
26   // 计算 n×n 矩阵的转置矩阵
27   void Transpose(int a[][N], int n)
28   {
29       int i, j;
30       for (i=0; i<n; i++)
31       {
32           for (j=i; j<n; j++)
33           {
34               Swap(&a[i][j], &a[j][i]);
35           }
36       }
37   }
38   // 函数功能:输入 n×n 矩阵的值
39   void InputMatrix(int a[][N], int n)
40   {
41       int i, j;
42       printf("Input %d*%d matrix:\n", n, n);
```

```
43      for (i=0; i<n; i++)
44      {
45          for (j=0; j<n; j++)
46          {
47              scanf("%d", &a[i][j]);
48          }
49      }
50  }
51  // 函数功能:输出 n×n 矩阵的值
52  void PrintMatrix(int a[][N], int n)
53  {
54      int i, j;
55      for (i=0; i<n; i++)
56      {
57          for (j=0; j<n; j++)
58          {
59              printf("%d\t", a[i][j]);
60          }
61          printf("\n");
62      }
63  }
```

参考程序 2:用指向一维数组的指针变量,即二维数组的行指针作为函数参数,实现矩阵转置。

```
1   #include <stdio.h>
2   #define N 10
3   void Swap(int *x, int *y);
4   void Transpose(int (*a)[N], int n);
5   void InputMatrix(int (*a)[N], int n);
6   void PrintMatrix(int (*a)[N], int n);
7   int main(void)
8   {
9       int s[N][N], n;
10      printf("Input n:");
11      scanf("%d", &n);
12      InputMatrix(s, n);
```

```
13          Transpose(s, n);
14          printf("The transposed matrix is:\n");
15          PrintMatrix(s, n);
16          return 0;
17      }
18      // 函数功能:交换两个整型数的值
19      void Swap(int *x, int *y)
20      {
21          int temp;
22          temp = *x;
23          *x = *y;
24          *y = temp;
25      }
26      // 函数功能:计算 n×n 矩阵的转置矩阵
27      void Transpose(int (*a)[N], int n)
28      {
29          int i, j;
30          for (i=0; i<n; i++)
31          {
32              for (j=i; j<n; j++)
33              {
34                  Swap(*(a+i)+j, *(a+j)+i);
35              }
36          }
37      }
38      // 函数功能:输入 n×n 矩阵的值
39      void InputMatrix(int (*a)[N], int n)
40      {
41          int i, j;
42          printf("Input %d*%d matrix:\n", n, n);
43          for (i=0; i<n; i++)
44          {
45              for (j=0; j<n; j++)
46              {
```

```
47              scanf("%d", *(a+i)+j);
48          }
49      }
50  }
51  // 函数功能:输出 n×n 矩阵的值
52  void PrintMatrix(int (*a)[N], int n)
53  {
54      int i, j;
55      for (i=0; i<n; i++)
56      {
57          for (j=0; j<n; j++)
58          {
59              printf("%d\t", *(*(a+i)+j));
60          }
61          printf("\n");
62      }
63  }
```

参考程序 3:用二维数组的列指针作为函数实参,实现矩阵转置。

```
1   #include <stdio.h>
2   #define N 10
3   void Swap(int *x, int *y);
4   void Transpose(int *a, int n);
5   void InputMatrix(int *a, int n);
6   void PrintMatrix(int *a, int n);
7   int main(void)
8   {
9       int s[N][N], n;
10      printf("Input n:");
11      scanf("%d", &n);
12      InputMatrix(*s, n);
13      Transpose(*s, n);
14      printf("The transposed matrix is:\n");
15      PrintMatrix(*s, n);
```

```
16        return 0;
17    }
18    // 函数功能:交换两个整型数的值
19    void Swap(int *x, int *y)
20    {
21        int temp;
22        temp = *x;
23        *x = *y;
24        *y = temp;
25    }
26    // 函数功能:计算 n×n 矩阵的转置矩阵
27    void Transpose(int *a, int n)
28    {
29        int i, j;
30        for (i=0; i<n; i++)
31        {
32            for (j=i; j<n; j++)
33            {
34                Swap(&a[i*n+j], &a[j*n+i]);
35            }
36        }
37    }
38    // 函数功能:输入 n×n 矩阵的值
39    void InputMatrix(int *a, int n)
40    {
41        int i, j;
42        printf("Input %d*%d matrix:\n", n, n);
43        for (i=0; i<n; i++)
44        {
45            for (j=0; j<n; j++)
46            {
47                scanf("%d", &a[i*n+j]);
48            }
49        }
```

```
50        }
51     // 函数功能:输出 n×n 矩阵的值
52     void PrintMatrix(int *a, int n)
53     {
54        int i, j;
55        for (i=0; i<n; i++)
56        {
57           for (j=0; j<n; j++)
58           {
59              printf("%d\t", a[i*n+j]);
60           }
61           printf("\n");
62        }
63     }
```

程序的运行结果为:

```
Input n:3↙
Input 3*3 matrix:
1 2 3↙
4 5 6↙
7 8 9↙
The transposed matrix is:
1    4    7
2    5    8
3    6    9
```

11.5 在习题 11.4 的基础上,分别按如下函数原型编程计算并输出 $m×n$ 阶矩阵的转置矩阵。其中,m 和 n 的值由用户从键盘输入。已知 m 和 n 的值都不超过 10。

void Transpose(int a[][N], int at[][M], int m, int n);

void Transpose(int (*a)[N], int (*at)[M], int m, int n);

void Transpose(int *a, int *at, int m, int n);

编写一个能对任意 $m×n$ 阶矩阵进行转置运算的函数 Transpose( )。

参考程序 1:用二维数组作为函数参数,实现矩阵转置。

```
1    #include <stdio.h>
2    #define M 10
3    #define N 10
```

```
4      void Transpose(int a[][N], int at[][M], int m, int n);
5      void InputMatrix(int a[][N], int m, int n);
6      void PrintMatrix(int at[][M], int n, int m);
7      int main(void)
8      {
9          int s[M][N], st[N][M], m, n;
10         printf("Input m, n:");
11         scanf("%d,%d", &m, &n);
12         InputMatrix(s, m, n);
13         Transpose(s, st, m, n);
14         printf("The transposed matrix is:\n");
15         PrintMatrix(st, n, m);
16         return 0;
17     }
18     // 函数功能:计算 m×n 矩阵 a 的转置矩阵 at
19     void Transpose(int a[][N], int at[][M], int m, int n)
20     {
21         int i, j;
22         for (i=0; i<m; i++)
23         {
24             for (j=0; j<n; j++)
25             {
26                 at[j][i] = a[i][j];
27             }
28         }
29     }
30     // 函数功能:输入 m×n 矩阵 a 的值
31     void InputMatrix(int a[][N], int m, int n)
32     {
33         int i, j;
34         printf("Input %d*%d matrix:\n", m, n);
35         for (i=0; i<m; i++)
36         {
37             for (j=0; j<n; j++)
```

```
38                {
39                    scanf("%d", &a[i][j]);
40                }
41          }
42      }
43      // 函数功能:输出 n×m 矩阵 at 的值
44      void PrintMatrix(int at[][M], int n, int m)
45      {
46          int i, j;
47          for (i=0; i<n; i++)
48          {
49              for (j=0; j<m; j++)
50              {
51                  printf("%d\t", at[i][j]);
52              }
53              printf("\n");
54          }
55      }
```

参考程序 2:用指向一维数组的指针变量,即二维数组的行指针作为函数参数,实现矩阵转置。

```
1   #include <stdio.h>
2   #define M 10
3   #define N 10
4   void Transpose(int (*a)[N], int (*at)[M], int m, int n);
5   void InputMatrix(int (*a)[N], int m, int n);
6   void PrintMatrix(int (*at)[M], int n, int m);
7   int main(void)
8   {
9       int s[M][N], st[N][M], m, n;
10      printf("Input m, n:");
11      scanf("%d,%d", &m, &n);
12      InputMatrix(s, m, n);
13      Transpose(s, st, m, n);
14      printf("The transposed matrix is:\n");
15      PrintMatrix(st, n, m);
```

```
16          return 0;
17      }
18      // 函数功能:计算 m×n 矩阵 a 的转置矩阵 at
19      void Transpose(int (*a)[N], int (*at)[M], int m, int n)
20      {
21          int i, j;
22          for (i=0; i<m; i++)
23          {
24              for (j=0; j<n; j++)
25              {
26                  *(*(at+j)+i) = *(*(a+i)+j);
27              }
28          }
29      }
30      // 函数功能:输入 m×n 矩阵 a 的值
31      void InputMatrix(int (*a)[N], int m, int n)
32      {
33          int i, j;
34          printf("Input %d*%d matrix:\n", m, n);
35          for (i=0; i<m; i++)
36          {
37              for (j=0; j<n; j++)
38              {
39                  scanf("%d", *(a+i)+j);
40              }
41          }
42      }
43      // 函数功能:输出 n×m 矩阵 at 的值
44      void PrintMatrix(int (*at)[M], int n, int m)
45      {
46          int i, j;
47          for (i=0; i<n; i++)
48          {
49              for (j=0; j<m; j++)
```

```
50          {
51              printf("%d\t", *(*(at+i)+j));
52          }
53          printf("\n");
54      }
55  }
```

参考程序 3：用二维数组的列指针作为函数实参，实现矩阵转置。

```
1   #include <stdio.h>
2   #define M 10
3   #define N 10
4   void Transpose(int *a, int *at, int m, int n);
5   void InputMatrix(int *a, int m, int n);
6   void PrintMatrix(int *at, int n, int m);
7   int main(void)
8   {
9       int s[M][N], st[N][M], m, n;
10      printf("Input m, n:");
11      scanf("%d,%d", &m, &n);
12      InputMatrix(*s, m, n);
13      Transpose(*s, *st, m, n);
14      printf("The transposed matrix is:\n");
15      PrintMatrix(*st, n, m);
16      return 0;
17  }
18  // 函数功能：计算 m×n 矩阵 a 的转置矩阵 at
19  void Transpose(int *a, int *at, int m, int n)
20  {
21      int i, j;
22      for (i=0; i<m; i++)
23      {
24          for (j=0; j<n; j++)
25          {
26              at[j*m+i] = a[i*n+j];
27          }
```

```
28          }
29      }
30      // 函数功能:输入 m×n 矩阵 a 的值
31      void InputMatrix(int *a, int m, int n)
32      {
33          int i, j;
34          printf("Input %d*%d matrix:\n", m, n);
35          for (i=0; i<m; i++)
36          {
37              for (j=0; j<n; j++)
38              {
39                  scanf("%d", &a[i*n+j]);
40              }
41          }
42      }
43      // 函数功能:输出 n×m 矩阵 at 的值
44      void PrintMatrix(int *at, int n, int m)
45      {
46          int i, j;
47          for (i=0; i<n; i++)
48          {
49              for (j=0; j<m; j++)
50              {
51                  printf("%d\t", at[i*m+j]);
52              }
53              printf("\n");
54          }
55      }
```

程序的运行结果为:
  Input m, n:3,4✓
  Input 3*4 matrix:
  1 2 3 4✓
  5 6 7 8✓
  9 10 11 12✓

The transposed matrix is:
```
1    5    9
2    6    10
3    7    11
4    8    12
```

11.6 参考习题 11.5,按如下函数原型编程从键盘输入一个 m 行 n 列的二维数组,然后计算数组中元素的最大值及其所在的行列下标值。其中,m 和 n 的值由用户从键盘输入。已知 m 和 n 的值都不超过 10。

```
void InputArray(int *p, int m, int n);
int FindMax(int *p, int m, int n, int *pRow, int *pCol);
```

参考程序如下:

```
1   #include <stdio.h>
2   #define M 10
3   #define N 10
4   void InputMatrix(int *p, int m, int n);
5   int FindMax(int *p, int m, int n, int *pRow, int *pCol);
6   int main(void)
7   {
8       int a[M][N], m, n, row, col, max;
9       printf("Input m, n:");
10      scanf("%d,%d", &m, &n);
11      InputMatrix(*a, m, n);
12      max = FindMax(*a, m, n, &row, &col);
13      printf("max = %d, row = %d, col = %d\n", max, row, col);
14      return 0;
15  }
16  // 函数功能:输入 m×n 矩阵的值
17  void InputMatrix(int *p, int m, int n)
18  {
19      int i, j;
20      printf("Input %d*%d array:\n", m, n);
21      for (i=0; i<m; i++)
22      {
23          for (j=0; j<n; j++)
```

```
24              {
25                  scanf("%d", &p[i*n+j]);
26              }
27          }
28      }
29      // 函数功能:在 m×n 矩阵中查找最大值及其所在的行列号
30      int FindMax(int *p, int m, int n, int *pRow, int *pCol)
31      {
32          int i, j, max = p[0];
33          *pRow = 0;
34          *pCol = 0;
35          for (i=0; i<m; i++)
36          {
37              for (j=0; j<n; j++)
38              {
39                  if (p[i*n+j] > max)
40                  {
41                      max = p[i*n+j];
42                      *pRow = i;          // 记录行下标
43                      *pCol = j;          // 记录列下标
44                  }
45              }
46          }
47          return max;
48      }
```

程序的运行结果如下:

```
Input n:3,4↵
1 2 3 4↵
5 6 7 8↵
9 0 -1 -2↵
max = 9, row = 2, col = 0
```

11.7 (选做)参考习题 11.6,用动态数组编程输入任意 m 个班学生(每班 n 个学生)的某门课的成绩,计算最高分,并指出具有该最高分的学生是第几个班的第几个学生。其中,m 和 n 的值由用户从键盘任意输入(不限定 m 和 n 的上限值)。

参考程序如下：

```
1   #include <stdio.h>
2   #include <stdlib.h>
3   void InputScore(int *p, int m, int n);
4   int FindMax(int *p, int m, int n, int *pRow, int *pCol);
5   int main(void)
6   {
7       int *pScore, m, n, maxScore, row, col;
8       printf("Input array size m,n:");
9       scanf("%d,%d", &m, &n);
10      pScore = (int *)calloc(m*n, sizeof(int));   // 申请动态内存
11      if (pScore == NULL)
12      {
13          printf("No enough memory!\n");
14          exit(0);
15      }
16      InputScore(pScore, m, n);
17      maxScore = FindMax(pScore, m, n, &row, &col);
18      printf("maxScore = %d, class = %d, number = %d\n", maxScore, row+
19              1, col+1);
20      free(pScore);                               // 释放动态内存
21      return 0;
22  }
23  // 函数功能:输入 m 行 n 列二维数组的值
24  void InputScore(int *p, int m, int n)
25  {
26      int i, j;
27      printf("Input %d*%d array:\n", m, n);
28      for (i=0; i<m; i++)
29      {
30          for (j=0; j<n; j++)
31          {
32              scanf("%d", &p[i*n+j]);
33          }
34      }
```

```c
35      }
36  // 函数功能:计算任意 m 行 n 列二维数组中元素的最大值,并指出其所在行列下标值
37  int FindMax(int *p, int m, int n, int *pRow, int *pCol)
38  {
39      int i, j, max = p[0];
40      *pRow = 0;
41      *pCol = 0;
42      for (i=0; i<m; i++)
43      {
44          for (j=0; j<n; j++)
45          {
46              if (p[i*n+j] > max)
47              {
48                  max = p[i*n+j];
49                  *pRow = i;              // 记录行下标
50                  *pCol = j;              // 记录列下标
51              }
52          }
53      }
54      return max;
55  }
```

程序的运行结果如下:

```
Input array size m,n:3,4↵
Input scores:
80  82  63  74↵
60  81  75  68↵
87  91  78  92↵
maxScore = 92, class = 3, number = 4
```

1.11 习题 12 解答

12.1 设某大学有下列登记表,采用最佳方式对它进行类型定义。

姓名	性别	出生日期			职业状况		
		年	月	日	所在学院	职称	职务

参考答案:将某大学职工个人信息定义为如下的结构体类型:

```
1   struct date                                    // 定义日期结构体类型
2   {
3       int year;                                  // 年
4       int month;                                 // 月
5       int day;                                   // 日
6   };
7   struct professionalState                       // 定义职业结构体类型
8   {
9       char college[80];                          // 所在学院
10      char professionalTitle[20];                // 职称
11      char duty[20];                             // 职务
12  };
13  struct person                                  // 定义职工个人信息结构体类型
14  {
15      char name[20];                             // 姓名
16      char sex;                                  // 性别
17      struct date birthday;                      // 出生日期
18      struct professionalState occupation;       // 职业状况
19  };
```

12.2 请定义一个时钟结构体类型,它包含"时、分、秒"3个成员,然后将第7章习题7.2中用全局变量编写的时钟模拟显示程序改成用结构体指针变量作函数参数重新编写。

参考程序如下:

```
1   #include <stdio.h>
2   typedef struct clock
3   {
4       int hour;
5       int minute;
6       int second;
7   }CLOCK;
8   // 函数功能:时、分、秒时间的更新
9   void Update(CLOCK *t)
10  {
11      t->second++;
12      if (t->second == 60)    // 若second值为60,表示已过一分钟,则minute加1
```

```
13          {
14              t->second = 0;
15              t->minute++;
16          }
17          if (t->minute == 60)    // 若 minute 值为 60,表示已过一小时,则 hour 加 1
18          {
19              t->minute = 0;
20              t->hour++;
21          }
22          if (t->hour == 24)  // 若 hour 值为 24,则 hour 从 0 开始计时
23          {
24              t->hour = 0;
25          }
26      }
27      // 函数功能:时、分、秒时间的显示
28      void Display(CLOCK *t)
29      {
30          printf("%2d:%2d:%2d\r", t->hour, t->minute, t->second);
31      }
32      // 函数功能:模拟延迟 1 s 的时间
33      void Delay(void)
34      {
35          long t;
36          for (t=0; t<50000000; t++)
37          {
38              // 循环体为空语句的循环,起延时作用
39          }
40      }
41      int main(void)
42      {
43          long i;
44          CLOCK myclock;
45          myclock.hour = myclock.minute = myclock.second = 0;
46          for (i=0; i<100000; i++)            // 利用循环,控制时钟运行的时间
47          {
48              Update(&myclock);           // 时钟值更新
```

```
49              Display(&myclock);        // 时间显示
50              Delay();                  // 模拟延时 1s
51          }
52          return 0;
53      }
```

12.3 请重新编写习题 12.2 程序，将其中的函数 Update( )改用整除和求余运算来实现时钟值的更新。

参考程序 1 如下：

```
1   #include <stdio.h>
2   typedef struct clock
3   {
4       int hour;
5       int minute;
6       int second;
7   }CLOCK;
8   // 函数功能:时、分、秒时间的更新
9   void Update(CLOCK *t)
10  {
11      static long m = 1;
12      t->hour = m / 3600;
13      t->minute = (m - 3600 * t->hour) / 60;
14      t->second = m % 60;
15      m++;
16      if (t->hour == 24)m = 1;
17  }
18  // 函数功能:时、分、秒时间的显示
19  void Display(CLOCK *t)
20  {
21      printf("%2d:%2d:%2d\r", t->hour, t->minute, t->second);
22  }
23  // 函数功能:模拟延迟 1s 的时间
24  void Delay(void)
25  {
26      long t;
27      for (t=0; t<50000000; t++)
```

```
28              {
29                      // 循环体为空语句的循环,起延时作用
30              }
31      }
32      int main(void)
33      {
34              long i;
35              CLOCK myclock;
36              myclock.hour = myclock.minute = myclock.second = 0;
37              for (i=0; i<100000; i++)            // 利用循环,控制时钟运行的时间
38              {
39                      Update(&myclock);           // 时钟值更新
40                      Display(&myclock);          // 时间显示
41                      Delay();                    // 模拟延时 1s
42              }
43              return 0;
44      }
```

参考程序 2 如下:

```
1       #include <stdio.h>
2       typedef struct clock
3       {
4               int hour;
5               int minute;
6               int second;
7       }CLOCK;
8       // 函数功能:时、分、秒时间的更新
9       void Update(CLOCK *t)
10      {
11              static long m = 1;
12              t->second = m % 60;
13              t->minute = (m / 60) % 60;
14              t->hour = (m / 3600) % 24;
15              m++;
16              if (t->hour == 24)m = 1;
17      }
18      // 函数功能:时、分、秒时间的显示
```

```
19      void Display(CLOCK *t)
20      {
21          printf("%2d:%2d:%2d\r", t->hour, t->minutes, t->second);
22      }
23      // 函数功能:模拟延迟 1s 的时间
24      void Delay(void)
25      {
26          long t;
27          for (t=0; t<50000000; t++)
28          {
29              // 循环体为空语句的循环,起延时作用
30          }
31      }
32      int main(void)
33      {
34          long i;
35          CLOCK myclock;
36          myclock.hour = myclock.minute = myclock.second = 0;
37          for (i=0; i<100000; i++)              // 利用循环,控制时钟运行的时间
38          {
39              Update(&myclock);               // 时钟值更新
40              Display(&myclock);              // 时间显示
41              Delay();                        // 模拟延时 1s
42          }
43          return 0;
44      }
```

12.4 编程统计候选人的得票数。设有 3 个候选人 zhang、li、wang(候选人姓名不区分大小写),10 个选民,选民每次输入一个得票的候选人的名字,若选民输错候选人姓名,则按废票处理。选民投票结束后,程序自动显示各候选人的得票结果和废票信息。要求用结构体数组 candidate 表示 3 个候选人的姓名和得票结果。

参考程序 1 如下:

```
1   #include <stdio.h>
2   #include <string.h>
3   #define NUM_ELECTORATE 10
4   #define NUM_CANDIDATE 3
5   struct candidate
```

```c
6    {
7         char name[20];
8         int count;
9    }candidate[3] = {"li",0, "zhang",0, "wang",0};
10   int main(void)
11   {
12        int i, j, flag = 1, wrong = 0;
13        char name[20];
14        for (i=1; i<=NUM_ELECTORATE; i++)
15        {
16            printf("Input vote %d:", i);
17            scanf("%s", name);
18            strlwr(name);            // 将 name 中的字符全部转换为小写字母
19            flag = 1;
20            for (j=0; j<NUM_CANDIDATE; j++)
21            {
22                if (strcmp(name, candidate[j].name) == 0)
23                {
24                    candidate[j].count++;
25                    flag = 0;
26                }
27            }
28            if (flag)
29            {
30                wrong++;              // 废票计数
31                flag = 0;
32            }
33        }
34        printf("Election results:\n");
35        for (i=0; i<NUM_CANDIDATE; i++)
36        {
37            printf("%8s:%d\n", candidate[i].name, candidate[i].count);
38        }
39        printf("Wrong election:%d\n", wrong);
40        return 0;
41   }
```

参考程序2如下：

```
1    #include <stdio.h>
2    #include <string.h>
3    #define NUM_ELECTORATE 10
4    #define NUM_CANDIDATE 3
5    struct candidate
6    {
7        char name[20];
8        int count;
9    }candidate[3] = {"li",0, "zhang",0, "wang",0};
10   int Election(struct candidate candidate[]);
11   int main(void)
12   {
13       int i, wrong;
14       wrong = Election(candidate);
15       printf("Election results:\n");
16       for (i=0; i<NUM_CANDIDATE; i++)
17       {
18           printf("%8s:%d\n", candidate[i].name, candidate[i].count);
19       }
20       printf("Wrong election:%d\n", wrong);
21       return 0;
22   }
23   int Election(struct candidate candidate[])
24   {
25       int i, j, flag = 1, wrong = 0;
26       char name[20];
27       for (i=1; i<=NUM_ELECTORATE; i++)
28       {
29           printf("Input vote %d:", i);
30           scanf("%s", name);
31           strlwr(name);              // 将name中的字符全部转换为小写字母
32           flag = 1;
33           for (j=0; j<NUM_CANDIDATE; j++)
34           {
35               if (strcmp(name, candidate[j].name) == 0)
```

```
36                {
37                    candidate[j].count++;
38                    flag = 0;
39                }
40            }
41            if (flag)
42            {
43                wrong++;                    // 废票计数
44                flag = 0;
45            }
46        }
47        return wrong;
48    }
```

程序的运行结果如下：

```
Input vote 1:li↙
Input vote 2:li↙
Input vote 3:Li↙
Input vote 4:wang↙
Input vote 5:zhang↙
Input vote 6:Wang↙
Input vote 7:Zhang↙
Input vote 8:wang↙
Input vote 9:li↙
Input vote 10:lii↙
Election results:
    li:4
  zhang:2
   wang:3
Wrong election:1
```

12.5 编程模拟洗牌和发牌过程。一副扑克有52张牌，分为4种花色（Suit）：黑桃（Spades）、红桃（Hearts）、草花（Clubs）、方块（Diamonds）。每种花色又有13张牌面（Face）：A, 2, 3, 4, 5, 6, 7, 8, 9, 10, Jack, Queen, King。要求用结构体数组 card 表示52张牌，每张牌包括花色和牌面两个字符型数组类型的数据成员。

参考程序如下：

```
1    #include <stdio.h>
2    #include <string.h>
```

```c
3   #include <time.h>
4   #include <stdlib.h>
5   typedef struct card
6   {
7       char suit[10];
8       char face[10];
9   }CARD;
10  void Deal(CARD *wCard);
11  void Shuffle(CARD *wCard);
12  void FillCard(CARD wCard[], char *wFace[], char *wSuit[]);
13  int main(void)
14  {
15      char *suit[] = {"Spades","Hearts","Clubs","Diamonds"};
16      char *face[] = {"A","2","3","4","5","6","7","8","9","10",
17                      "Jack","Queen","King"};
18      CARD card[52];
19      srand(time(NULL));
20      FillCard(card, face, suit);
21      Shuffle(card);
22      Deal(card);
23      return 0;
24  }
25  // 函数功能:花色按黑桃、红桃、草花、方块的顺序,面值按 A~K 的顺序,排列 52 张牌
26  void FillCard(CARD wCard[], char *wFace[], char *wSuit[])
27  {
28      int i;
29      for (i=0; i<52; i++)
30      {
31          strcpy(wCard[i].suit, wSuit[i/13]);
32          strcpy(wCard[i].face, wFace[i%13]);
33      }
34  }
35  // 函数功能:将 52 张牌的顺序打乱以模拟洗牌过程
36  void Shuffle(CARD *wCard)
37  {
```

```
38        int i, j;
39        CARD temp;
40        for (i=0; i<52; i++)          //每次循环交换一次当前牌与随机数指示的牌
41        {
42            j = rand() % 52;          // 每次循环产生一个 0~51 的随机数
43            temp = wCard[i];
44            wCard[i] = wCard[j];
45            wCard[j] = temp;
46        }
47    }
48    // 函数功能:输出每张牌的花色和面值以模拟发牌过程
49    void Deal(CARD *wCard)
50    {
51        int i;
52        for (i=0; i<52; i++)
53        {
54            printf("%9s%9s%c",wCard[i].suit,wCard[i].face,i%2==0?'\n':'\t' );
55        }
56        printf("\n");
57    }
```

程序的输出结果每次都是不相同,因此略去。

12.6 (选做)定义下面的数据类型:

```
typedef struct node
{
    int type;
    union
    {
        int ival;
        double dval;
    } dat;
}NodeType;
```

将 12.9 节计算逆波兰表达式的程序改成既可以对 int 型数据计算,又可以对 double 型数据计算,并且还可以进行两种类型的混合运算。

参考程序如下:

```
1    #include <stdio.h>
2    #include <string.h>
```

```
3       #include <ctype.h>
4       #include <stdlib.h>
5       #define INT 1
6       #define FLT 2
7       #define N 20
8       typedef struct node
9       {
10          int type;
11          union
12          {
13              int ival;
14              double dval;
15          } dat;
16      }NodeType;
17      typedef struct stack
18      {
19         NodeType data[N];
20         int top;         //控制栈顶
21      }STACK;
22      void Push(STACK *stack, NodeType data);
23      NodeType Pop(STACK *stack);
24      NodeType OpInt(int d1, int d2, int op);
25      NodeType OpFloat(double d1, double d2, int op);
26      NodeType OpData(NodeType *d1, NodeType *d2, int op);
27      int main(void)
28      {
29          char word[N];
30          STACK stack;
31          NodeType d1, d2, d3;
32          stack.top = 0;      //控制栈顶
33          //以空格为分隔符输入逆波兰表达式,以#结束
34          while (scanf("%s", word)==1 && word[0] != '#'  )
35          {
36              if (isdigit(word[0])) //若为数字,则转换为整型后压栈
37              {
38                  if (strchr(word, '.') == NULL)//整型运算
```

```
39              {
40                  d1.type = INT;
41                  d1.dat.ival = atoi(word);
42              }
43              else //浮点型运算
44              {
45                  d1.type = FLT;
46                  d1.dat.dval = atof(word);
47              }
48              Push(&stack, d1);
49              continue;
50          }
51          //否则弹出两个操作数,执行相应运算后再将结果压栈
52          d2 = Pop(&stack);
53          d1 = Pop(&stack);
54          d3 = OpData(&d1, &d2, word[0]);
55          Push(&stack, d3);
56      }
57      d1 = Pop(&stack); //弹出栈顶保存的最终计算结果
58      if (d1.type == INT)
59      {
60          printf("%d\n", d1.dat.ival);
61      }
62      else
63      {
64          printf("%.2f\n", d1.dat.dval);
65      }
66      return 0;
67  }
68  //函数功能:将数据data压入堆栈
69  void Push(STACK *stack, NodeType data)
70  {
71      memcpy(&stack->data[stack->top], &data, sizeof(NodeType));
72      stack->top = stack->top + 1;
73  }
74  //函数功能:弹出栈顶数据并返回
```

```
75   NodeType Pop(STACK *stack)
76   {
77       stack->top = stack->top - 1;
78       return stack->data[stack->top];
79   }
80   //函数功能:对整型的数据 d1 和 d2 执行运算 op,并返回计算结果
81   NodeType OpInt(int d1, int d2, int op)
83   {
84       NodeType res;
85       switch (op)
86       {
87       case '+':
88           res.dat.ival = d1 + d2;
89           break;
90       case '-':
91           res.dat.ival = d1 - d2;
92           break;
93       case '*':
94           res.dat.ival = d1 * d2;
95           break;
96       case '/':
97           res.dat.ival = d1 / d2;
98           break;
99       }
100      res.type = INT;
101      return res;
102  }
103  //函数功能:对浮点型的数据 d1 和 d2 执行运算 op,并返回计算结果
104  NodeType OpFloat(double d1, double d2, int op)
105  {
106      NodeType res;
107      switch (op)
108      {
109      case '+':
110          res.dat.dval = d1 + d2;
111          break;
```

```
112            case '-':
113                res.dat.dval = d1 - d2;
114                break;
115            case '*':
116                res.dat.dval = d1 * d2;
117                break;
118            case '/':
119                res.dat.dval = d1 / d2;
120                break;
121        }
122        res.type = FLT;
123        return res;
124    }
125    //函数功能:对 d1 和 d2 执行运算 op,并返回计算结果
126    NodeType OpData(NodeType *d1, NodeType *d2, int op)
127    {
128        double dv1, dv2;
129        NodeType res;
130        if (d1->type == d2->type)
131        {
132            if (d1->type == INT)
133            {
134                res = OpInt(d1->dat.ival, d2->dat.ival, op);
135            }
136            else
137            {
138                res = OpFloat(d1->dat.dval, d2->dat.dval, op);
139            }
140        }
141        else
142        {
143            dv1 = (d1->type == INT) ? d1->dat.ival : d1->dat.dval;
144            dv2 = (d2->type == INT) ? d2->dat.ival : d2->dat.dval;
145            res = OpFloat(dv1, dv2, op);
146        }
147        return res;
```

```
148    }
```

程序的运行结果如下：

4 3 5 + 10.5 * + #↵

88.00

1.12 习题 13 解答

13.1 用文件操作函数编程模拟 DOS 下的 type 命令，即在 DOS 状态下输入如下命令，把文件内容以 ASCII 码字符方式显示到屏幕上。

    type 文件名↵

参考程序如下：

```
1    #include <stdio.h>
2    #include <stdlib.h>
3    int type(const char *fileName);
4    int main(int argc, char *argv[])
5    {
6        int i;
7        if (argc < 2)          // 没有参数时提示语法错误
8        {
9            printf("The syntax of the command is incorrect.\n");
10           exit(0);
11       }
12       for (i=1; i<argc; i++)  // 把除 argv[0]外的所有参数代表的文件内容逐一输出
13       {
14           if (type(argv[i]) == 0)
15               printf("No such a file: %s\n", argv[i]);
16       }
17       return 0;
18   }
19   // 函数功能:把文件 fileName 的内容输出到屏幕,函数返回非 0 值时表示成功,否则表示出错
20   int type(const char *fileName)
21   {
22       int val = 1;           // 成功操作时的返回值为 1
23       FILE *fp;
24       char ch;
```

```
25        if ((fp = fopen(fileName,"r")) == NULL)// 判断文件是否成功打开
26        {
27            val = 0;                    // 打开文件失败时的返回值为 0
28        }
29        else
30        {
31            printf("The contents of file %s:\n", fileName);
32            while ((ch = fgetc(fp)) != EOF)   // 从文件读取字符直到文件尾
33            {
34                fputc(ch, stdout);            // 在显示器上显示字符
35            }
36            fclose(fp);
37        }
38        return val;                           // 返回 val 的值
39    }
```

这里,在 Code::Blocks 中设置命令行参数的方法为:选择 Project 菜单中的 Set programs' arguments 命令,具体如图 1-11 所示。

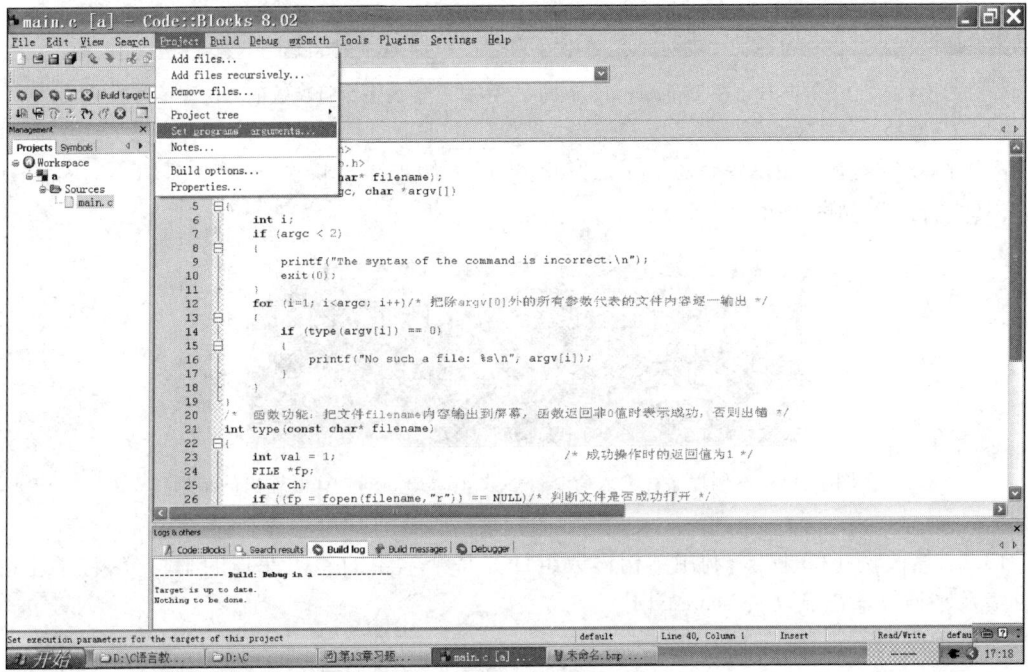

图 1-11　设置命令行参数的方法

如图 1-12 所示，在 Program arguments 文本框中输入命令行参数：d:\\c\\score.txt。注意：在命令行参数中应该给出要显示的文件所在的完整路径。

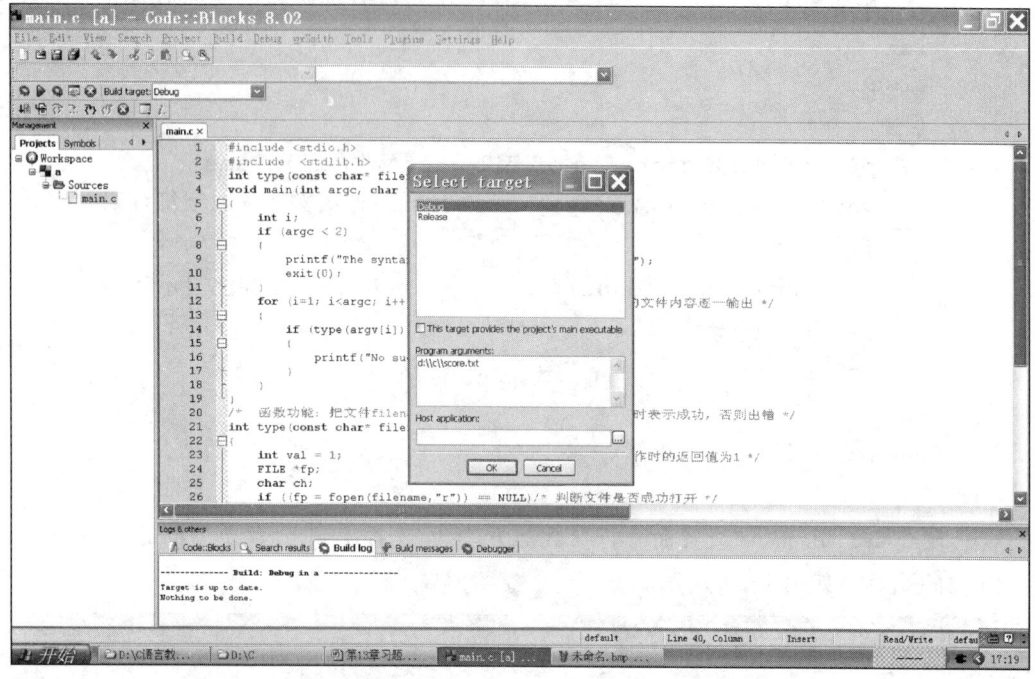

图 1-12　在 Program arguments 文本框中输入命令行参数的方法

由于命令行参数是 d:\\c\\score.txt，因此，运行本例程序后将显示文件 d:\\c\\score.txt 的内容，其运行结果如图 1-13 所示。

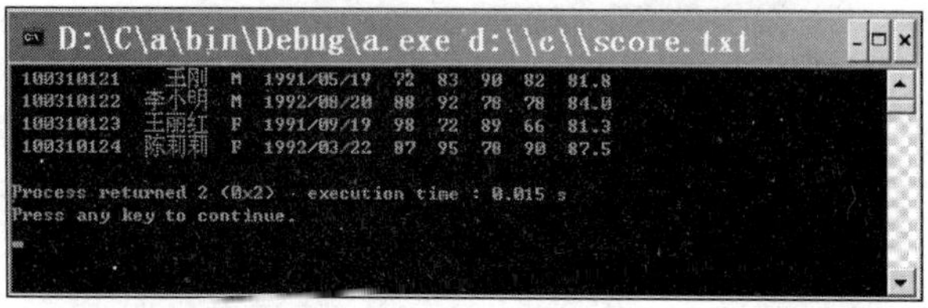

图 1-13　本例程序在输入命令行参数 d:\\c\\score.txt 时输出的结果

13.2　修改例 12.3 程序，利用结构体数组计算每个学生的 4 门课程的平均分，将学生的各科成绩及平均分输出到文件 score.txt 中。

参考程序如下：

```
1    #include <stdio.h>
2    #include <stdlib.h>
```

```
3      typedef struct date
4      {
5          int year;
6          int month;
7          int day;
8      }DATE;
9      typedef struct student
10     {
11         long studentID;                      // 学号
12         char studentName[20];                // 姓名
13         char studentSex;                     // 性别
14         DATE birthday;                       // 出生日期
15         int score[4];                        // 4门课程的成绩
16     }STUDENT;
17     int main(void)
18     {
19         FILE *fp;
20         int i, j, sum[30];
21         STUDENT stu[30] = {{100310121,"王刚",'M',{1991,5,19},{72,83,90,82}},
22                            {100310122,"李小明",'M',{1992,8,20},{88,92,78,78}},
23                            {100310123,"王丽红",'F',{1991,9,19},{98,72,89,66}},
24                            {100310124,"陈莉莉",'F',{1992,3,22},{87,95,78,90}}
25                           };
26         if ((fp = fopen("score.txt","w")) == NULL)  // 以写方式打开文本文件
27         {
28             printf("Failure to open score.txt! \n");
29             exit(0);
30         }
31         for (i=0; i<4; i++)
32         {
33             sum[i] = 0;
34             for (j=0; j<4; j++)
35             {
36                 sum[i] = sum[i] + stu[i].score[j];
37             }
38             fprintf(fp, "%10ld%8s%3c%6d/%02d/%02d%4d%4d%4d%4d%6.1f \n",
```

```
39                      stu[i].studentID,
40                      stu[i].studentName,
41                      stu[i].studentSex,
42                      stu[i].birthday.year,
43                      stu[i].birthday.month,
44                      stu[i].birthday.day,
45                      stu[i].score[0],
46                      stu[i].score[1],
47                      stu[i].score[2],
48                      stu[i].score[3],
49                      sum[i]/4.0);
50      }
51      fclose(fp);
52      return 0;
53  }
```

程序的运行结果如下:

```
100310121   王刚    M 1991/05/19 72 83 90 82 81.8
100310122   李小明  M 1992/08/20 88 92 78 78 84.0
100310123   王丽红  F 1991/09/19 98 72 89 66 81.3
100310124   陈莉莉  F 1992/03/22 87 95 78 90 87.5
```

13.3 在例 13.7 建立的文件基础上,打开文件,顺序查找某个学号。

参考程序如下:

```
1   #include <stdio.h>
2   #include <stdlib.h>
3   #define N 30
4   typedef struct date
5   {
6       int year;
7       int month;
8       int day;
9   }DATE;
10  typedef struct student
11  {
12      long studentID;              // 学号
13      char studentName[10];        // 姓名
14      char studentSex;             // 性别
```

```
15      DATE birthday;                      // 出生日期
16      int score[4];                       // 4门课程的成绩
17      float aver;                         // 4门课程的平均分
18  }STUDENT;
19  int SearchNuminFile(char fileName[], long key);
20  int main(void)
21  {
22      int n;
23      long key;
24      printf("Input the searching ID:");
25      scanf("%d", &key);
26      n = SearchNuminFile("student.txt", key);
27      if (n != -1)
28          printf("Record number is %d.\n", n);
29      else
30          printf("Not found.\n");
31      return 0;
32  }
33  //从文件fileName中查找并输出学号为key的记录信息,若找到,返回记录号;否则返回-1
34  int SearchNuminFile(char fileName[], long key)
35  {
36      FILE *fp;
37      STUDENT stu[N];
38      int i, j;
39      if ((fp = fopen(fileName, "r")) == NULL)   // 以读方式打开文本文件
40      {
41          printf("Failure to open %s!\n", fileName);
42          exit(0);
43      }
44      for (i=0; !feof(fp); i++)
45      {
46          fread(&stu[i], sizeof(STUDENT), 1, fp);   // 按数据块读文件
47          if (key == stu[i].studentID)
48          {
49              printf ("%10ld%8s%3c%6d/%02d/%02d", stu[i].studentID,
50                                                   stu[i].studentName,
```

```
51                                                      stu[i].studentSex,
52                                                      stu[i].birthday.year,
53                                                      stu[i].birthday.month,
54                                                      stu[i].birthday.day);
55              for (j=0; j<4; j++)
56              {
57                  printf("%4d", stu[i].score[j]);
58              }
59              printf("%6.1f\n", stu[i].aver);
60              fclose(fp);
61              return i+1;                              // 若找到,则返回记录号
62          }
63      }
64      fclose(fp);
65      return -1;                                       // 若未找到,则返回-1
66  }
```

程序的两次测试结果如下:

① `Input the searching ID: 100310122`↙
   `100310122 李小明 M 1992/08/20 88 92 78 78 84.0`
   `Record number is 1.`

② `Input the searching ID: 100310120`↙
   `Not found.`

13.4 复制文件。根据程序提示从键盘输入一个已存在的文本文件的完整文件名,再输入一个新文本文件的完整文件名,然后将已存在的文本文件中的内容全部复制到新文本文件中。利用文本编辑软件查看文件内容,验证程序执行结果。

参考程序如下:

```
1   #include <stdio.h>
2   #define N 80
3   int CopyFile(const char *srcName, const char *dstName);
4   int main(void)
5   {
6       char srcFilename[N];                // 源文件名
7       char dstFilename[N];                // 目标文件名
8       printf("Input source filename:");
9       scanf("%s", srcFilename);           // 输入源文件名
10      printf("Input destination filename:");
```

```
11          scanf("%s", dstFilename);              // 输入目标文件名
12          if (CopyFile(srcFilename, dstFilename))// 文件复制
13              printf("Copy succeed! \n");
14          else
15              printf("Copy failed! \n");
16          return 0;
17      }
18      // 函数功能:把 srcName 文件内容复制到 dstName 文件中,返回非 0 值表示复制成功
19      int CopyFile(const char *srcName, const char *dstName)
20      {
21          FILE *fpSrc = NULL, *fpDst = NULL;
22          int ch, rval = 1;
23          if ((fpSrc = fopen(srcName,"r")) == NULL) goto ERROR;
24          if ((fpDst = fopen(dstName,"w")) == NULL) goto ERROR;
25          while ((ch=fgetc(fpSrc)) != EOF) // 复制文件
26          {
27              if (fputc(ch, fpDst) == EOF) goto ERROR;
28          }
29          fflush(fpDst);                         // 确保存盘
30          goto EXIT;
31      ERROR:
32          rval = 0;
33      EXIT:
34          if (fpSrc != NULL)fclose(fpSrc);
35          if (fpDst != NULL)fclose(fpDst);
36          return rval;
37      }
```

程序的两次测试结果如下:

① Input source filename:a.txt✓(假设a.txt文件存在)
Input destination filename:b.txt✓
Copy succeed!

② Input source filename:a.txt✓(假设a.txt文件不存在)
Input destination filename:b.txt✓
Copy failed!

13.5 文件追加。根据提示从键盘输入一个已存在的文本文件的完整文件名,再输入另一

个已存在的文本文件的完整文件名,然后将第一个文本文件的内容追加到第二个文本文件的原内容之后。利用文本编辑软件查看文件内容,验证程序执行结果。

参考程序如下:

```
1   #include <stdio.h>
2   #define N 80
3   int AppendFile(const char *srcName, const char *dstName);
4   int main(void)
5   {
6       char srcFilename[N];                  // 源文件名
7       char dstFilename[N];                  // 目标文件名
8       printf("Input source filename:");
9       scanf("%s", srcFilename);             // 输入源文件名
10      printf("Input destination filename:");
11      scanf("%s", dstFilename);             // 输入目标文件名
12      if (AppendFile(srcFilename, dstFilename))// 文件追加
13          printf("Append succeed! \n");
14      else
15          printf("Append failed! \n");
16      return 0;
17  }
18  // 函数功能:把 srcName 文件内容复制到 dstName 文件中,返回非 0 值表示复制成功
19  int AppendFile(const char *srcName, const char *dstName)
20  {
21      FILE *fpSrc = NULL, *fpDst = NULL;
22      int ch, rval = 1;
23      if ((fpSrc = fopen(srcName,"r")) == NULL)goto ERROR;
24      if ((fpDst = fopen(dstName,"a")) == NULL) goto ERROR;
25      while ((ch=fgetc(fpSrc)) != EOF)// 文件追加
26      {
27          if (fputc(ch, fpDst) == EOF) goto ERROR;
28      }
29      fflush(fpDst); // 确保存盘
30      goto EXIT;
31  ERROR:
32      rval = 0;
```

```
33    EXIT:
34        if (fpSrc != NULL)fclose(fpSrc);
35        if (fpDst != NULL)fclose(fpDst);
36        return rval;
37    }
```

程序的两次测试结果如下：

① Input source filename:a.txt✓（假设a.txt文件存在）
   Input destination filename:b.txt✓
   Append succeed!

② Input source filename:a.txt✓（假设a.txt文件不存在）
   Input destination filename:b.txt✓
   Append failed!

1.13 习题 14 解答

14.1 请编写一个迷宫升级版程序。游戏设计要求如下：
(1) 用不同的文件存储不同难度的迷宫地图。
(2) 玩家可以选择不同难度的关卡（对应不同难度的迷宫地图），或者直接退出游戏。
(3) 玩家通过键盘控制进行游戏，键盘输入 w、s、a、d 分别控制上下左右移动'@'。
(4) 玩家通过移动'@'寻找得分点 O'，每找到一个得分点 O'就加 10 分，游戏过程中实时显示得分。
(5) 找到出口后，玩家胜利，游戏结束。

参考程序如下：

```
1    #include <stdio.h>
2    #include <stdlib.h>
3    #include <conio.h>
4    #include <windows.h>
5    #define N 100
6    #define M 100
7    int score;
8    FILE * fp;
9    char UserInput(char str[][M], int exitx, int exity, int n, char c);
10   void Show (char str[][M], int n);        //显示画面
11   int main(void)
12   {
13       int i = 0;
```

```
14          char ch[N][M], c;
15          do{
16              system("cls");
17              printf("****************************************\n"
18                     "*              迷宫游戏                 * \n"
19                     "*                                      * \n"
20                     "*       选择难度:简单-输入 1            * \n"
21                     "*              中等-输入 2              * \n"
22                     "*              困难-输入 3              * \n"
23                     "*                                      * \n"
24                     "*       退出游戏:输入 0                 * \n"
25                     "*                                      * \n"
26                     "****************************************\n");
27              i = 0;
28              c = getchar();
29              while (getchar() != '\n');
30              switch (c)
31              {
32                  case '1':
33                      if ((fp = fopen("dome1.txt","r")) == NULL)
34                      {
35                          printf("Failure to open dome.txt!\n");
36                          exit(0);
37                      }
38                      else
39                      {
40                          while (fgets(ch[i], 25, fp))
41                          {
42                              i++;
43                          }
44                      }
45                      Show(ch, i);
46                      c = UserInput(ch, 12, 22, i, c);
47                      fclose(fp);
48                      break;
49                  case '2':
```

```
50              if ((fp = fopen("dome2.txt","r")) == NULL)
51              {
52                  printf("Failure to open dome.txt!\n");
53                  exit(0);
54              }
55              else
56              {
57                  while (fgets(ch[i], 41, fp))
58                  {
59                      i++;
60                  }
61              }
62              Show(ch, i);
63              c = UserInput(ch, 18, 38, i, c);
64              fclose(fp);
65              break;
66          case '3':
67              if ((fp = fopen("dome3.txt","r")) == NULL)
68              {
69                  printf("Failure to open dome.txt!\n");
70                  exit(0);
71              }
72              else
73              {
74                  while (fgets(ch[i], 61, fp))
75                  {
76                      i++;
77                  }
78              }
79              Show(ch, i);
80              c = UserInput(ch, 23, 58, i, c);
81              fclose(fp);
82              break;
83          case '0':
84              printf("good bye");
85              break;
```

```
 86             }
 87         }while (c !='0');
 88         return 0;
 89     }
 90     //函数功能:提取玩家的操作,做相应的数据和位置更新,判断游戏是否结束
 91     char UserInput(char str[][M], int exitx, int exity, int n, char c)
 92     {
 93         int x = 1, y = 1;
 94         char input;
 95         while (x != exitx || y != exity)
 96         {
 97             if (kbhit())                                    //判断用户是否输入
 98             {
 99                 input = getch();
100                 if (input =='a' && str[x][y-1] !='*')   //向左移动
101                 {
102                     if (str[x][y-1] =='o')
103                     {
104                         score = score + 10;
105                     }
106                     str[x][y] ='';
107                     y--;                                    //向左移动
108                     str[x][y] ='@';
109                 }
110                 if (input =='d' && str[x][y+1] !='*')   //向右移动
111                 {
112                     if (str[x][y+1] =='o')
113                     {
114                         score = score + 10;
115                     }
116                     str[x][y] ='';
117                     y++;                                    //向右移动
118                     str[x][y] ='@';
119                 }
120                 if (input =='s' && str[x+1][y] !='*')   //向下移动
121                 {
```

```
122                    if (str[x+1][y] =='o')
123                    {
124                        score = score + 10;
125                    }
126                    str[x][y] ='';
127                    x++;                //向下移动
128                    str[x][y] ='@ ';
129                }
130                if (input =='w' && str[x-1][y] != '*')//向上移动
131                {
132                    if (str[x-1][y]=='o')
133                    {
134                        score = score + 10;
135                    }
136                    str[x][y] ='';
137                    x--;                //向上移动
138                    str[x][y] ='@ ';
139                }
140                if (input =='0')        //退出程序
141                {
142                    system("cls");
143                    return c;
144                }
145            }
146            system("cls");
147            Show(str, n);
148            printf("score=%d\n", score);
149            printf("输入 0 退出游戏\n");
150            Sleep(300);
151        }
152        system("cls");
153        printf("final score=%d\n",score);
154        printf("you win!\n");//完成游戏,显示胜利
155        printf("是否继续游戏,是-Y,否-N\n");
156        scanf("% c", &input);//%c 前面有一个空格
157        if (input =='Y' || input == 'y')
```

```
158        {
159            return c;
160        }
161        else
162        {
163            return '0';
164        }
165    }
166    //函数功能:显示迷宫地图
167    void Show(char str[][M], int n)
168    {
169        int i;
170        for (i=0; i<n; i++)
171        {
172            printf("%s", str[i]);
173        }
174    }
```

游戏运行开始界面如下:

```
*********************************************
*                  迷宫游戏                  *
*                                            *
*      选择难度: 简单-输入 1                 *
*                中等-输入 2                 *
*                困难-输入 3                 *
*                                            *
*      退出游戏: 输入 0                      *
*                                            *
*********************************************
```

玩家选择1后,显示的界面如下:

```
*************************
*@ *        o    *     *
*  *  *  **      o  *  *
*     *  * ***  ***    *
***********  *         *
*o  o       ***  o  o  *
*  ***  ***     ***    *
*  *  * ***  o  *    ***
*  *  *      *****  *  *
*  ***  *        o     *
*  o  *    ******   *  *
*     *  *         **** *
*     *                *
*************************
```

score=0
输入 0 退出游戏

控制键盘操作快到右下角的出口时,显示的界面如下:

```
*************************
*  *             *     *
*  *  *  **         *  *
*     *  * ***  ***    *
***********  *         *
*           ***        *
*  ***  ***     ***    *
*  *  * ***     *    ***
*  *  *      *****  *  *
*  ***  *              *
*     *    ******   *  *
*     *  *         **** *
*     *                @*
*************************
```

score=90
输入 0 退出游戏

到达出口后的显示界面如下:

final score=90
you win!
是否继续游戏,是-Y,否-N

此时,若输入 Y,则继续游戏;若输入 N,则退出游戏。

14.2 (选做)请查阅强化学习的参考资料,编写一个 Flappy bird 的升级版游戏。给小鸟加上人工智能,用强化学习训练小鸟使其变"聪明",自主飞行并穿越障碍,同时显示当前得分、回合数、历史最高分。提示:用强化学习训练小鸟的关键是解决小鸟的状态表示、动作选择、奖赏设计问题。

完成这个任务,需要解决小鸟的状态表示、动作选择、奖赏的设计三个问题。解决的关键是要理解强化学习中 Q-learning 算法的基本原理。让小鸟学习怎么飞是一个强化学习的过程,强化学习中有状态、动作、奖赏三个要素。智能体(这里指聪明的小鸟)需要根据当前状态采取动作,获得相应的奖赏后,再去改进这些动作,使得下次再遇到相同状态时,能做出更优的动作。

这里可以取小鸟到下一根下侧柱子的水平和垂直距离之差作为小鸟的状态。小鸟的动作只有两种选择,即要么向上飞一下,要么什么都不做。小鸟活着时,每穿过一个柱子,则给予一个正数的奖赏值;若碰到柱子而死亡,则给予一个负数的奖赏值。最后根据这三个要素设计一个动作效用函数,即建立一张状态和动作选择与对应的效用值即奖赏值的查找表(本程序中用一个三维数组来存储这张表),用于评价在特定状态下采取某个动作后能获得的奖赏。在这张表中,每个状态对应的动作都有一个奖赏值。训练之后的小鸟在某个位置处是否需要向上飞的决策就是根据这张表确定的,小鸟先去根据当前所在位置查表找到对应的状态所在行,然后再比较飞与不飞两个动作对应的奖赏大小,选择奖赏较大的动作作为当前帧的动作。这样,随着训练次数的增加,经过"吃一堑、长一智"后的小鸟就会变得越来越"聪明"。

注意:传统的 Q-Learning 算法采用新状态的最大效用值,但一个新状态有很大危险(某个行为的效用值为负值的可能性很大)和奖赏值很小(另一个行为有较小正值)的情况下,只传递奖赏会导致模型激进,采用平均效用值,可以使模型趋向于避免进入一个可能存在较大危险的状态,在训练时间或次数足够多的情况下二者差距不大,但收敛速度会不一样。因此,在本程序中,采用新状态的两个行为的效用值的平均值。

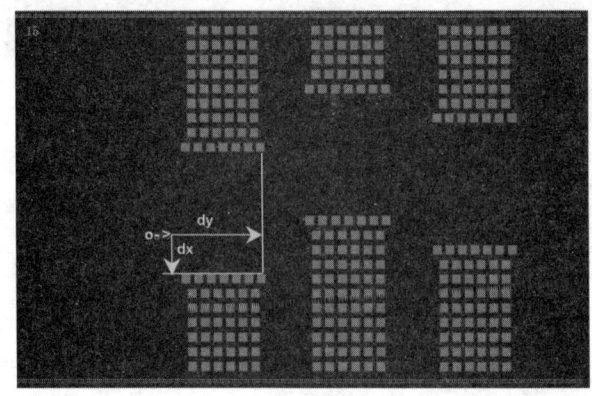

图 1-14 小鸟的状态表示

状态	飞	不飞
(dx_1, dy_1)	1	10
(dx_2, dy_2)	10	-100
...	...	...
(dx_m, dy_{n-1})	20	50
(dx_m, dy_n)	-100	10

图 1-15 状态和动作选择对应的奖赏值的查找表

参考程序如下:

```
1    #include <stdio.h>
```

```c
2   #include <stdlib.h>
3   #include <conio.h>
4   #include <time.h>
5   #include <windows.h>
6
7   #define DIS 22
8   #define BLAN 9                          //上下两部分柱子墙之间的缝隙
9   #define X_SUPPORT   16
10  #define Y_SUPPORT   16
11
12  typedef struct bird
13  {
14      COORD pos;
15      int score;
16  }BIRD;
17
18  void PersonPlayer(void);                //人类玩家模式
19  void AIPlayer(void);                    //人工智能模式
20  int ChooseAction(double Q[30][50][2], COORD state);      //动作选择
21  int Learning(double Q[30][50][2], COORD state, COORD newState, int action,
22              BIRD * bird);               //强化学习过程
23  void CheckWall(COORD wall[]);           //显示柱子墙体
24  void PrtBird(BIRD * bird);              //显示小鸟
25  int CheckWin(COORD * wall, BIRD * bird);//检测小鸟是否碰到墙体或者超出上下边界
26  void Begin(BIRD * bird);                //显示上下边界和分数
27  BOOL SetConsoleColor(unsigned int wAttributes); //设置颜色
28  void Gotoxy(int x, int y);              //定位光标
29  BOOL SetConsoleColor(unsigned int wAttributes); //设置颜色
30  void HideCursor();                      //隐藏光标,避免闪屏现象,提高游戏体验
31
32  //主函数
33  int main(int argc, char* argv[])
34  {
35      srand((unsigned int)time(NULL));    //设置随机数种子
36      if (argc > 1 )                      //带参数执行 AI 模式,参数暂未设定
```

```
37         {
38             AIPlayer();                    //人工智能模式
39         }
40         else
41         {
42             PersonPlayer();                //人类玩家模式
43         }
44         return 0;
45     }
46     //函数功能:人类玩家模式
47     void PersonPlayer(void)
48     {
49         BIRD bird = {{22, 10}, 0};      //小鸟的初始位置
50         COORD wall[3] = {{40, 10},{60, 6},{80, 8}}; //柱子的初始位置和高度
51         int i;
52         char ch;
53         while (CheckWin(wall, &bird))
54         {
55             Begin(&bird);                //清屏并显示上下边界和分数
56             CheckWall(wall);             //显示柱子墙
57             PrtBird(&bird);              //显示小鸟
58             Sleep(200);
59             if (kbhit())                 //检测到有键盘输入
60             {
61                 ch = getch();            //输入的字符存入 ch
62                 if (ch == ' ')           //输入的是空格
63                 {
64                     bird.pos.Y -= 1;   //小鸟向上移动一格
65                 }
66             }
67             else                         //未检测到键盘输入
68             {
69                 bird.pos.Y += 1;       //小鸟向下移动一格
70             }
71             for (i=0; i<3; ++i)
```

```c
72              {
73                  wall[i].X--;            //柱子墙向做移动一格
74              }
75          }
76  }
77  //函数功能:人工智能模式
78  void AIPlayer(void)
79  {
80      double Q_table[30][50][2] = {0};   //Q-Learning 记忆表
81      int count = 0;                     //回合数
82      int bestScore = 0;                 //最高分
83      while (1)
84      {
85          BIRD bird = {{17, 10}, 0};    //小鸟的初始位置
86          COORD wall[3] = {{30, 4},{55, 13},{80, 8}};  //柱子的初始位置和高度
87          int action = 0;//行为,0 表示不输入,小鸟在重力下下降,1 表示玩家输入空格
88          //状态,小鸟与墙的坐标差,因为会出现负值,存入数组时需要用偏置使之大于 0
89          COORD state = {0, 0};
90          //行为后状态
91          COORD newState = {bird.pos.X - wall[0].X, bird.pos.Y - wall[0].Y};
92          //自动学习,若是负奖励,会收到惩罚并退出该轮游戏
93          do{
94              //初始状态等于上一次执行行为后状态
95              state = newState;
96              Begin(&bird);           //清屏并显示上下边界和分数
97              printf("\n% 4d\n% 4d", count, bestScore);//显示回合数和最高分
98              CheckWall(wall);        //显示柱子墙
99              action = ChooseAction(Q_table, state);//动作选择
100              if (action)
101              {
102                  bird.pos.Y -= 1;  //小鸟向上移动一格
103              }
104              else
105              {
106                  bird.pos.Y += 1;  //小鸟向下移动一格
```

```c
107                  }
108                  for (int i=0; i<3; i++)
109                  {
110                      wall[i].X--;        //柱子墙向左移动一格
111                  }
112                  //执行行为后新的状态
113                  newState.X = bird.pos.X - wall[0].X;
114                  newState.Y = bird.pos.Y - wall[0].Y;
115                  PrtBird(&bird);         //显示小鸟
116                  Sleep(5);
117              }while (Learning(Q_table, state, newState, action, &bird));
118              if (bird.score > bestScore)
119              {
120                  bestScore = bird.score;     //更新最高分
121              }
122              count++;                        //若受到了惩罚,则记录新的回合数
123          }
124 }
125 //函数功能:动作选择,若奖赏值增加,则返回1,否则返回0
126 int ChooseAction(double Q[30][50][2], COORD state)
127 {
128      double eGreedy = 0.9;//贪婪率,决定小鸟多大程度上愿意尝试新的行为
129      //计算两个行为效用值(累积奖赏)之差
130      double action = Q[state.X+X_SUPPORT][state.Y+Y_SUPPORT][1] -
131                      Q[state.X+X_SUPPORT][state.Y+Y_SUPPORT][0];
132      //出现贪婪行为,或者两个行为的效用一致
133      if ((double)rand()/RAND_MAX > eGreedy || action == 0)
134      {
135          return rand()%2; //随机选择一个行为
136      }
137      return action > 0; //若奖赏值增加,则返回1,否则返回0
138 }
139 //函数功能:强化学习过程,若未受到惩罚,则返回1,否则返回0
140 int Learning(double Q[30][50][2], COORD state, COORD newState, int action,
141              BIRD * bird)
```

```
142     {
143         double learningRate = 0.3;        //学习率
144         double rewardDecay = 0.4;         //奖励传递折扣
145         double averNewState = 0;          //新状态
146         int reward = 1;                   //默认奖励为1
147         if (bird->pos.Y<1 || bird->pos.Y>25 || (newState.X>=0
148             && (newState.Y<=0 || newState.Y>=BLAN)))
149         {
150             reward = -100;                //若游戏失败,则给予惩罚
151         }
152         bird->score++;                    //否则加1分
153         //更新新状态为两个行为的效用值的平均
154         averNewState = (Q[newState.X+X_SUPPORT][newState.Y+Y_SUPPORT][0] +
155                         Q[newState.X+X_SUPPORT][newState.Y+Y_SUPPORT][1]) / 2;
156         //学习->更新Q-Learning记忆表
157         Q[state.X+X_SUPPORT][state.Y+Y_SUPPORT][action] +=
158                         learningRate* ((reward+rewardDecay* averNewState)
159                         - Q[state.X+X_SUPPORT][state.Y+Y_SUPPORT][action]);
160         return reward == 1; //若未受到惩罚,则返回1,否则返回0
161     }
162     //函数功能:显示柱子墙体
163     void CheckWall(COORD wall[])
164     {
165         int i;
166         HideCursor();                     //隐藏光标
167         COORD temp = {wall[2].X + DIS, rand()%13 + 5};//随机产生一个新的柱子
168         if (wall[0].X < 10)               //超出预设的左边界
169         {
170             wall[0] = wall[1];            //最左侧的柱子墙消失,第二个柱子变成第一个
171             wall[1] = wall[2];            //第三个柱子变成第二个
172             wall[2] = temp;               //新产生的柱子变成第三个
173         }
174         for (i=0; i<3; ++i)               //每次显示三个柱子墙
175         {
176             //显示上半部分柱子墙
```

```
177            temp.X = wall[i].X + 1;//向右缩进一格显示图案
178            SetConsoleColor(0x0C);//设置黑色背景,亮红色前景
179            for (temp.Y=2; temp.Y<wall[i].Y; temp.Y++)//从第2行开始显示
180            {
181                Gotoxy(temp.X, temp.Y);
182                printf("■■■■■");
183            }
184            temp.X--;              //向左移动一格显示图案
185            Gotoxy(temp.X, temp.Y);
186            printf("■■■■■■");
187            //显示下半部分柱子墙
188            temp.Y += BLAN;
189            Gotoxy(temp.X, temp.Y);
190            printf("■■■■■■");
191            temp.X++;              //向右缩进一格显示图案
192            temp.Y++;              //在下一行显示下面的图案
193            for (; (temp.Y)<26; temp.Y++)     //一直显示到第25行
194            {
195                Gotoxy(temp.X, temp.Y);
196                printf("■■■■■");
197            }
198        }
199    }
200    //函数功能:显示小鸟
201    void PrtBird(BIRD *bird)
202    {
203        SetConsoleColor(0x0E);     //设置黑色背景,亮黄色前景
204        Gotoxy(bird->pos.X, bird->pos.Y);//Position(bird->pos);
205        printf("O->");                 //显示小鸟
206    }
207    //函数功能:检测小鸟是否碰到墙体或者超出上下边界,是则返回0,否则分数加1并返回1
208    int CheckWin(COORD *wall, BIRD *bird)
209    {
210        if (bird->pos.X >= wall->X)//小鸟的横坐标进入柱子坐标范围
211        {
```

```
212             if (bird->pos.Y <= wall->Y || bird->pos.Y >= wall->Y + BLAN)
213             {
214                 return 0;                    //小鸟的纵坐标碰到上下柱子,则返回 0
215             }
216         }
217         if (bird->pos.Y < 1 || bird->pos.Y > 26)
218         {
219             return 0;                        //小鸟的位置超出上下边界,则返回 0
220         }
221         (bird->score)++;                     //否则加 1 分
222         return 1;
223     }
224     //函数功能:显示上下边界和分数
225     void Begin(BIRD *bird)
226     {
227         system("cls");
228         Gotoxy(0, 26); //第 26 行显示下边界
229         printf("================================"
230                "================================");
231         Gotoxy(0, 1); //第 1 行显示上边界
232         printf("================================"
233                "================================");
234         printf("\n% 4d", bird->score);//第 1 行显示分数
235     }
236     //函数功能:定位光标
237     void Gotoxy(int x, int y)
238     {
239         COORD pos = {x, y};
240         HANDLE hOutput = GetStdHandle(STD_OUTPUT_HANDLE);//获得输出设备句柄
241         SetConsoleCursorPosition(hOutput, pos);          //定位光标位置
242     }
243     //函数功能:设置颜色
244     //一共有 16 种文字颜色,16 种背景颜色,组合有 256 种。传入的值应当小于 256
245     //字节的低四位控制前景色,高四位控制背景色,高亮+红+绿+蓝
246     BOOL SetConsoleColor(unsigned int wAttributes)
```

```
247     {
248         HANDLE hOutput = GetStdHandle(STD_OUTPUT_HANDLE);//获取输出设备句柄
249         if (hOutput == INVALID_HANDLE_VALUE)
250         {
251             return FALSE;
252         }
253         return SetConsoleTextAttribute(hOutput, wAttributes);//设置颜色
254     }
255     //函数功能:隐藏光标,避免闪屏现象,提高游戏体验
256     void HideCursor()
257     {
258         HANDLE handle = GetStdHandle(STD_OUTPUT_HANDLE);//获取输出设备句柄
259         CONSOLE_CURSOR_INFO CursorInfo;
260         GetConsoleCursorInfo(handle, &CursorInfo);    //获取控制台光标信息
261         CursorInfo.bVisible = 0;                      //隐藏控制台光标
262         SetConsoleCursorInfo(handle, &CursorInfo);    //设置控制台光标状态
263     }
```

加入命令行参数后可以进入人工智能模式,人工智能模式下的运行结果如图1-16所示。

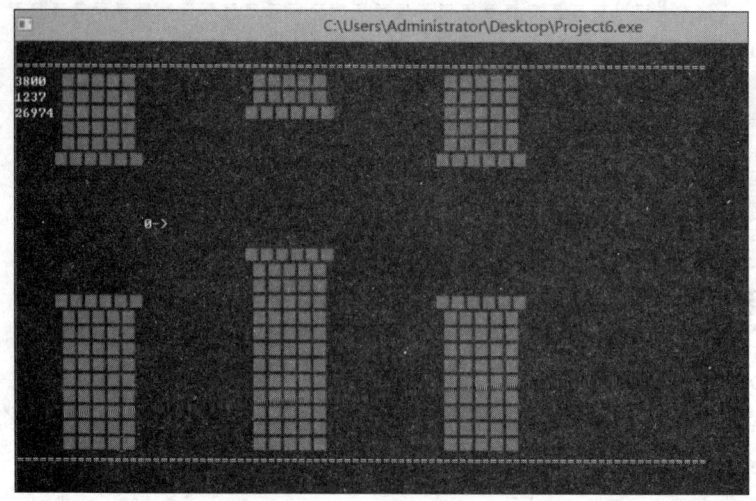

图1-16 运行结果

可以看出,经过1000多个回合后,小鸟已经变得非常"聪明"了,可以获得人类玩家很难达到的上万分。

第 2 章 实验指导

2.1 VS2017 集成开发环境的使用与调试方法

Microsoft Visual Studio(简称 VS)是目前流行的由美国微软公司开发的 Windows 平台应用程序的集成开发环境,它不仅支持 C++语言,也兼容 C 语言的编程。VS 功能强大,其免费社区版在功能上与专业版相同。目前最新的免费社区版是 Visual Studio Community 2017,其安装程序可从微软官网直接下载。本节将介绍如何在 Visual Studio Community 2017(简称 VS2017)下开发和调试 C 语言程序。

2.1.1 创建项目

在 VS 中,解决方案(Solution)是最大的管理单位,一个解决方案可以包含多个项目(Project)。以创建一个包含 Test1 项目的 VSTest 解决方案为例,其基本步骤如下。

(1)进入 VS2017 环境,创建 C 语言控制台应用程序,选择"文件"→"新建"→"项目"菜单,如图 2-1 所示。

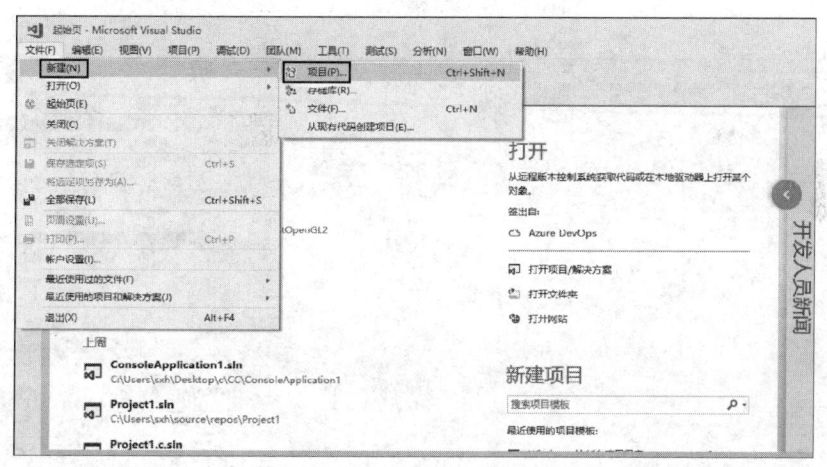

图 2-1 在 VS 中创建项目

(2)这时会弹出"新建项目"对话框,如图 2-2 所示,选择"Visual C++"→"空项目",在文本框中输入项目名称 Test1、解决方案名称 VSTest,并选择保存路径为 C:\Users\sxh\Desktop\c\,然后单击"确定"按钮，VS 开始自动生成一个没有任何代码文件的空项目，然后自动进入如图 2-3 所示的 IDE 主界面，此时我们会在 C:\Users\sxh\Desktop\c\VSTest 文件夹下发现 VS 的解决方案文件：VSTest.sln，并有子文件夹 Test1，与项目 Test1 对应。

注意：在建立 C 语言项目时，文件名一定要以".c"作为扩展名，否则系统将按扩展名".cpp"保存。所以，在这一步中，我们没有选择"Windows 控制台应用程序"，而是选择了"空项目"。

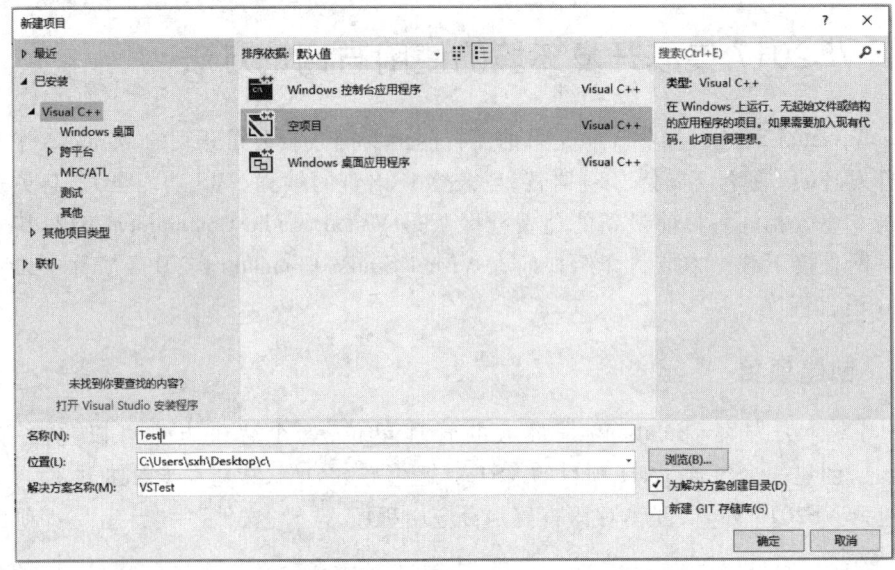

图 2-2 "新建项目"对话框

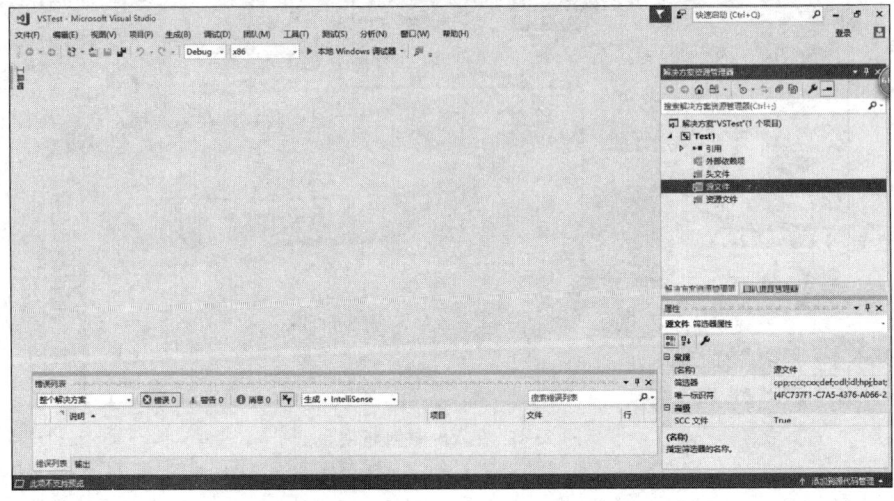

图 2-3 在 VS 中创建的空项目

（3）向空项目中添加代码文件。在"解决方案资源管理器"窗口中鼠标右击"源文件"，选择"添加"→"新建项"，如图2-4所示。也可以鼠标右击工程名字Test1，选择"添加"→"新建项"。

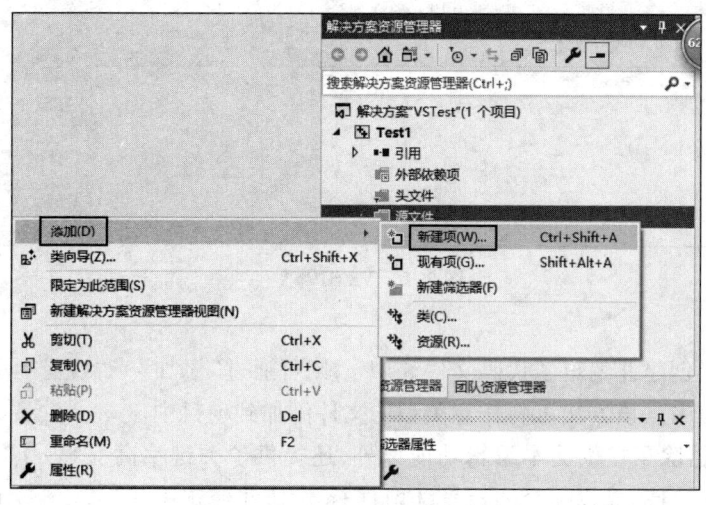

图2-4　向空项目中添加源文件

（4）进入如图2-5所示界面，输入源文件名称，然后单击"添加"按钮，完成添加新代码文件的操作。

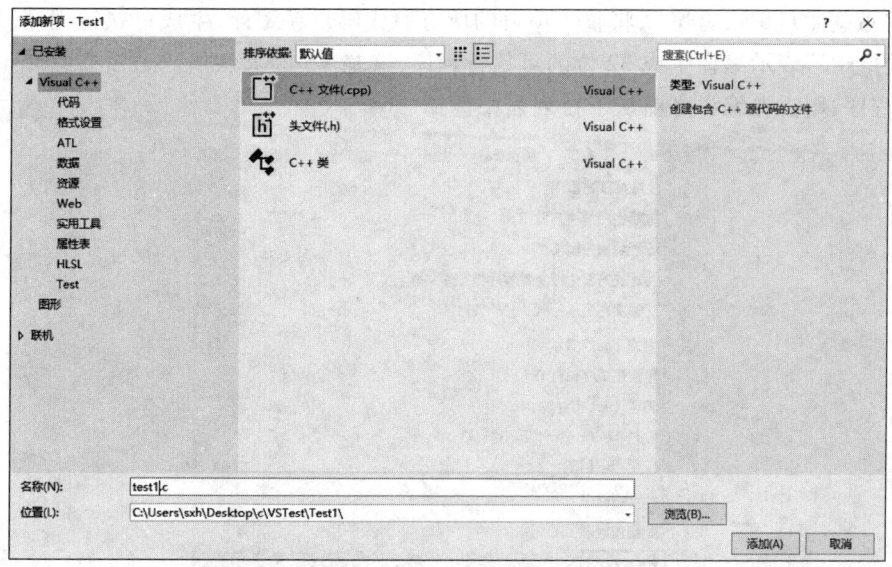

图2-5　向空项目中添加扩展名为c的源文件

添加文件后,可以在 VS 的编辑器中编辑该文件,写入完整的代码,如图 2-6 所示。

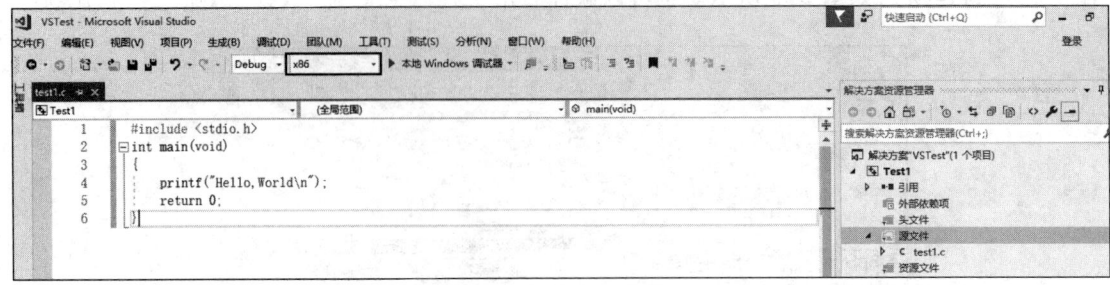

图 2-6　VS 编辑文件

如果事先已经创建并编辑了代码文件 test1.c,则可通过"添加"→"现有项"将源代码文件或头文件添加到工程中。该方法可将任意类型的文件添加到项目中。

VS2017 编辑器除了提供文本编辑功能以外,还提供了关键字高亮显示、代码提示、智能缩进、按快捷键 Ctrl+] 自动寻找配套的括号、Ctrl+k+c 快捷注释选中代码、Ctrl+k+u 取消注释选中代码等许多专门为编写代码而开发的功能。

2.1.2　编译和运行

程序编写完毕,单击"生成"→"编译"菜单或按 Ctrl+F7 快捷键开始编译,如图 2-7 所示。或者单击"重新生成解决方案",将整个项目的所有源代码重新编译,生成可执行程序。注意:图 2-6 圈注的"x86"表示编译生成 32 位的可执行程序,这是 VS 的默认值。若需要编译生成 64 位的可执行程序,则需在编译之前从下拉列表中选择"x64"。

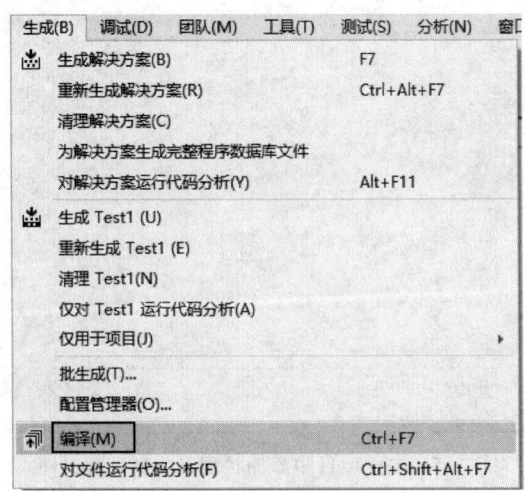

图 2-7　VS 编译程序

单击"编译"后程序没有显示任何错误，只看到了一闪即逝的黑窗口。为了能观察到运行结果，可以在主函数最后的 return 语句之前加一条让操作系统暂停的功能调用语句：

system("PAUSE");

同时，添加文件包含编译命令，在源程序中包含头文件 stdlib.h。然后运行程序，会得到如图 2-8 所示的运行结果。

图 2-8　运行结果

2.1.3　调试程序

在默认情况下，VS 中的程序都是采用调试模式进行编译的。如图 2-9 所示，单击 Debug 右侧的下三角按钮，在弹出的组合框中有 Debug 和 Release 两个解决方案配置类型选项。用户可以根据需要通过"菜单"→"项目"→"属性"对相关默认设置进行修改。

Debug 通常称为调试版本，该模式下生成的编译结果包含调试信息，并且不作任何优化，便于程序员调试程序，但程序运行速度慢。Release 称为发布版本，是在程序编译过程中，优化代码执行速度或者代码大小后生成的可执行文件，功能和计算结果不变，但优化后的程序代码与原始程序的代码往往不一致，不适合调试程序，也没有调试信息。通常 Debug 版的文件要远远大于 Release 版的文件，一般是在程序开发阶段需要频繁调试时使用 Debug 模式。而完成调试工作后，需要将软件交付给用户时，则采用 Release 模式编译，将生成的 Release 版交给用户使用。

图 2-9　设置调试方式

VS 中的基本调试操作如下：

- ▶ 按钮表示开始或继续调试，快捷键 F5；
- ↓ 按钮表示单步进入或逐语句执行，可以跟进函数内部调试，快捷键 F11；
- ↷ 按钮表示单步执行或逐过程执行，可以直接得到函数结果，快捷键 F10；

- ■ 按钮表示停止调试,快捷键 Shift+F5;
- ↻ 按钮表示重新开始,快捷键 Ctrl+ Shift+F5;
- ↑ 按钮表示跳出函数。

注意,在某些笔记本电脑上使用这些快捷功能键时,需要同时按下 Fn 键。

下面,通过一个例子来介绍 C 语言程序的调试方法。

【例 2.1】下面程序含有错误,请通过分析和调试程序,发现并改正其中的错误,使其正确实现求数组 a 中最小值的功能。

```
1    #include <stdio.h>
2    #define ARRSIZE 5
3    int  FindMin(int a[], int n);
4    int main(void)
5    {
6        int min;
7        int a[ARRSIZE] = {5,4,3,2,1};
8        min = FindMin(a, ARRSIZE);
9        printf("min=%d\n", min);
10       return 0;
11   }
12   int FindMin(int a[], int n)
13   {
14       int min, j;
15       for (j = 1; j < n; j++)
16       {
17           if (a[j] < min)
18           {
19               min = a[j];
20           }
21       }
22       return min;
23   }
```

编译程序后,出现错误,显示"使用了未初始化的局部变量'min'",如图 2-10 所示。

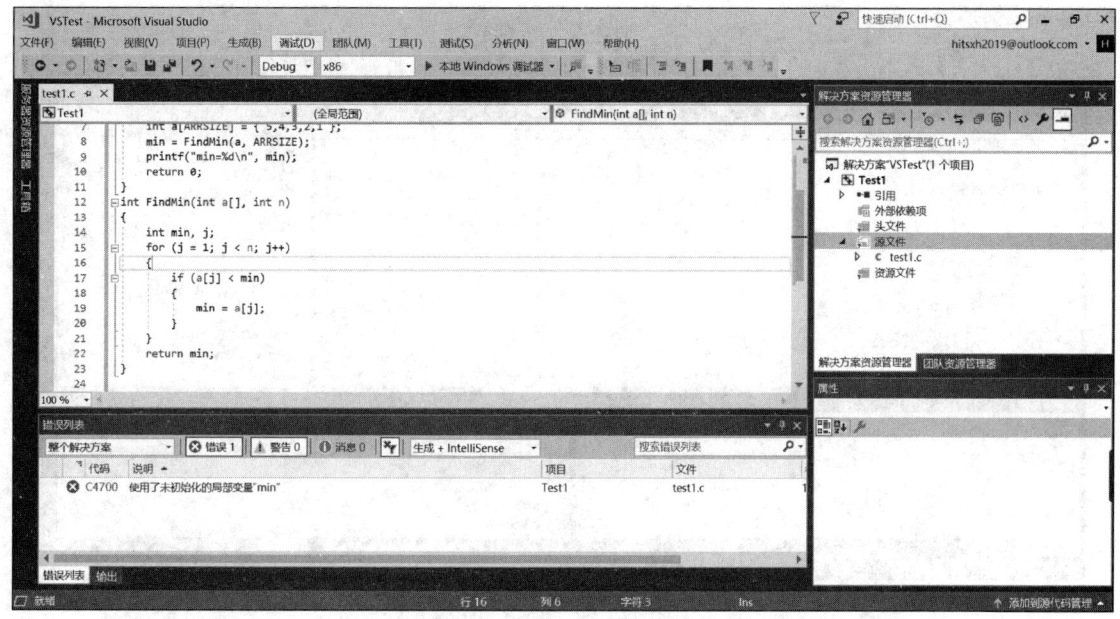

图 2-10　编译出现错误

根据编译错误提示，将第 14 行语句的变量 min 初始化为 a[0]，即

int min = a[0], j;

重新编译程序，不再有任何错误，如图 2-11 所示。

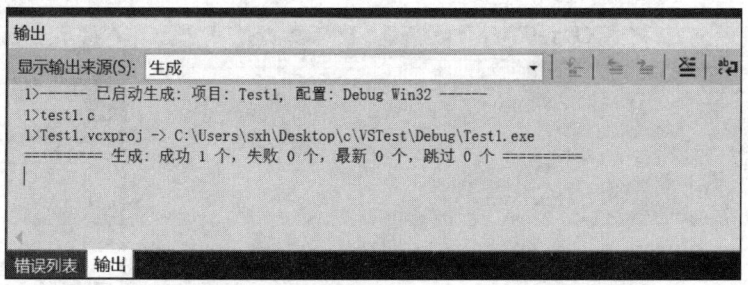

图 2-11　程序编译成功

如图 2-12 所示，单击按钮 ![] 逐语句执行，此时会在即将执行的语句编号前面显示一个黄色的箭头。

如果想进入自定义函数 FindMin( ) 去单步执行，则继续单击按钮 ![]，此时将自动进入函数开始逐语句执行，如图 2-13 所示。若怀疑某个自定义函数有错误，想进一步分析为何执行完函

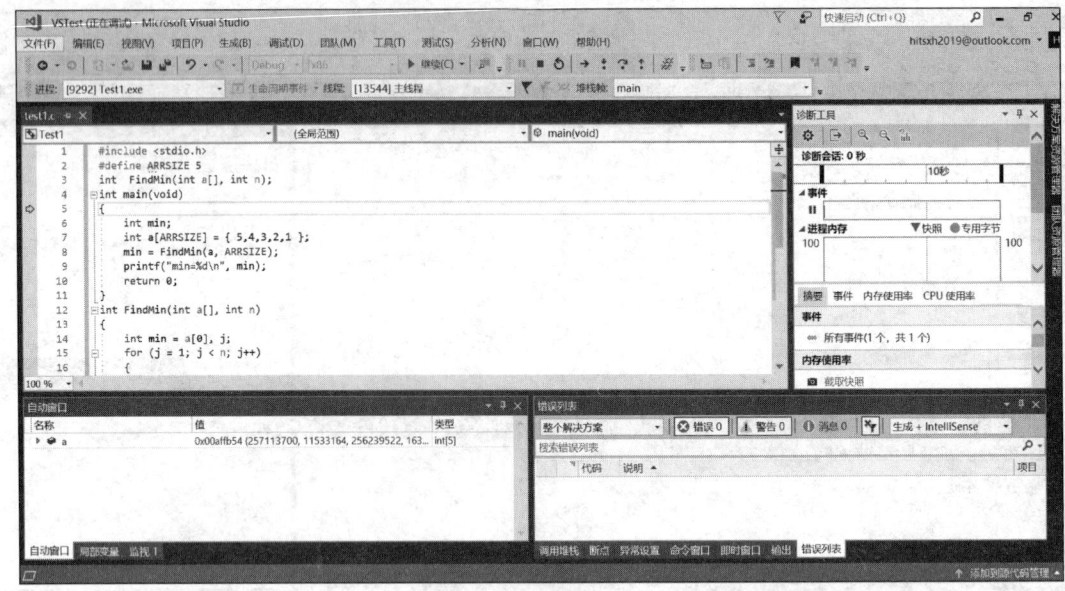

图 2-12　单步逐语句执行

数调用后得到的结果是错误的,则需进入函数内部跟踪程序的运行情况。一般而言,调试程序时,首先要分析出可疑函数,然后跟踪至该函数内部,最后在该函数内部进行单步调试。

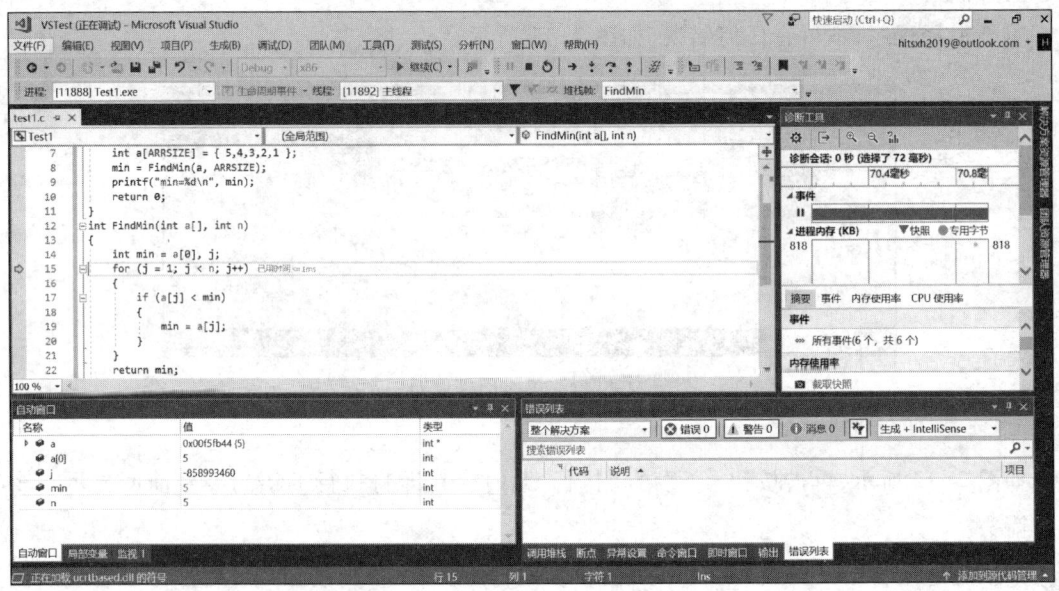

图 2-13　单步逐语句进入函数执行

如果不想进入自定义函数 FindMin( )去单步执行,则单击按钮 ,开始逐过程执行。

如果想退出函数执行,则单击按钮 ,直接结束函数的执行,返回函数调用结果。

在调试过程中,如果想终止程序的调试,停止运行程序,可以选择"菜单"→"调试"→"停止调试"或按 Shift+F5 组合键或直接单击按钮 。

若希望在程序第 18 行语句暂停,则可在第 18 行语句设置断点,这个功能很有用,可以将精力集中到有问题的地方,从而节省调试时间。

设置断点的方法很简单,只要在左侧浅灰色一栏的第 19 行语句编号前单击鼠标左键,此时这行代码左侧会出现一个红色的圆点,标志着设置断点成功,如图 2-14 所示。在同样位置再按一次鼠标左键,则取消断点。注意,当程序在断点处暂停时,断点所在代码行并未执行。

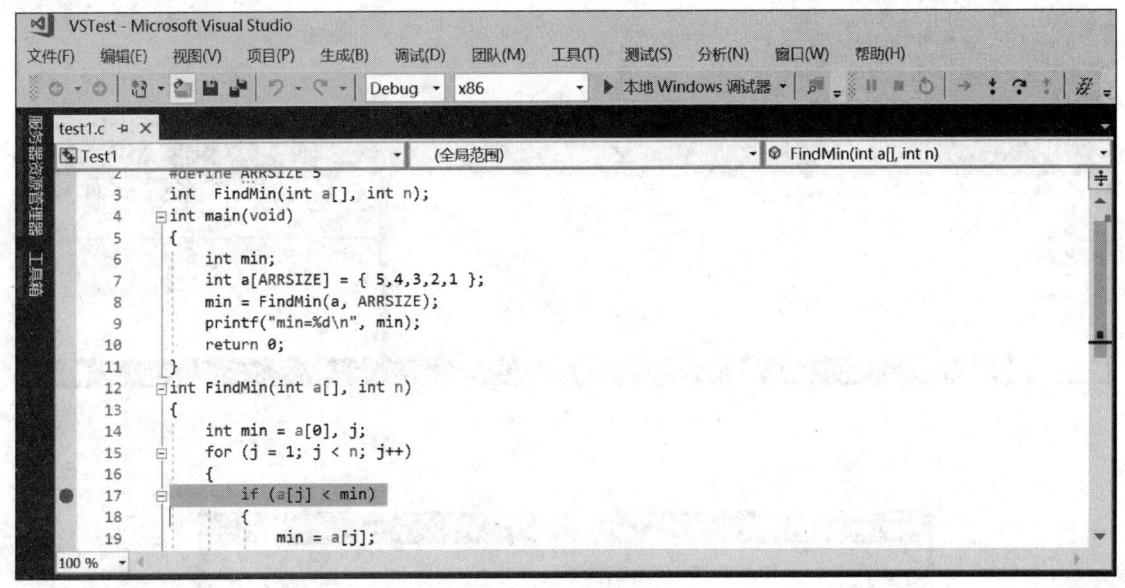

图 2-14　设置断点

按 F5 键或者单击 开始调试程序,遇到断点时程序暂停,进入跟踪状态,此时在断点的红色实心圆点内会出现一个黄色箭头,指向下一条待执行的语句,如图 2-15 所示。如图 2-16 所示,在中断程序后,VS 中有如下监视窗口:

自动窗口:显示在当前及以前代码行中使用的变量,显示函数的返回值。

局部变量窗口:显示对于当前上下文(通常是当前正在执行的函数)来说位于本地的变量。

监视窗口:可添加需要观察的变量。通过这个窗口可在程序中断时手工修改变量的值。

此外,还有断点查看窗口、输出窗口和即时窗口等。

设置断点或者单步执行程序时,通常需要在监视窗口中观察变量的值,通过观察自动窗口

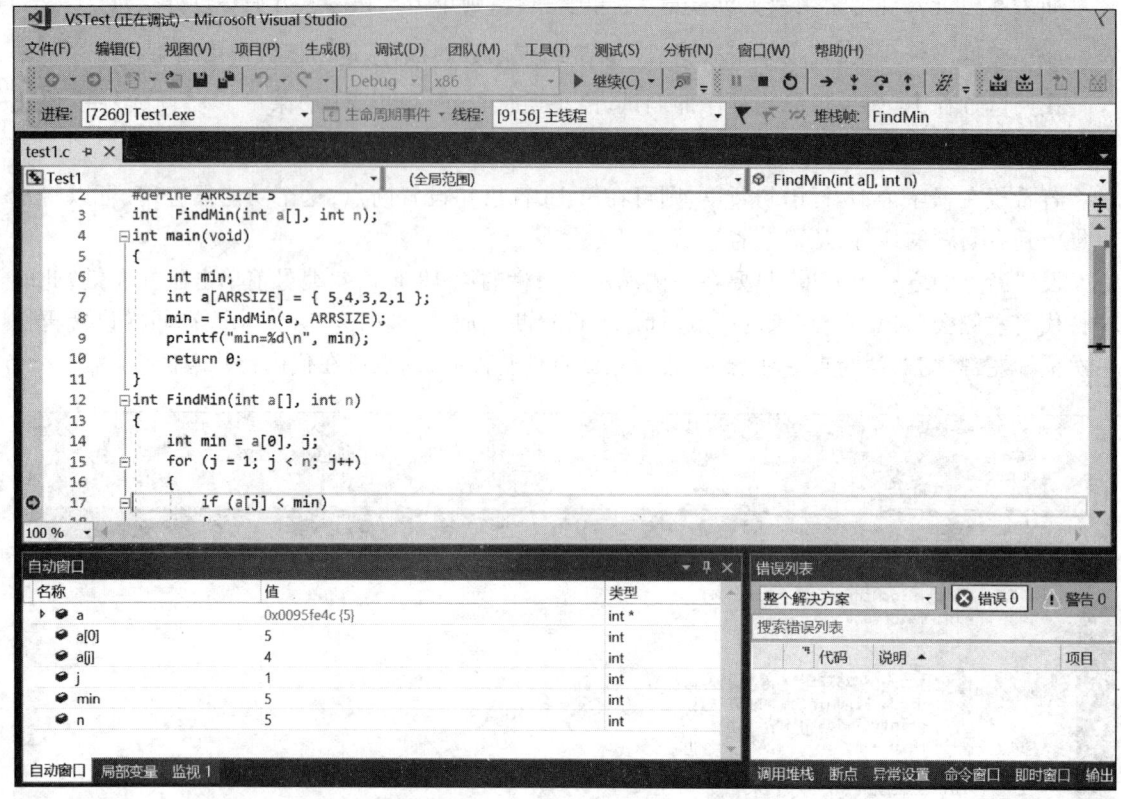

图 2-15 设置断点的调试状态

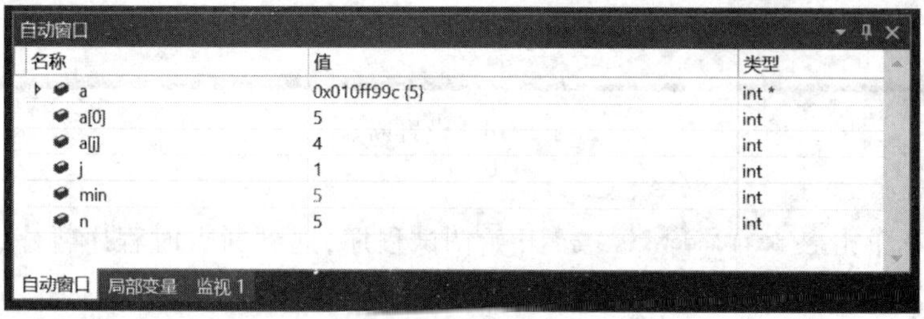

图 2-16 VS 监视窗口

中变量或者表达式的值是否为预期的值,来发现错误所在行并找到错误根源。

如图 2-15 所示,程序在设置为断点的语句处暂停时,表示该行语句还没有被执行,此时下面自动窗口中 min 的值仍是初值 5,继续单步执行,执行完第 17~19 行语句后,min 的值被修改更新为 4。

本例中 for 循环只执行 5 次,可以手动一次一次地去观察,如果是成百上千次循环,则单步执行并不是一个高效的调试方法。此时,可以根据需要采用如下方法控制调试步伐:

① 如果想调试工作继续运行,按 F5 键,程序会一直运行到结束或再次遇到断点。

② 如果只想完成这个循环,则把光标挪到循环语句后的"return min;"这一行,按快捷键 Ctrl+F10 运行到光标所在的行,则黄色箭头停到"return min;"处,直接得到循环执行后的结果。

③ 如果不想逐条跟踪,按快捷键 Shift+F11 可以"运行出函数",直接回到调用者。

④ 设置条件断点。例如在第 17 行设置断点,并期望在 a[j] == 3 时,断点生效,暂停程序运行。首先,将光标移到第 17 行,按 F9 键设置断点。然后,鼠标右键单击第 17 行左侧的红色实心圆点。在如图 2-17 所示的弹出菜单中选择"条件"选项,在图 2-18 所示的弹出窗口中输入条件 a[j] == 3,条件值设定为默认的"为 true",单击确定完成条件设定。此时,断点图标从红色的实心圆点,变成内带白色加号的红色实心圆点●。

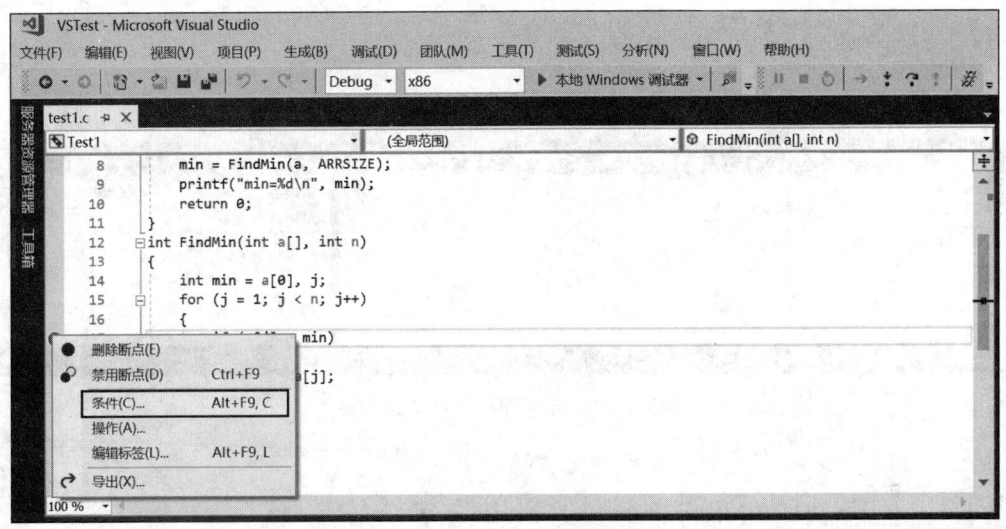

图 2-17 VS 中设置断点属性

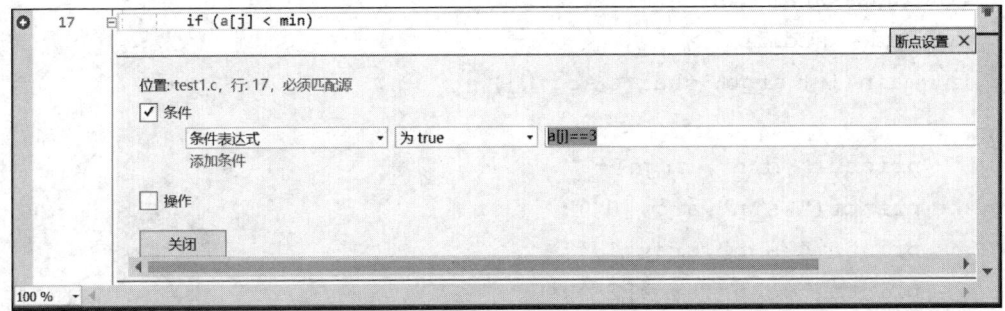

图 2-18 VS 中设置断点条件

然后，重新调试运行，如图 2-19 所示，当程序在第 21 行的条件断点暂停时，即 a[j]==3 时，min 的值为 4。

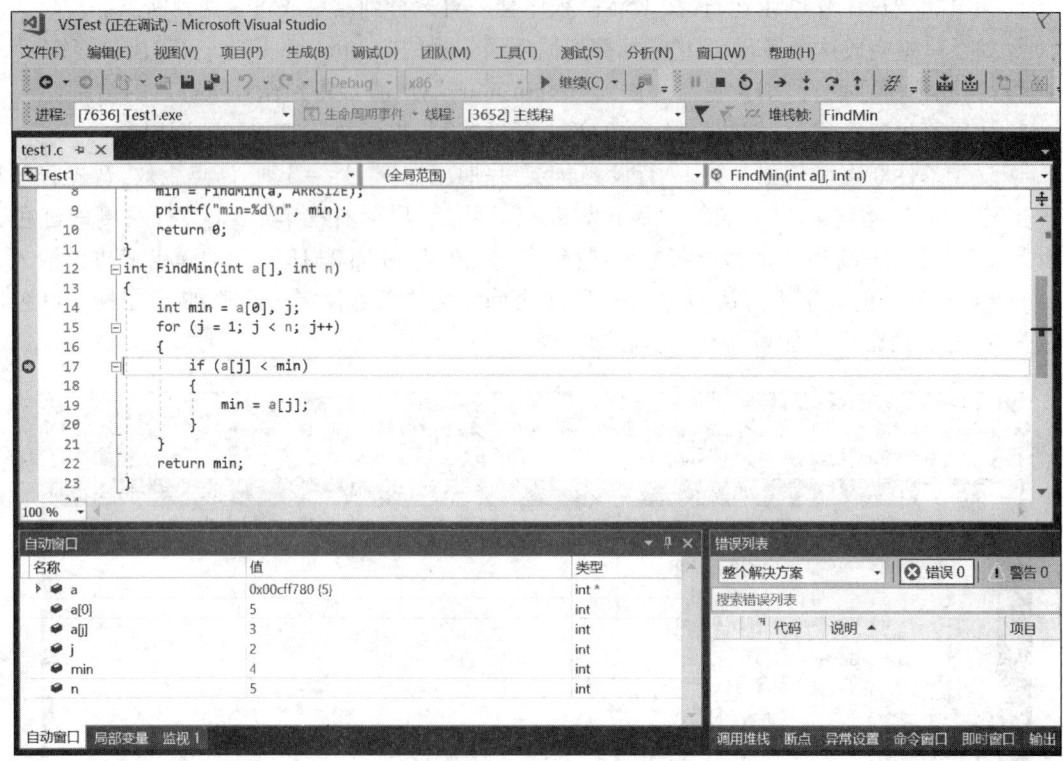

图 2-19　条件断点暂停时的结果

2.1.4　在 VS2017 中执行带参数的 main 函数

【例 2.2】带参数的 main 函数程序实例。

```
1    #include <stdio.h>
2    #include <stdlib.h>
3    int main(int argc, char* argv[])
4    {
5        printf("%d\n", argc);
6        printf("%s\n",argv[0]);
7        printf("%s\n",argv[1]);
8        printf("%s\n",argv[2]);
9        system("PAUSE");
```

```
10      return 0;
11   }
```

main 函数参数列表中的 argc 表示命令行参数的个数，argv 表示传入的参数，命令行参数以字符串形式存储在 argv 指针数组中。调试时需设计 Debug 参数将参数传入进 main 函数。

首先，在现有解决方案 VSTest 中添加新的项目 Test2，右键单击"解决方案 VSTest"→"添加"→"新建项目"，如图 2-20 所示。

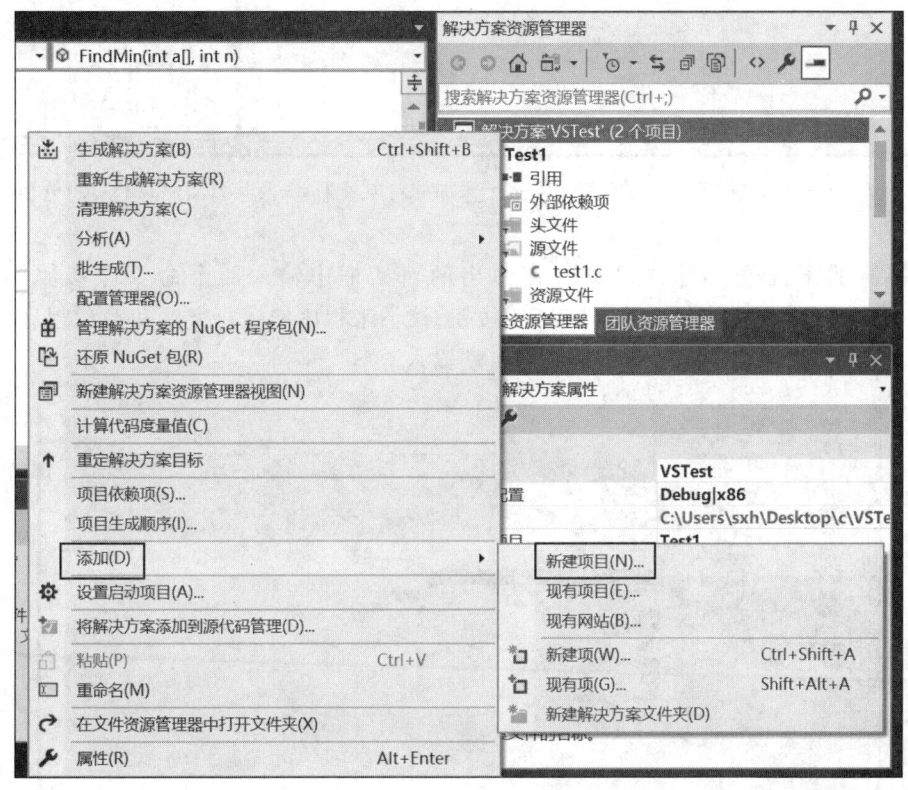

图 2-20　VS 中在原有解决方案上添加新项目

后续步骤和图 2-2~图 2-6 相同，输入项目名 Test2。添加完项目 Test2 后，在解决方案 VSTest 的文件夹中可以发现有两个子文件夹 Test1 和 Test2。在项目名 Test2 上单击鼠标右键，选择"添加"→"新建项"，用与图 2-6 类似的方法添加源代码文件 test2.c，并将例 2.2 源代码完整输入，结果如图 2-21 所示。

若想调试运行解决方案中的某一个项目时，需要在该项目名上单击鼠标右键，在弹出菜单中选择"设为启动项目"，否则运行的将一直是之前的项目。现在，将 Test2 设定为启动项。

在运行该程序之前，先选择"项目"→"属性"菜单项，如图 2-22 所示。单击"调试"→"命

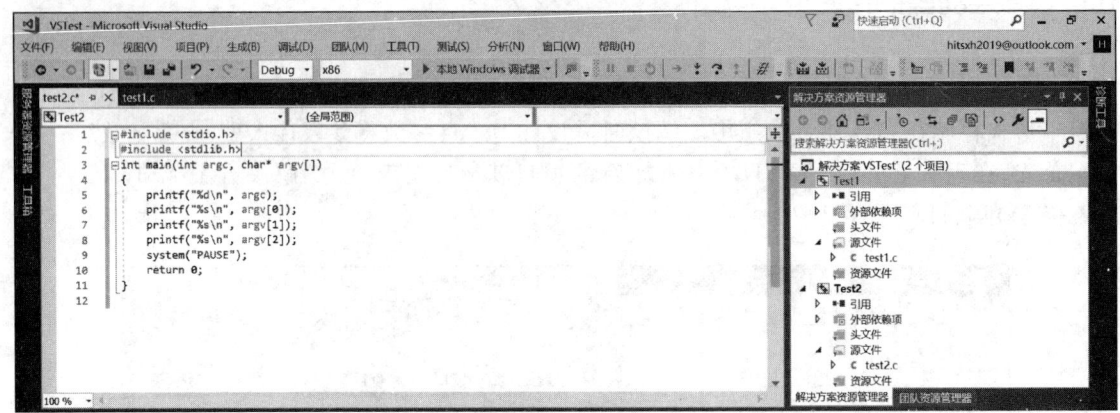

图 2-21　VS 中在原有解决方案上添加的新项目 Test2 及其源文件 test2.c

令参数"右侧的下拉框,选择"编辑",在弹出的对话框中输入两个命令行参数"Hello"和"World",如图 2-23 所示。然后单击"确定"按钮,接下来程序的运行方法和普通程序就没什么两样了,命令行参数会随着程序的运行而被自动输入。

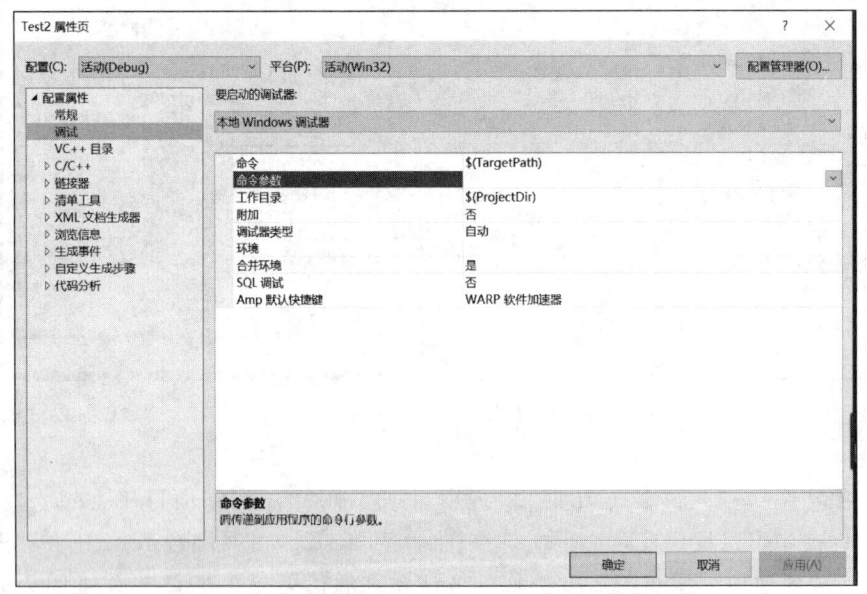

图 2-22　VS 中设置带参数的 main 函数的命令行参数

注意,因为"解决方案 VSTest"中有两个项目,默认启动的是原来的项目 Test1,为了让当前运行的项目是新添加的项目 Test2,需要将 Test2 设置为启动的项目。如图 2-24 所示,在 VS 的

2.1 VS2017 集成开发环境的使用与调试方法 · 245

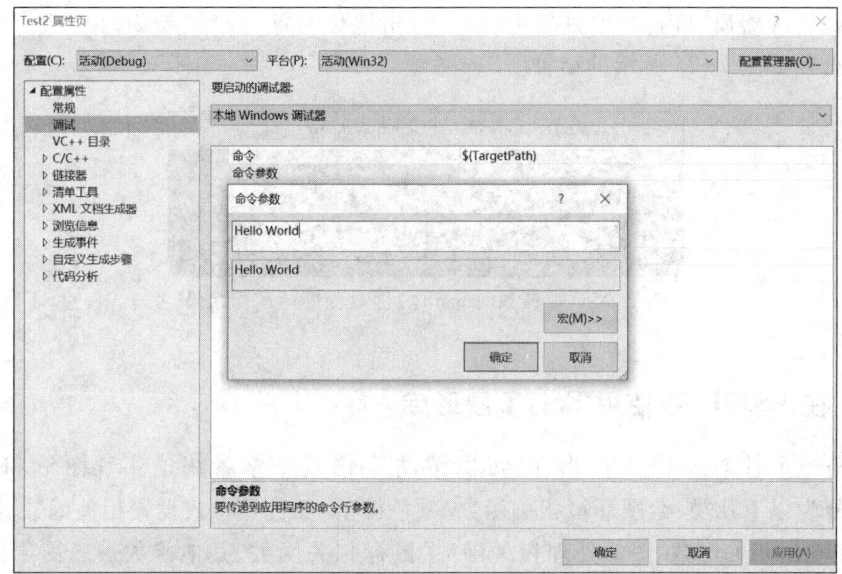

图 2-23 VS 中输入 main 函数命令行参数的值

图 2-24 VS 中将新添加的项目 Test2 设为启动项目

解决方案资源管理器窗口内,在项目名 Test2 上单击鼠标右键,选择"设为启动项目",这样再运行程序就会得到如图 2-25 所示的结果。

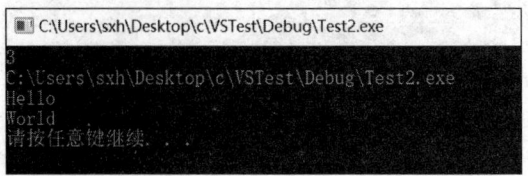

图 2-25　带参数的 main( ) 函数程序的运行结果

2.1.5　在 VS2017 中使用 EasyX 图形库

EasyX 是一个针对 C++的图形库,可以帮助 C 语言初学者快速实现图形和游戏编程。EasyX 函数分为以下几类:绘图环境相关函数、颜色模型、颜色及样式设置相关函数、绘制图形相关函数、文字输出相关函数、图像处理相关函数、鼠标相关函数、其他函数等。使用这些函数可以很方便地绘制各种图形、完成图像处理以及对图形控制等操作。相关函数的使用请上网查阅 EasyX 帮助文档。

在使用前,需要到 EasyX 官网下载与所用的 VS 版本对应的 EasyX 安装文件。如图 2-26 所示,对于 VS2017 可以选择下载 EasyX2018 春分版。下载后的文件名为"EasyX_2018 春分版.exe",安装界面如图 2-27 所示。

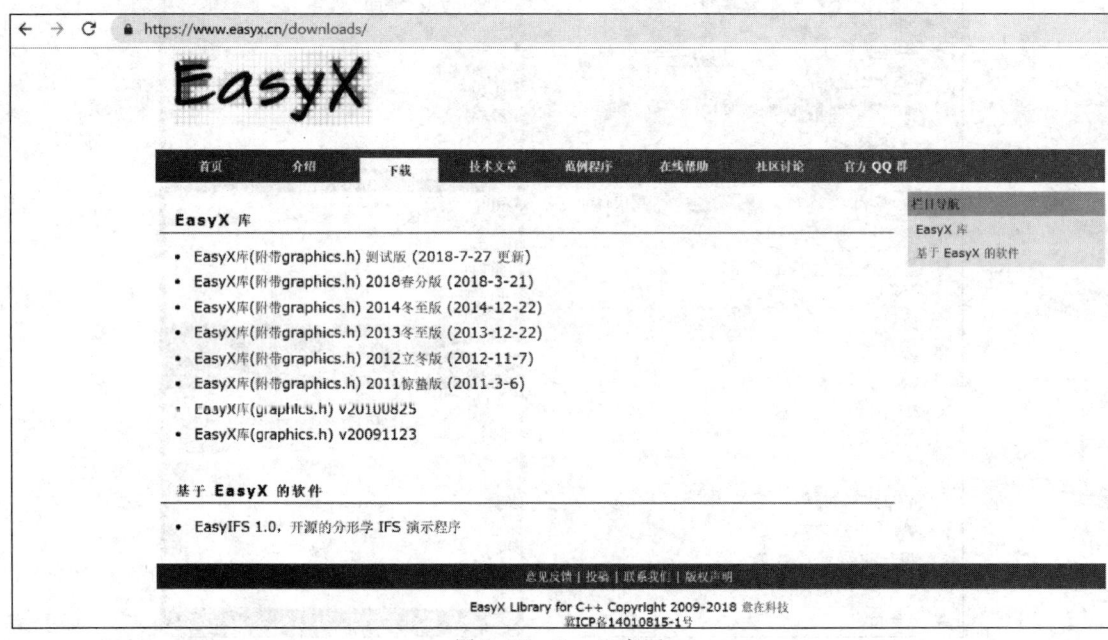

图 2-26　EasyX 官网

图 2-27　EasyX 安装界面

单击"下一步"按钮,进入安装向导界面,如图 2-28 所示。然后选择 Visual C++ 2017 这一项进行安装。当出现"安装成功"提示框后,再单击图 2-28 中"关闭"按钮,安装完成。

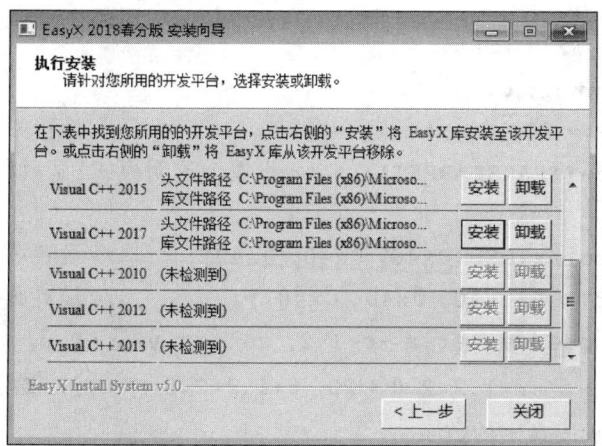

图 2-28　EasyX 的安装向导

例如,下面是用 EasyX 库图形函数绘制实时时钟的参考程序:

```
1    #include "pch.h"      //注意这条语句一定要放在最前面
2    #include <graphics.h>
3    #include <stdlib.h>
4    #include <stdio.h>
5    #include <time.h>
```

```c
6    #include <math.h>
7    #include <conio.h>
8    #define PI 3.14159265359
9    //函数功能:根据圆心坐标、半径 r 和角度 rad 计算点的坐标位置
10   POINT GetPos(POINT center, double rad, double r)
11   {
12       POINT pos;
13       pos.x = sin(rad)*r + center.x;
14       pos.y = -cos(rad)*r + center.y;
15       return pos;
16   }
17   //函数功能:绘制时钟
18   void DrawClock(void)
19   {
20       double pi2 = PI*2, h, m, s, r = 150;
21       time_t t_now;
22       char str[32];
23       POINT center, p;
24       center.x = 200, center.y = 200;            //设置中心坐标
25       setbkmode(TRANSPARENT);      //设置为透明模式,显示数字时保持背景色不变
26
27       setfillcolor(RGB(0x40, 0x40, 0x40));       //设置填充色为浅灰
28       setcolor(RGB(0x40, 0x40, 0x40));           //设置画线颜色为浅灰
29       fillellipse(center.x -r*1.2, center.y -r*1.2,
30                   r*1.2*2.0 + 20, r*1.2*2.0 + 30);//绘制时钟的边框
31       //绘制时钟表盘上的数字
32       setcolor(WHITE);                           //设置字体颜色为白色
33       for (int num = 1; num <= 12; ++num)
34       {
35           p = GetPos(center, num*pi2 / 12, r);   //获取表盘上每个刻度的位置
36           outtextxy((int)p.x, (int)p.y, _T("*"));     //输出表盘上的刻度
37       }
38       time(&t_now);                              //获取当前的系统时间
39       struct tm t;
```

```c
40          localtime_s(&t, &t_now);                    //获取本地的日历时间
41
42          setcolor(RGB(0x0, 0x0, 0xff));              //设置画线颜色为蓝色
43          setlinestyle(PS_SOLID, 10, NULL);           //设置画线宽度为10
44          h = t.tm_hour + t.tm_min / 60.0;            //计算时间的小时值
45          p = GetPos(center, h *pi2 / 12, r * 0.5);   //获得时针的位置
46          line(p.x, p.y, center.x, center.y);         //绘制时针
47
48          setcolor(RGB(0xff, 0x0, 0xff));             //设置画线颜色为品红色
49          setlinestyle(PS_SOLID, 5, NULL);            //设置画线宽度为5
50          m = t.tm_min + t.tm_sec / 60.0;             //计算时间的分钟值
51          p = GetPos(center, m *pi2 / 60, r *0.9);    //获得分针的位置
52          line(p.x, p.y, center.x, center.y);         //绘制分针
53
54          setcolor(RGB(0xff, 0xff, 0));               //设置画线颜色为黄色
55          setlinestyle(PS_SOLID, 1, NULL);            //设置画线宽度为1
56          s = t.tm_sec;                               //计算时间的秒值
57          p = GetPos(center, s *pi2 / 60, r *1.0);    //获得秒针的位置
58          line(p.x, p.y, center.x, center.y);         //绘制秒针
59      }
60      // 程序主循环
61      void mainloop(void)
62      {
63          while (1)
64          {
65              cleardevice();                          //清屏,以便重新在新的位置绘制图形
66              DrawClock();                            //绘制时钟
67              Sleep(50);                              //控制帧频,延时50ms
68          }
69      }
70      //主函数
71      int main(void)
72      {
73          initgraph(400, 480);                        //初始化图形窗口为400* 480
```

```
74        mainloop();                    //程序主循环
75        closegraph();                  //关闭绘图窗口
76        return 0;
77    }
```

该程序的运行结果如图 2-29 所示。

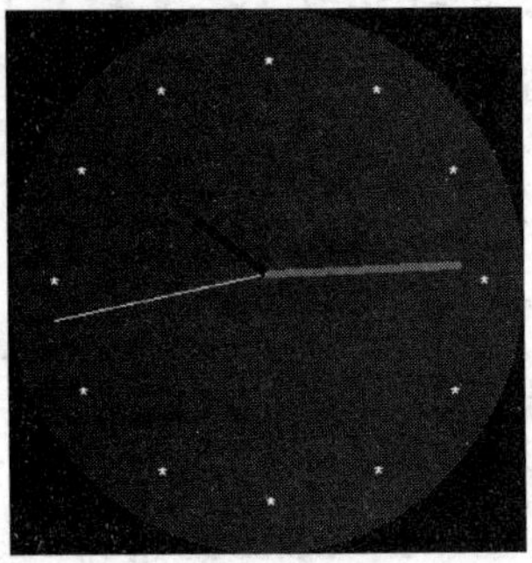

图 2-29 运行结果

2.2 Code::Blocks 集成开发环境的使用与调试方法

对于初学者来说，VS 属于"重量级"的 IDE，而 Code::Blocks（或简写成 CodeBlocks）是一个"轻量级"的开放源码的跨平台 IDE。Code::Blocks 由纯粹的 C/C++语言基于著名的图形界面库 wxWidgets 开发而成，支持 20 多种主流编译器。本书采用开源的 gcc/g++编译器和与之配对的 GDB 调试器。Code::Blocks 还支持插件，使其具有良好的可扩展性。Code::Blocks 提供了控制台应用等许多工程模板，还支持语法彩色醒目显示、代码自动缩进和补全等功能，帮助用户方便快捷地编辑 C/C++源代码。

2.2.1 Code::Blocks 安装

目前，Code::Blocks 的最新版本是 17.12（即 2017 年 12 月份发布的版本），可从 Code::Blocks 官网下载。该网站提供了 Windows、Linux（多种发行版）及 Mac OS X 等系统下的安装文件或源文件。本书使用 Windows 版本的 Code::Blocks。注意下载时请选择带有 MinGW 的版本，否则还需额外安装 Windows 下的 MinGW G++编译器才能使用编译执行功能。前面下载的安装程序已经自带完整的 MinGW 环境，因此无须额外安装 MinGW。

双击下载的文件，就可以开始安装 Code::Blocks 了，主要需要注意以下 3 点。

（1）选择默认的"Full/完整"安装（如图 2-30 所示），避免安装后的软件中缺少插件。

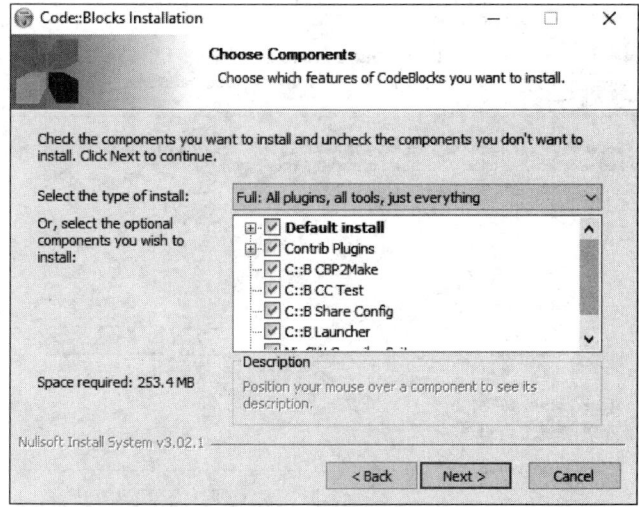

图 2-30　完整安装选项

（2）安装目录最好不要带有空格或汉字。

不要按照默认的带空格的路径 C:\Program Files（x86）CodeBlocks 安装 Code::Blocks（如图 2-31 所示），请单击"Browse/浏览"选择 C 盘的根目录安装（如图 2-32 所示），当然也可以是其他目录，只要安装目录中没有空格或汉字即可，这是因为 MinGW 里的一些命令行工具不支持中文目录和带空格的目录。因此，安装在根目录即可，例如 C:\CodeBlocks。

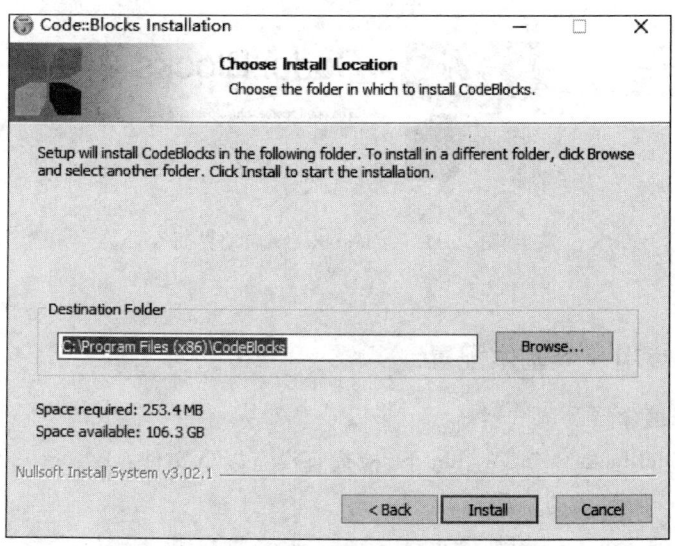

图 2-31　不能选择的安装路径

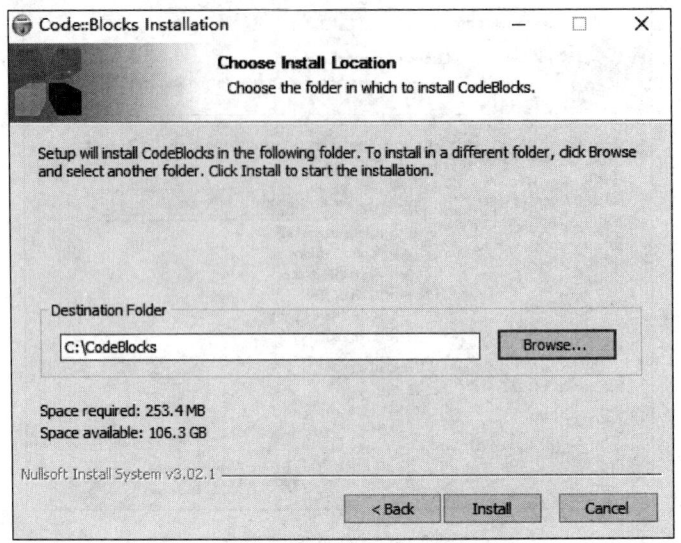

图 2-32　选择根目录作为安装路径

（3）迈克菲等某些杀毒软件可能会与本软件发生冲突，因此建议安装之前卸载迈克菲杀毒软件。

安装结束后，双击桌面上的 Code::Blocks 启动图标，或运行在"开始"菜单里相应的程序启动 Code::Blocks。启动时，能看到如图 2-33 所示的启动界面，就说明安装成功了。

图 2-33　Code::Blocks 启动界面

2.2.2　Code::Blocks 基本配置

（1）配置 G++编译器及调试器。

首先到 X:\CodeBlocks\MinGW\bin 下，检查有没有以下文件：
- mingw32-gcc.exe：C 的编译器。
- mingw32-g++.exe：C++的编译器。
- ar.exe：静态库的连接器。

- gdb.exe：调试器。
- windres.exe：Windows 下资源文件编译器。
- mingw32-make.exe：制作程序。

在选择"Full/完整"安装情况下，通常配置不会有问题。若在使用过程中出现无法编译或调试等问题，可能是编译器或调试器配置的路径不正确造成的，此时可以进行重新配置。首先，单击 Code::Blocks 主菜单"Settings/设置"→"Compiler/编译器"，在出现的对话框中，选中"Toolchain executables/工具链执行程序"选项卡，然后对照图 2-34，检查包括 MinGW 安装路径在内的配置是否正确，若不正确，则重新配置。其次，单击 Code::Blocks 主菜单"Settings/设置"→"Debugger/调试器"，在出现的对话框中，选中"Default/默认"选项卡，然后对照图 2-35，检查包括 gdb.exe 的执行路径在内的配置是否正确，若不正确，则重新配置。

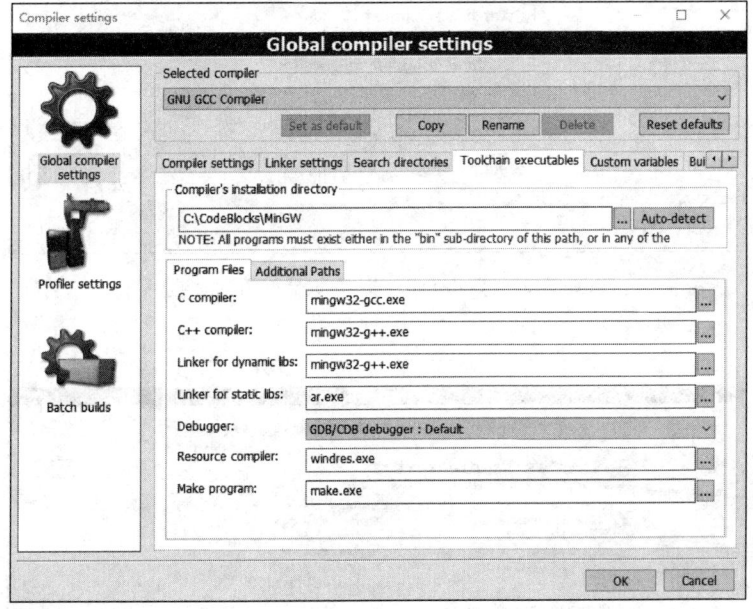

图 2-34　Code::Blocks 编译器配置对话框

（2）配置编辑选项。

若对 Code::Blocks 默认的字体和字号不满意，可以自行修改。具体操作是单击 Code::Blocks 主菜单"Settings/设置"→"Editor/编辑器"选项，出现如图 2-36 所示的对话框后，单击"Choose/选择"选项即可根据个人的喜好选择合适的字体、字号等编辑选项。

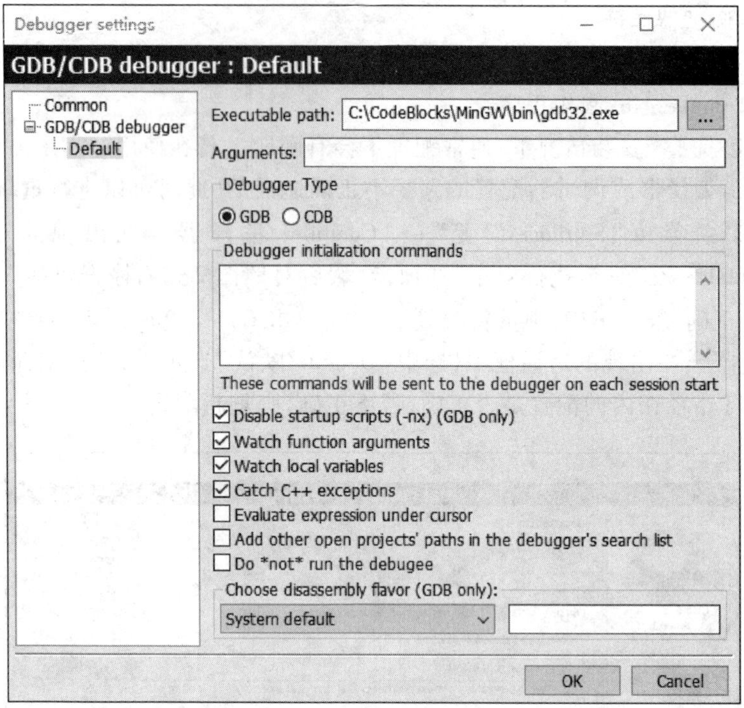

图 2-35　Code::Blocks 调试器配置对话框

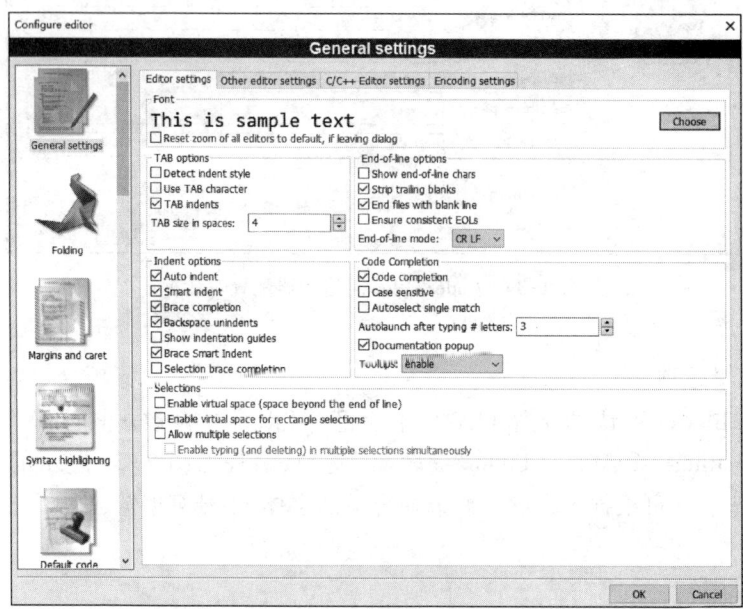

图 2-36　Code::Blocks 编辑配置选项对话框

2.2.3 创建控制台应用程序

Code::Blocks 支持创建多种类型的程序,本书仅介绍如何创建运行于控制台①的程序,即控制台应用程序,这是最基本的应用程序运行模式。

首先,单击主菜单"File/文件"→"New/新建"→"Project/项目"(如图 2-37 所示),或者更简单的,在 Start here 页面上,单击链接"Create a new project/创建一个新的项目"(如图 2-38 所示)。

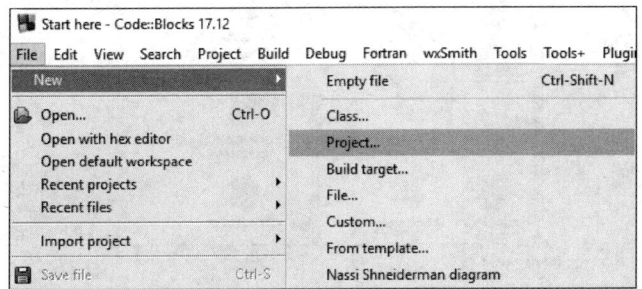

图 2-37 使用菜单功能创建新项目

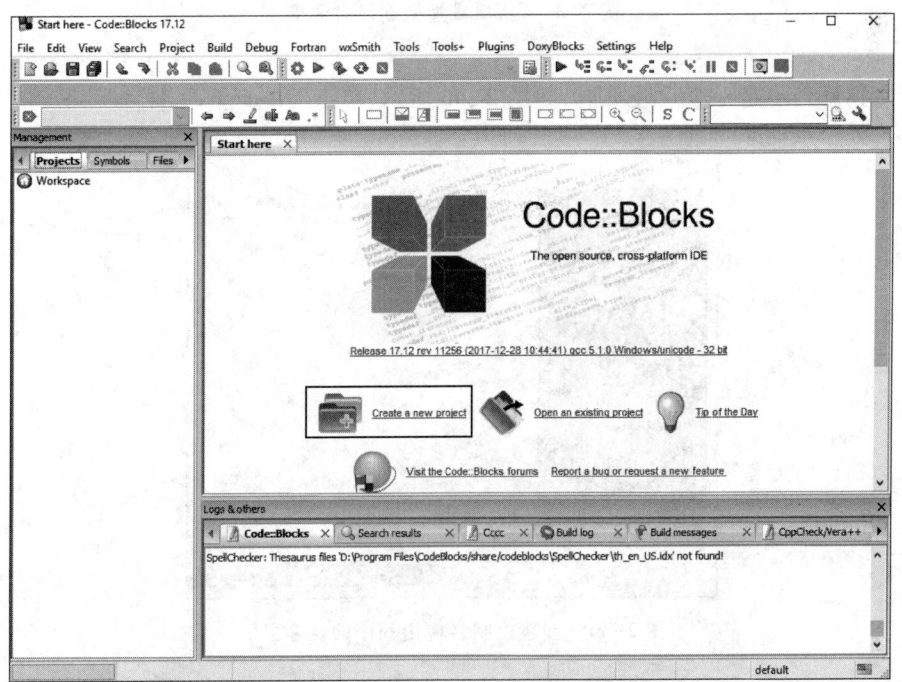

图 2-38 使用 Start here 界面创建新项目

---

① 控制台(Console),又称字符终端,是类似 DOS 的界面,只能显示字符信息。

然后出现如图 2-39 所示的新建项目对话框,选中"Console application/控制台应用程序"之后,单击 Go 按钮,就开始创建控制台应用程序的向导了。

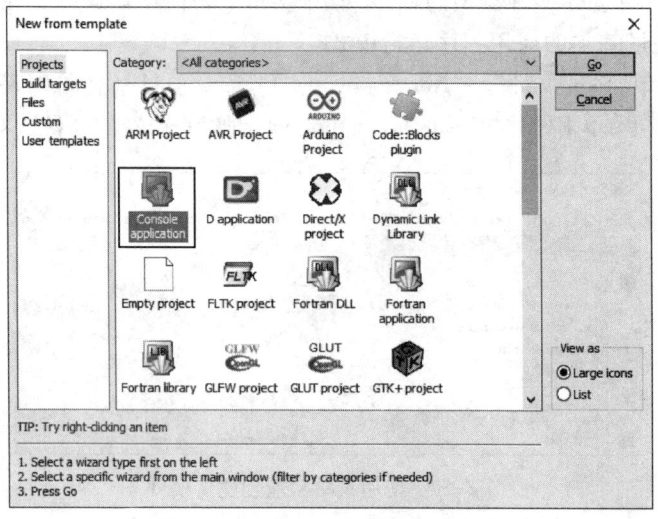

图 2-39　新项目类型选择对话框

(1) 向导第一步是一个欢迎页面,如图 2-40 所示,单击"Next/下一步"按钮。

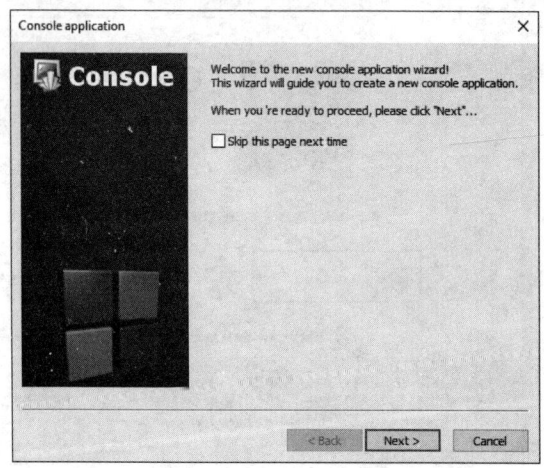

图 2-40　创建控制台应用程序的欢迎界面

(2) 向导第二步如图 2-41 所示,选择 C 创建 C 语言程序。
(3) 输入项目名称(例如 HelloWorld),本项目将创建在以此命名的文件夹中。如图 2-42 所示,其他选项保持默认值,不过最好观察清楚它们所在的位置,特别是第二个选项"Folder to

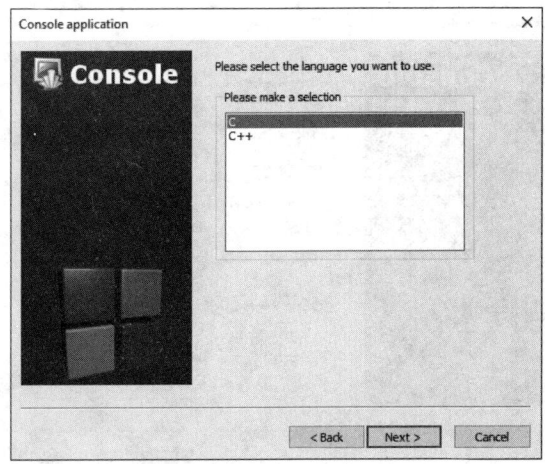

图 2-41　选择编程语言类型

create project in/项目文件夹"指的是项目创建于哪个文件夹下面。这里默认将项目保存在 D:\CodeBlocks 下与项目名称同名的文件夹下。".cbp"是 Code::Blocks 项目文件名的默认后缀。

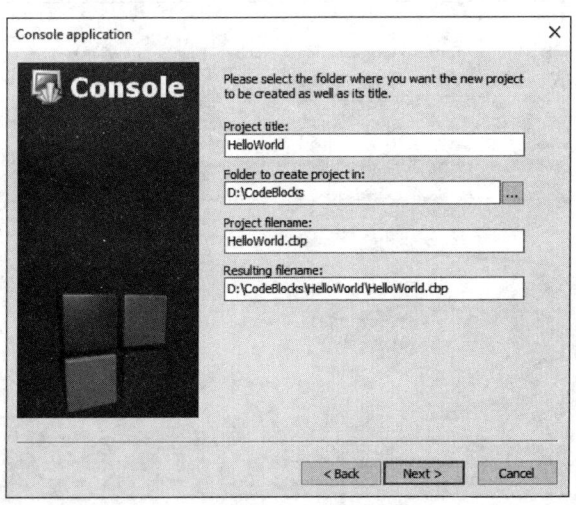

图 2-42　输入项目名称以及创建的位置

(4) 如图 2-43 所示,选择编译器为"GNU GCC Compiler"(默认),其他也都保持默认值。单击"Finish/完成"按钮,结束向导。

此时,在 Code::Blocks 左侧出现项目管理窗口中,在 HelloWorld 项目下的 Sources 中,可以看到在新创建的项目中自动添加了源代码文件 main.c。双击该文件开始编辑,可以发现,

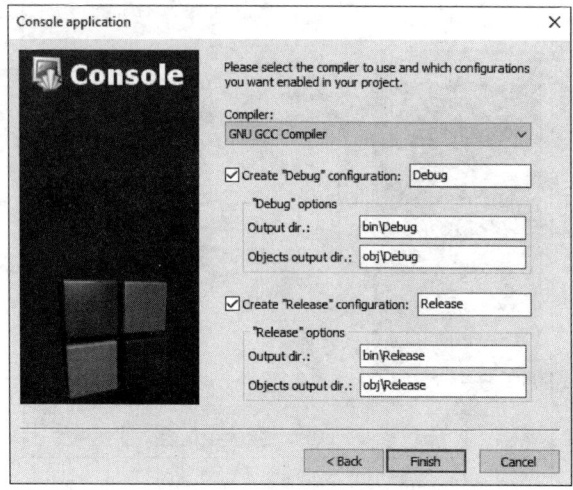

图 2-43　选择编译器类型

Code::Blocks 已经默认生成了一个最简单的输出 "HelloWorld" 的程序，如图 2-44 所示。

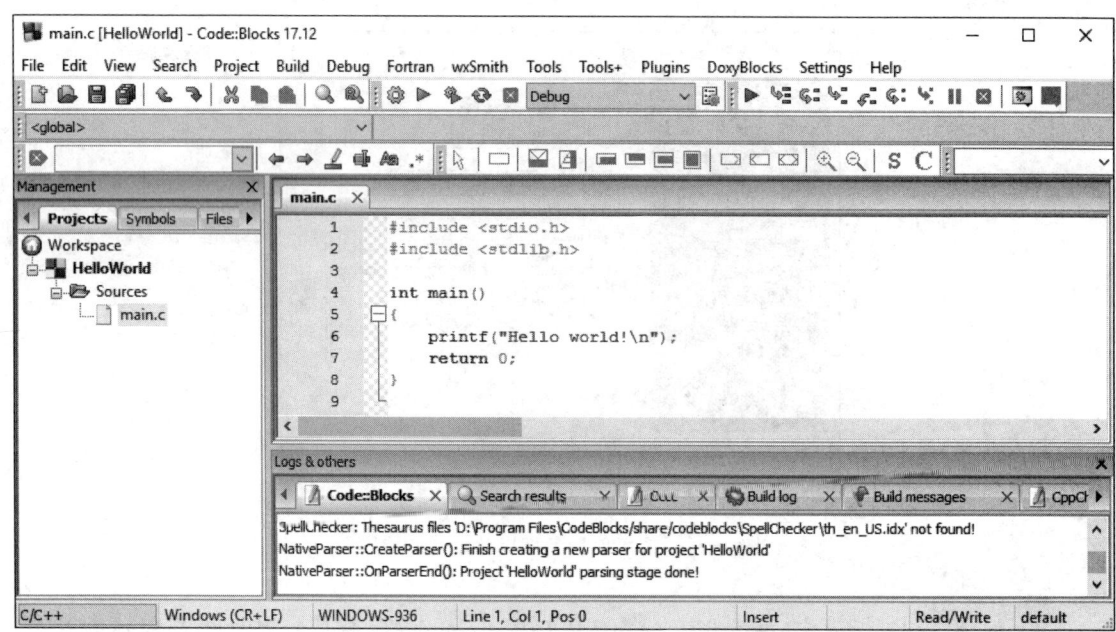

图 2-44　Code::Blocks 代码编辑界面

2.2.4 编译和运行控制台应用程序

编译并运行程序的方法有如下几种：

（1）单击按钮栏的"编译"按钮 或在项目名称的鼠标右键菜单中选择 Build 或 Rebuild，然后单击"运行"按钮 。

（2）直接单击"编译运行"按钮 。

（3）在主菜单"Build/构建"中选择"Build and run/构建并运行"选项，如图 2-45 所示。

（4）使用快捷键 F9（调试运行）。

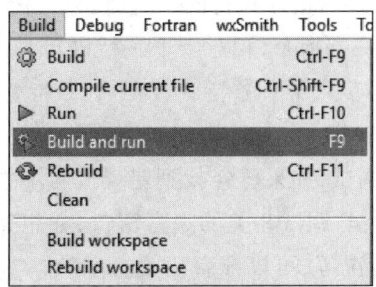

图 2-45　Code::Blocks 的主菜单项<Build>的内容

如果出现如图 2-46 所示运行结果，说明 Code::Blocks 配置正确，这样就可以开始激动人心的编程之旅了。程序运行结束后，会将控制台窗口"冻结"，并且输出程序的用时，等待用户按任意键后，窗口才关闭，这一点比 VS 方便。

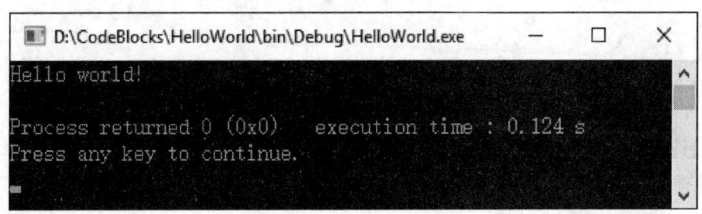

图 2-46　程序运行结果

2.2.5 调试程序（Debug）

Code::Blocks 调试工具按钮如图 2-47 所示。

图 2-47　Code::Blocks 调试工具按钮

从左至右各按钮的功能分别如下:

- ▶（Debug/Continue）:开始和继续调试,若程序在某个断点处中断,单击该按钮后,程序会继续执行,直到遇到下一个断点或程序执行结束。
- （Run to cursor）:执行程序并且在光标所在行中断,当不想设置断点,却又想在某处中断时,可以将光标移动到想要中断的那行代码上,然后使用此功能。
- （Next line）:下一行,执行一行代码并在下一行中断,即使本行含有函数调用,也不会进入函数执行,而是直接跳过去,这是最常用的功能。
- （Step into）:步入,与下一行功能相对,此功能会将控制转入函数执行。
- （Step out）:跳出,当想跳出正在执行的函数时,可以使用此功能。
- （Next instruction）:下一条指令,相对于下一行语句而言,其执行单位更小。
- （Step into instruction）:步入下一条指令,与下一条指令相对,会跳入指令执行。
- （Break debugger）:暂停调试。
- （Stop debugger）:中止调试,如果已经找到错误或者不想继续调试了,可以使用此功能。
- （Debugging windows）:与调试相关的观察窗口,如想查看变量的当前值、CPU 的寄存器状态以及函数调用栈的调用情况等,可以开启相关的窗口。
- （Various info）:信息窗口,开启程序执行时的相关信息窗口。

下面,使用如下代码演示程序的基本调试方法。

```
#include <stdio.h>
#include <stdlib.h>
int add(int para1, int para2)
{
    int a, b;
    a = para1;
    b = para2;
    return a + b;
}
int main(void)
{
    int i;
    i = 1;
    i = 10;
    i = add(3, 4);
    printf("i = %d", i);
    return 0;
}
```

（1）设置断点

断点（Breakpoint）设置是调试器的基本功能之一，可以让程序中断在需要的地方，从而方便其分析。如图 2-48 所示，在代码行号的右侧空白处单击鼠标左键，或在鼠标所处行按 F5 键，出现红色圆点后，即表示在该行成功设置了断点。单击红色圆点后，即可取消断点。

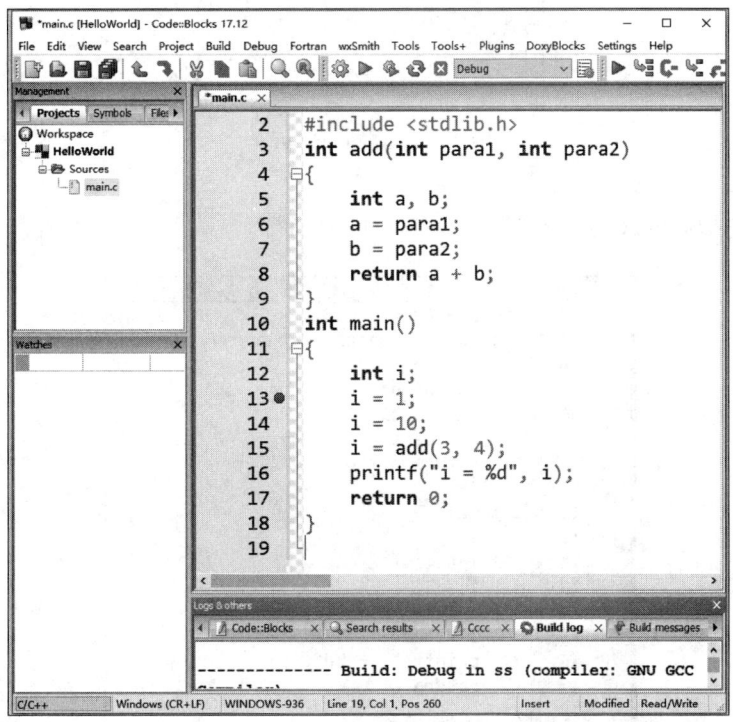

图 2-48　设置断点

（2）开始调试

如图 2-49 所示，"Build target/构建目标"的选项必须是默认的"Debug/调试"，才能进行调试操作。若为"Release/发布"，则需要改为"Debug"。然后单击"Debug/调试"主菜单下的"Start/Continue/开始/继续"选项（如图 2-50 所示），或使用 F8 键开始调试。

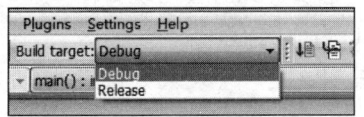

图 2-49　设置编译方式

如图 2-51 所示，此时程序会在遇到的第一个断点处中断，在红色断点圆点内出现一个黄色

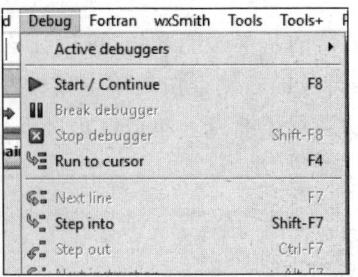

图 2-50 启动调试功能

的小三角,表示它指向的代码行是下一步要执行的语句行。

```
main.c
2   #include <stdlib.h>
3   int add(int para1, int para2)
4   {
5       int a, b;
6       a = para1;
7       b = para2;
8       return a + b;
9   }
10  int main()
11  {
12      int i;
13      i = 1;
14      i = 10;
15      i = add(3, 4);
16      printf("i = %d", i);
17      return 0;
18  }
19
```

图 2-51 调试程序暂停

(3) 观察变量

程序在断点处中断后,需要观察各个变量的值是否是我们预想的。单击如图 2-52 中的工具条按钮后,选择“Watches/观察”选项。此时会出现如图 2-53 所示的变量观察窗口,在其中显示了各个局部变量(这里是变量 i)当前的值。

观察到 i 的当前值为 42,但其实这是一个垃圾数,也称随机数,因为此时第 13 行的赋值操作尚未执行。换个编译器或计算机就有可能得到不同的值。按 F7 键或 ("Next line/下一行"按钮)开始单步执行。黄色箭头立即指向下一条语句“i = 10;”处,而“i = 1;”已经执行完毕了,通过监视窗可以看到 i 的值确实变成了 1。继续按 F7 键,黄色箭头随之逐行下移,i 的值也随之而改变。光标移到“i = add(3, 4);”这一行。此时再按 F7 键,i 的值变为 7,说明 add()函数返回

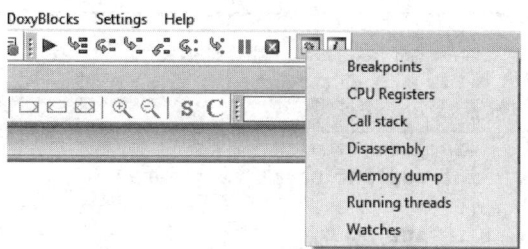

图 2-52 启动变量观察窗口

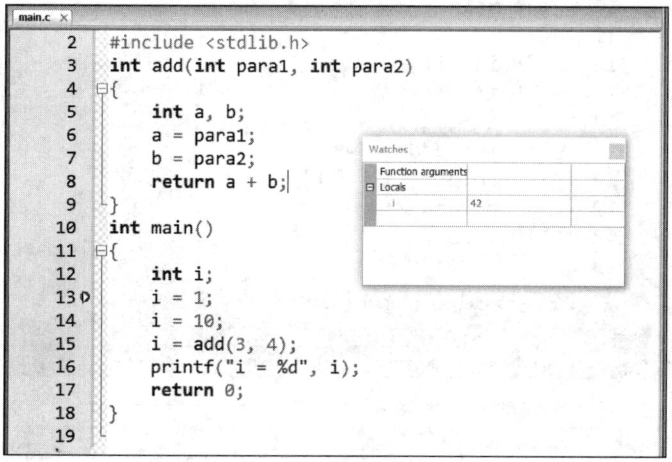

图 2-53 变量观察窗口

了 7,再按 F7 键,执行第 16 行的输出语句,向屏幕输出变量 i 的值后,黄色箭头停到 "return 0;"处。

注意,按 F7 键是不进入函数内部单步跟踪的。为了对函数内部语句的执行情况进行跟踪,当黄色箭头停在调用它的语句时,改按快捷键 Shift+F7(或"Step into/步入"按钮),黄色箭头暂停在函数 add( )内的第一条可执行语句处(第 6 行),如图 2-54 所示。

图 2-54 中的"Call stack/函数调用栈"窗口是通过单击工具栏中的 Watches 按钮 ,并在其下拉菜单中选择 Call stack 选项打开的,从中能看出是 main( )调用了 add( ),两个参数分别是 3 和 4。在里面的任意一行单击右键,在弹出的菜单中选择 Switch to this frame,可把运行环境切换到函数的该次调用,进而查看该次调用时各个变量和参数的值。

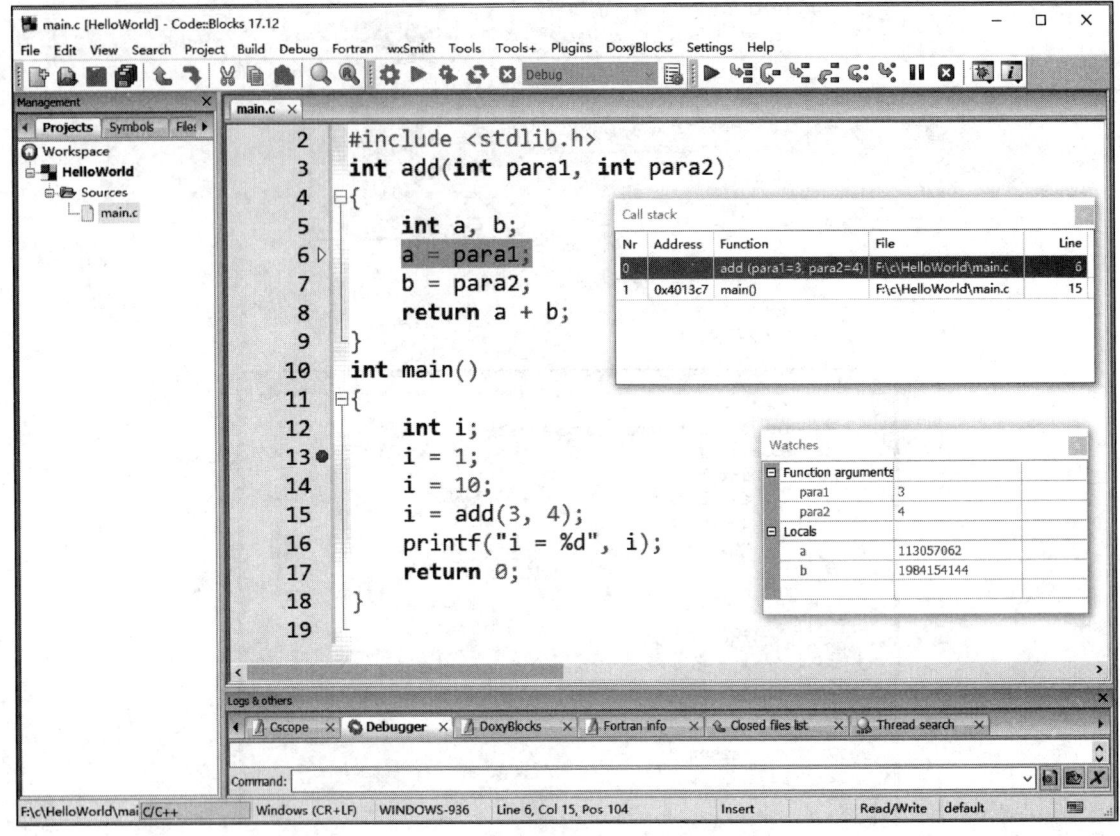

图 2-54　程序进入函数执行

现在,可以按 F7 键、Shift+F7 等快捷键在函数 add() 中慢慢调试了。监视窗中已经显示了 para1 和 para2 两个参数,看看它们的值,直观地体会一下函数参数是如何对应传递的。然后按 F7 键或快捷键 Shift+F7,一步步观察函数里面都做了什么,直到函数返回。

add() 函数返回后,停在主函数的"return 0;"处。再向下执行,程序将正常退出。

如果在程序调试过程中,想直接观察变量在内存中的存储方式,可以使用"Memory dump/内存镜像"这个功能。当程序暂停的时候,单击工具栏中的 Watches 按钮,并在其下拉菜单中选择"Memory dump/内存镜像"选项,弹出 Memory 窗口,在 Address 文本框中输入"&b",即变量 b 的地址,此时也可以输入数组名(表示该数组的首地址)。然后按 Enter 键,则变量 b 的内存信息便以字节形式展现出来了,如图 2-55 所示。

可见,此时变量 b 的值是 4,由于 b 是整数,在内存中占 4 个字节,由低位到高位分别是 04 00 00 00。

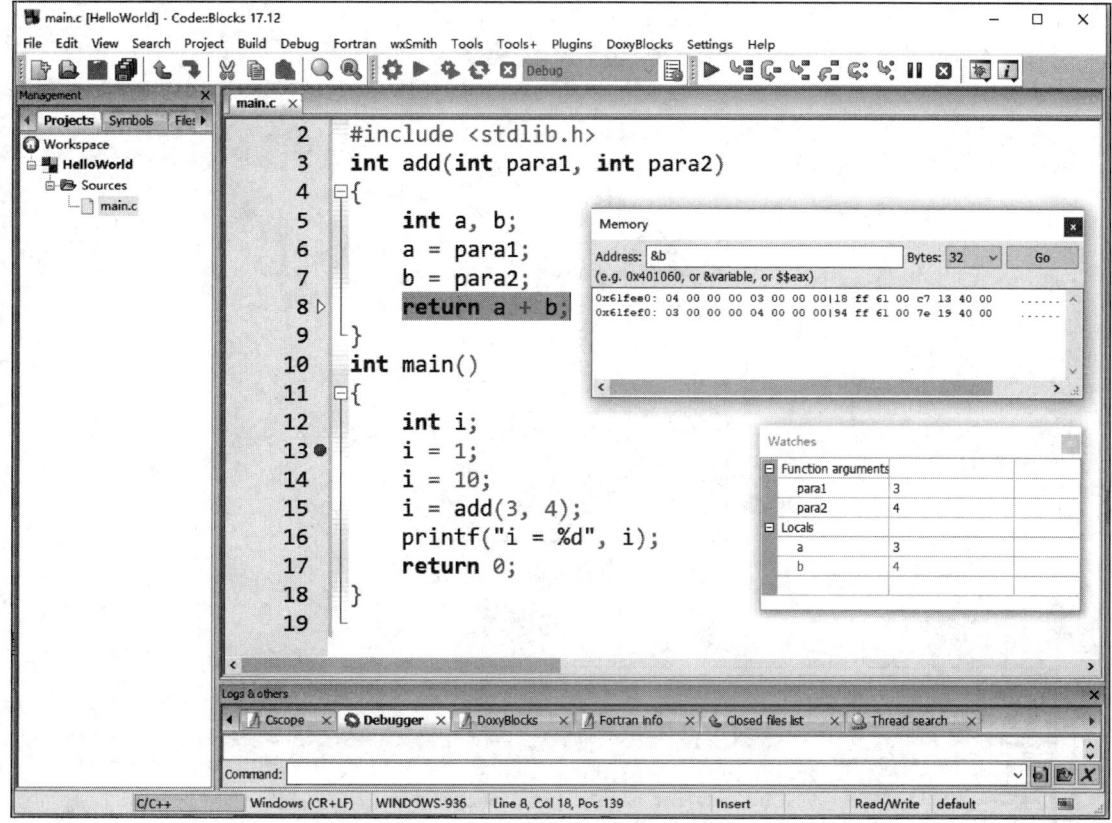

图 2-55　内存镜像窗口

（4）命令行方式运行

当将 main 函数声明为有参数的 main 函数形式（int main(int argc, char * argv[ ]））时，程序在运行时需要通过命令行方式将参数传递给程序，如何在 Code::Blocks 中运行和调试带有命令行参数的程序呢？首先单击"Project/项目"→"Set program's arguments/设置程序参数"菜单，打开命令行参数设置对话框，在 Program arguments 文本框内设置项目运行所需的命令行参数（例如输入一个参数为 test，如图 2-56 所示）。

为了方便查看参数的值，在第 13 行设置断点，并按 F8 键开始单步执行程序，程序停留在主函数中的断点处。此时启动变量观察窗口，并添加两个 watch 值 argv[0] 和 argv[1]，如图 2-57 所示，其中 argc 的值为 2，即有两个命令行参数，其中第一个参数 argv[0] 为可执行程序的完整目录，而第二个参数 argv[1] 即用户输入的 test 参数。

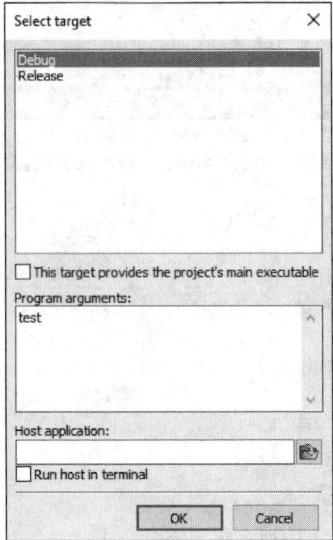

图 2-56 设置命令行参数

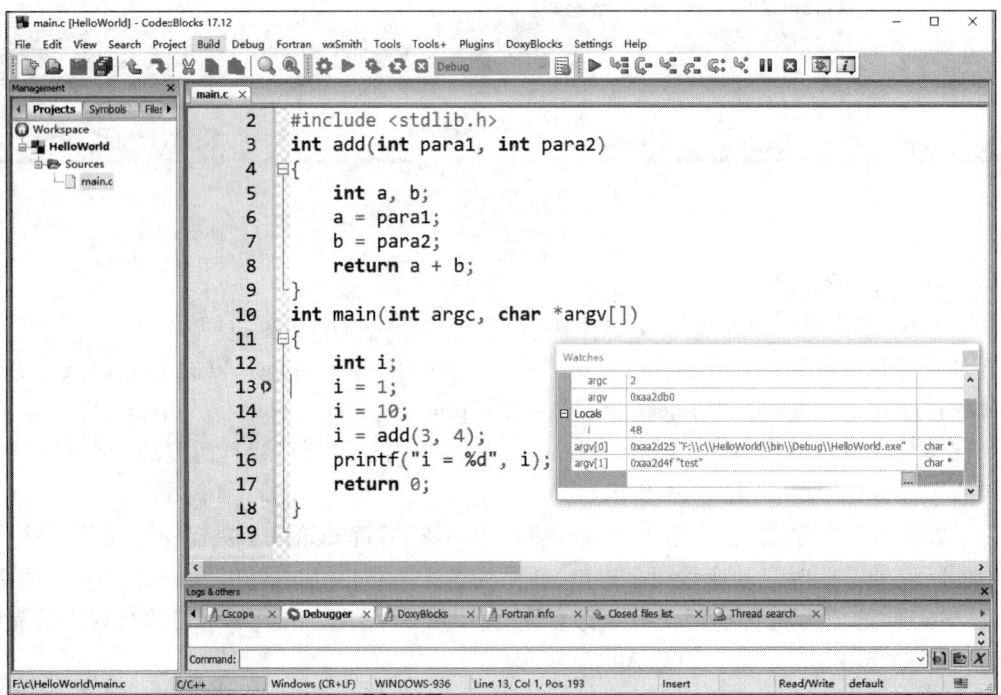

图 2-57 修改 main 函数并设置断点

2.2.6 Code::Blocks 下的多文件项目开发

首先创建控制台项目 Test3，如果不用在新建项目中自动添加的源代码文件 main.c，则在 Code::Blocks 的管理器（Management）中打开项目 Test3 的源文件夹 Sources，在文件名 main.c 上单击鼠标右键，选择"Remove file from project/从项目中移除文件"即可手动删除该文件，如图 2-58 所示。也可以在管理器中单击文件名 main.c 后，按"Delete/删除"键直接删除该文件。这样得到的是一个不包含任何代码文件的空项目，接下来就可以为项目添加新文件了。

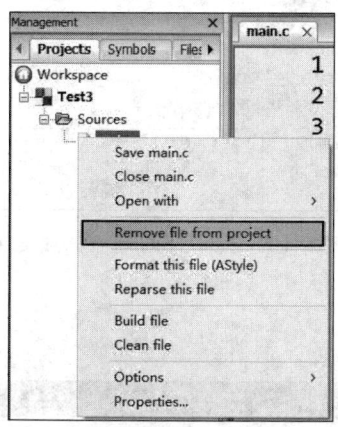

图 2-58 将文件从项目中删除

将已有文件添加到项目中的方法如下。
（1）将已有的代码文件拷贝到项目 Test3 所在的文件夹中。
（2）鼠标右键单击项目 Test3，选择"Add files/添加文件"，如图 2-59 所示。

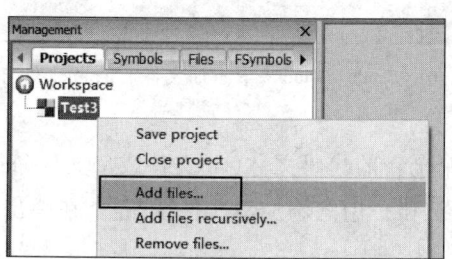

图 2-59 鼠标右键单击项目 Test3 后的弹出菜单

（3）选择要添加的代码文件，如图 2-60 所示。
（4）如图 2-61 所示的界面中（选中两个复选框），单击 OK 按钮完成添加。文件添加完成后，在 Code::Blocks 的管理器中，打开项目 Test3 的目录树，能看到刚刚添加的代码文件，如图

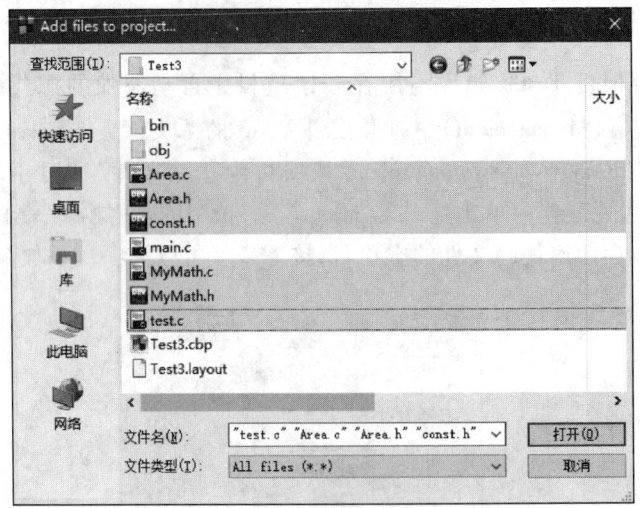

图 2-60　Code::Blocks 下添加文件

2-62 所示。

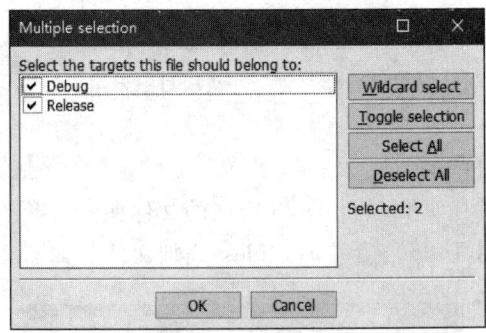

图 2-61　Code::Blocks 下添加文件后的目标多选窗口

向项目 Test3 中添加一个全新的代码文件(.h 文件或.c 文件)的方法如下。

（1）单击 Code::Blocks 按钮栏中的添加新文件按钮，在弹出菜单中选择"File/文件"，如图 2-63 所示。

（2）在弹出的窗体中选择要添加的新文件类型(如 C/C++ header、C/C++ source、Empty file 等)，然后单击按钮 Go，如图 2-64 所示。

（3）在弹出的语言选择窗体中选择 C，单击 Next 按钮，如图 2-65 所示。

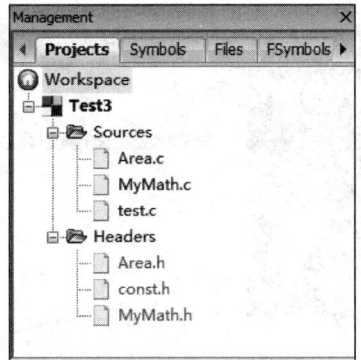

图 2-62　Test3 的文件目录树

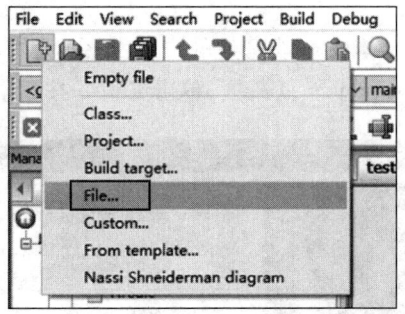

图 2-63　添加文件按钮的鼠标右键菜单

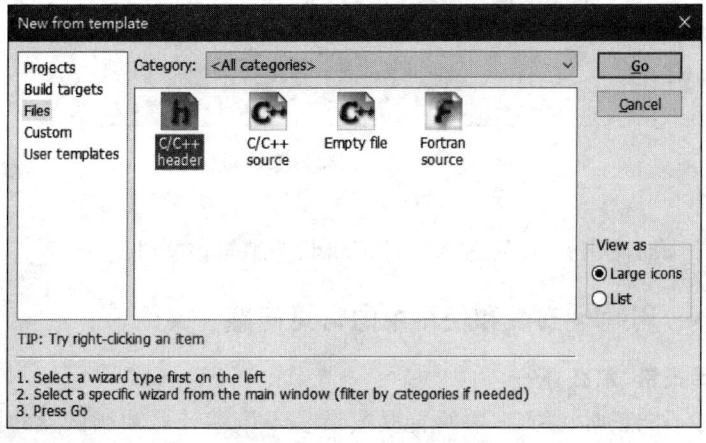

图 2-64　选择文件类型

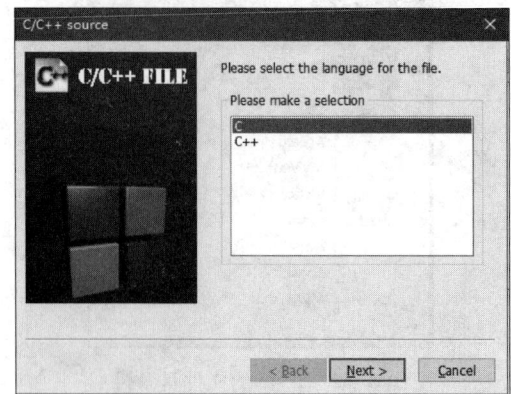

图 2-65　选择语言类型

（4）在如图 2-66 所示的窗体中输入完整的文件路径，例如：D:\Programing_C\Test3\NewFunc.c，并勾选 Add file to active project 复选框，单击 Finish 按钮。

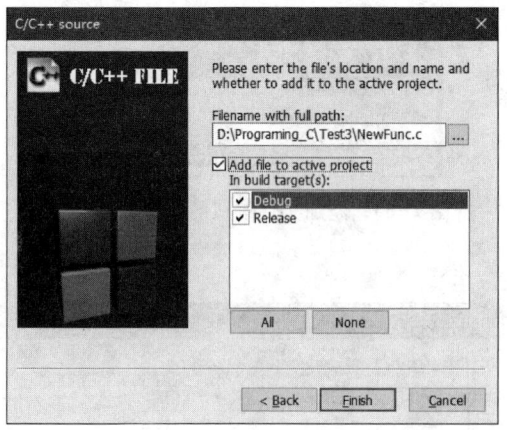

图 2-66　输入完整的文件路径

（5）完成文件添加操作后，即可进入文件编辑状态编辑该文件。

2.2.7　Code::Blocks 安装和使用中的常见问题

（1）如果编译报错，怎么办？

如果示例程序不能正常运行，一种可能是安装了不带编译器和调试器的版本，重新下载带 gcc 编译器和 gdb 调试器的 Code::Blocks（下载软件名中务必包含 mingw）并安装即可。

另一种可能是编译器配置有问题，如果曾多次卸载 Code::Blocks 并将其安装到不同的目录下,那么有可能出现配置错误。此时,可按如下步骤检查编译器设置是否正确。

① 打开 Code::Blocks,如图 2-67 所示,单击下拉菜单 Settings,选择 Compiler 选项。

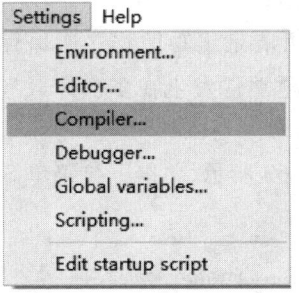

图 2-67 查看编译器设置

② 如图 2-68 所示,选择左侧的 Global compiler settings,在右侧的 Selected compiler 中选择 GNU GCC Compiler,并且选择 Toolchain executables 选项,查看编译器的根目录是否是实际安装的根目录。如果不是,则找到 Code::Blocks 安装目录下的自带编译器目录,将找到的编译器根目录复制进去,或者单击其右侧的 ┅ 选择编译器安装的目录。

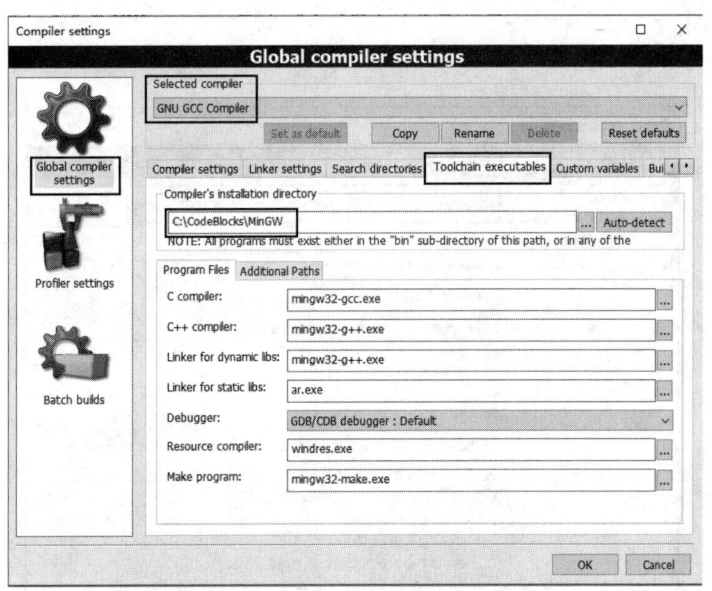

图 2-68 查看编译器的根目录是否正确

因为前面提到 Code::Blocks 是安装到了 C 盘的根目录,所以编译器的目录应为 C:\CodeBlocks\MinGW。如果读者安装的目录不是 C 盘根目录,那么这里需要做相应的修改,尤其是曾经卸载过一次 Code::Blocks 后,更要检查编译器的路径是否正确。

③ 重新打开 Code::Blocks,然后编译,如果编译器没有报错,则说明配置成功了。

(2) 如果不能调试程序,怎么办?

如果程序不能正常调试,一种可能是编写的程序所保存的目录名中有中文或空格,另一种可能是调试器配置有问题,这种问题常常发生在多次卸载和安装 Code::Blocks 之后。此时,可按如下步骤检查调试器设置是否正确。

① 打开 Code::Blocks,如图 2-69 所示,单击下拉菜单 Settings,选择 Debugger 选项。

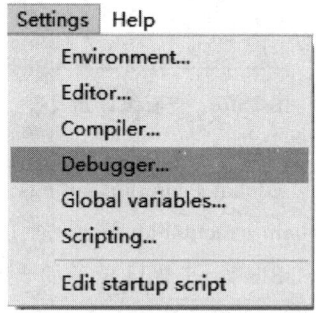

图 2-69 查看调试器设置

② 如图 2-70 所示,选择左侧的 Default,在右上方的 Executable path 中查看调试器的根目录

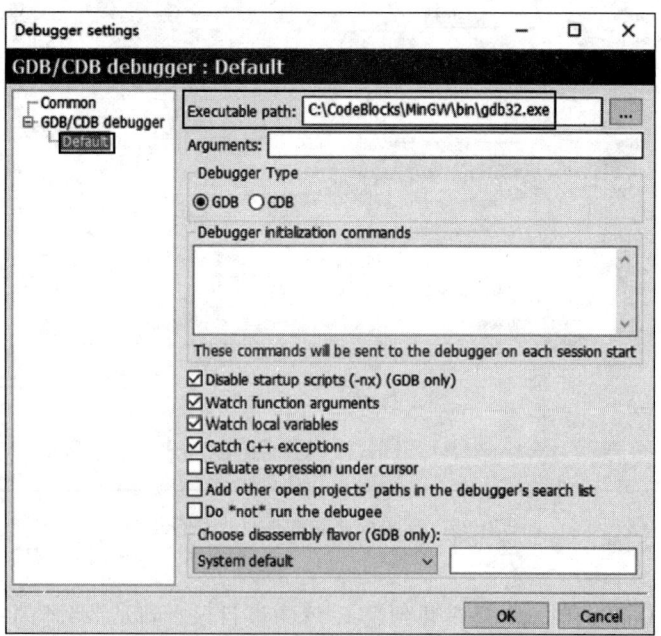

图 2-70 查看调试器的根目录是否正确

是否是实际安装的根目录。如果不是,则找到 Code::Blocks 安装目录下的自带调试器目录,将找到的调试器根目录复制进去,或者单击其右侧的…选择调试器安装的目录。

(3) 如何设置使用 C99 标准编译?

打开 Code::Blocks,如图 2-71 所示,单击菜单栏 Settings 选项,再单击 Compiler 选项。选择左侧的 Global compiler settings,在右侧的 Compiler Flags 中选择 c99 即可。

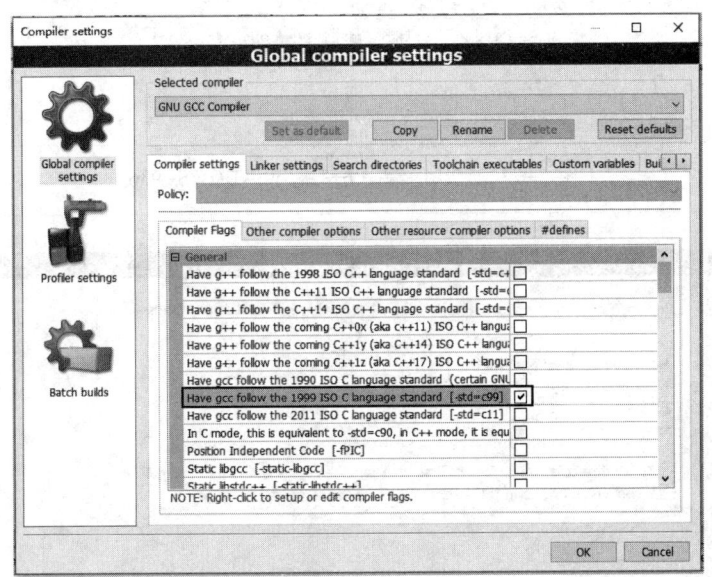

图 2-71 设置使用 c99 标准编译

(4) 在 Windows 系统中程序输出中文时出现乱码,怎么办?

在 Windows 系统中程序输出中文时,如果出现乱码,则很可能是编码方式不一致导致的,例如 UTF-8 和 GBK 发生冲突。如果一个文件本来是以 UTF-8 编码方式保存的,但是以 GBK 编码方式打开,就会出现乱码。有两种解决方法:

第一种解决方法:用 UTF-8 打开文件。UTF-8 是 Linux 系统中常用的中文编码方式,MinGW 是 gcc 的编译器,默认是 UTF-8 编码方式,但是单击下拉菜单 Settings→Editor→Encoding Setting,如图 2-72 所示,可以看到默认的编码方式是 WINDOWS-936(其实就是 GBK)。此时可以把文件打开的编码方式修改为 UTF-8,如图 2-73 所示。修改完设置后必须重新保存文件才有效,这意味着以后保存的文件都是 UTF-8 编码,因此相比于第一种解决方法,更推荐使用第二种解决方法。

第二种解决方法:仍使用 WINDOWS-936 编码方式打开和保存文件,但是让编译器使用 GBK 编码编译程序,即图 2-72 中的设置保持不变,仍勾选作为默认的编码格式,但是打开下拉菜单 Settings→Compiler→Other compiler options,如图 2-74 所示,在其下面的文本框中输入下面

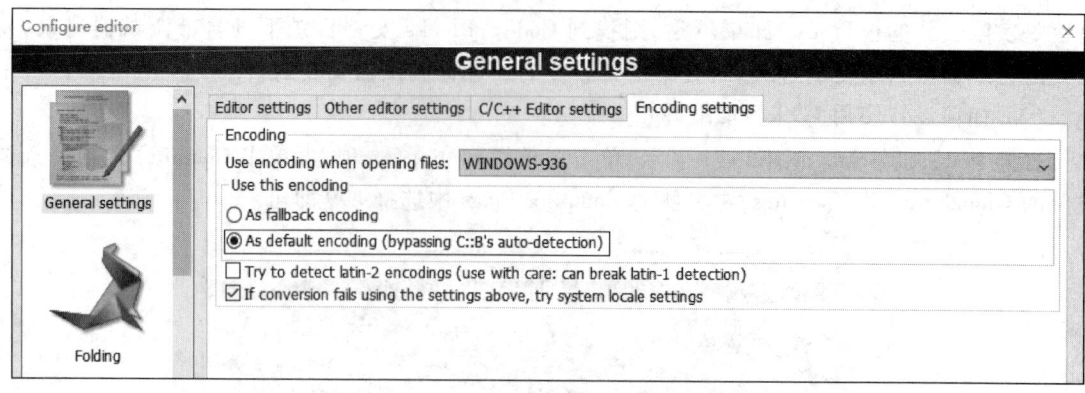

图 2-72　默认的编码方式是 WINDOWS-936

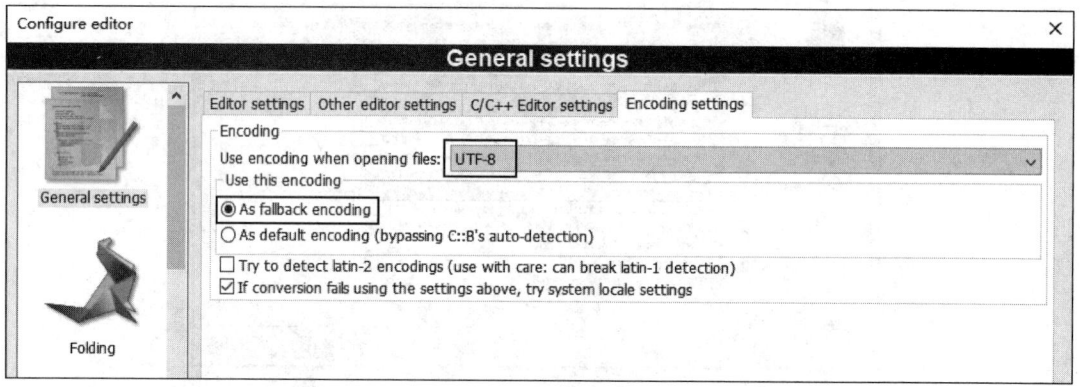

图 2-73　把文件打开的编码方式修改为 UTF-8

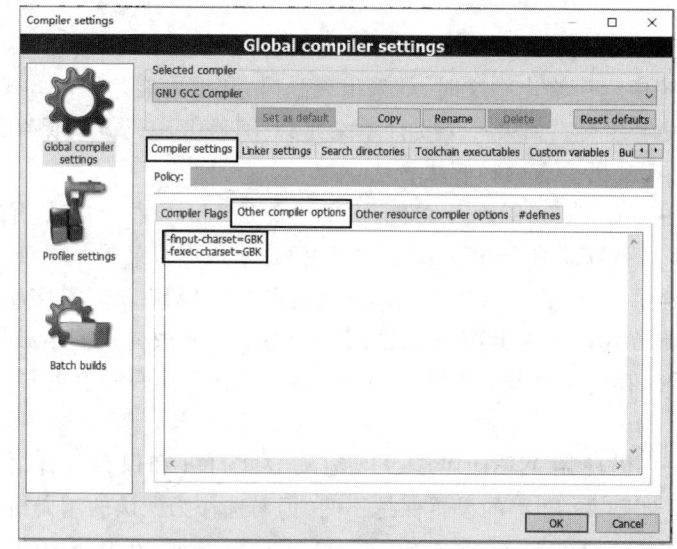

图 2-74　设置让编译器使用 GBK 编码编译程序

两行内容：

-finput-charset=GBK

-fexec-charset=GBK

然后单击 OK 按钮,重新保存文件,就可以让编译器使用 GBK 编码编译程序了。

2.2.8 在 Code∷Blocks 下使用 EGE 图形库进行图形编程

在 Code∷Blocks 集成开发环境中,可以使用 EGE(Easy Graphics Engine)图形库进行图形编程。EGE 图形库是 Windows 下的一个类似 BGI(graphics.h)的面向 C/C++语言新手的免费开源的图形库,可从如图 2-75 所示的 EGE 图形库主站下载,它的使用方法与 TC 中的 graphics.h 比较接近,其接口意义直观,容易上手,适合初学者进行图形编程。关于 EGE 的图形库函数,请读者查阅 EGE 图形库主站上的库函数手册。

图 2-75　EGE 图形库主站

在 Code∷Blocks 集成开发环境中使用 EGE 图形库编写程序时,一定要注意创建后缀为.cpp(而非后缀加 c)的控制台应用程序。在运行程序之前,需要完成如下的配置工作。

(1) 将 EGE 目录\include\下的所有文件复制到 MinGW\include 文件夹下。

(2) 将 EGE 目录\lib\mingw4.7\下的文件复制到 MinGW\lib 文件夹下。

(3) 在 Code∷Blocks 菜单中,单击 Project→Build option→Linker settings(如图 2-76 所示)或者单击 Settings→Compiler→Linker settings,在 Link libraries 对话框中(如图 2-77 所示)添加如

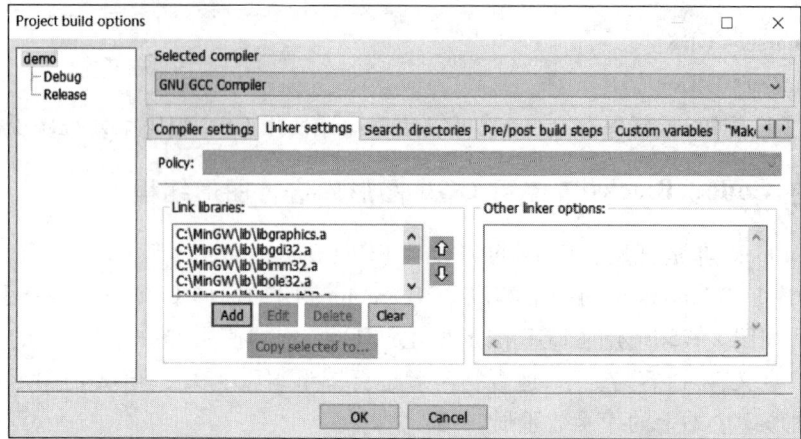

图 2-76　在 Code::Blocks 的工程创建设置中添加 EGE 库文件

图 2-77　在 Code::Blocks 的编译设置中添加 EGE 库文件

下内容：

C:\Program Files\CodeBlocks\MinGW\lib\libgraphics.a

C:\Program Files\CodeBlocks\MinGW\lib\libgdi32.a

C:\Program Files\CodeBlocks\MinGW\lib\libimm32.a
C:\Program Files\CodeBlocks\MinGW\lib\libmsimg32.a
C:\Program Files\CodeBlocks\MinGW\lib\libole32.a
C:\Program Files\CodeBlocks\MinGW\lib\liboleaut32.a
C:\Program Files\CodeBlocks\MinGW\lib\libwinmm.a
C:\Program Files\CodeBlocks\MinGW\lib\libuuid.a

（4）务必建立 C++工程文件，不要建立 C 工程文件，即主函数的扩展名为.cpp，并且在菜单 Project/Properties 中设置不显示控制台界面，而显示 GUI 图形界面，如图 2-78 所示。

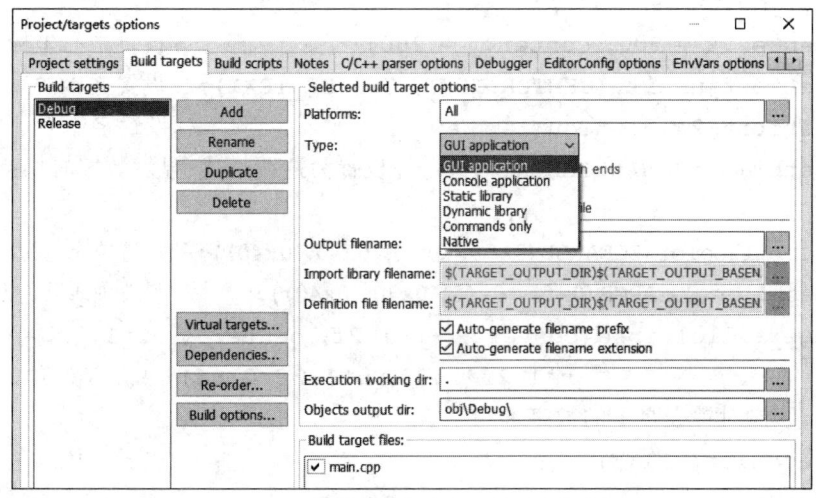

图 2-78　设置 GUI 图形界面

例如，下面是用 EGE 图形库绘制实时时钟的参考程序：

```
1    #include <graphics.h>
2    #include <ege.h>
3    #include <time.h>
4    #include <math.h>
5    #include <stdio.h>
6    //函数功能:根据圆心坐标、半径 r 和角度 rad 计算点的坐标位置
7    ege_point GetPos(ege_point center, float rad, float r)
8    {
9        ege_point pos;
10       pos.x = sin(rad)*r + center.x;
11       pos.y = -cos(rad)*r + center.y;
```

```
12          return pos;
13      }
14  //函数功能:绘制时钟
15  void DrawClock(void)
16  {
17      float pi2 = PI* 2, h, m, s, r = 150;
18      time_t t_now;
19      char str[32];
20      ege_point center, p;
21      center.x = 200, center.y = 200;              //设置中心坐标
22      settextjustify(CENTER_TEXT, CENTER_TEXT);//设置文本的对齐方式
23      setfont(24, 0, "Courier New");               //设置字体为 Courier New
24      setbkmode(TRANSPARENT);        //设置为透明模式,显示数字时保持背景色不变
25
26      setfillcolor(EGEARGB(0xff, 0x40, 0x40, 0x40));//设置填充色为浅灰,不透明
27      setcolor(EGEARGB(0xff, 0x40, 0x40, 0x40));   //设置画线颜色为浅灰,不透明
28      ege_fillellipse(center.x -r*1.2f, center.y -r*1.2f,
29                      r*1.2f*2.0f, r*1.2f*2.0f);        //绘制时钟的边框
30  //绘制时钟表盘上的数字
31      setcolor(WHITE);                             //设置字体颜色为白色
32      for (int num = 1; num <= 12; ++num)
33      {
34        p = GetPos(center, float(num*pi2 / 12), r); //获取表盘上数字的位置
35        sprintf(str, "%d", num);             //将表盘上的数字保存到字符串 str 中
36        outtextxy((int)p.x, (int)p.y, str);        //输出表盘上的数字
37      }
38      time(&t_now);                                //获取当前的系统时间
39      tm*t = localtime(&t_now);                    //获取本地的日历时间
40      setcolor(EGEARGB(0xff, 0x0, 0x0, 0xff));     //设置画线颜色为蓝色,不透明
41      setlinewidth(10.0f);                         //设置画线宽度为 10
42      h = t->tm_hour + t->tm_min / 60.0;           //计算时间的小时值
43      p = GetPos(center, h*pi2 / 12, r*0.5f);      //获得时针的位置
44      ege_line(p.x, p.y, center.x, center.y);      //绘制时针
45      setcolor(EGEARGB(0xff, 0xff, 0x0, 0xff));    //设置画线颜色为品红色,不透明
46      setlinewidth(5.0f);                          //设置画线宽度为 5
```

```c
47        m = t->tm_min + t->tm_sec / 60.0;        //计算时间的分钟值
48        p = GetPos(center, m*pi2 / 60, r*0.9f);   //获得分针的位置
49        ege_line(p.x, p.y, center.x, center.y);   //绘制分针
50        setcolor(EGEARGB(0xff, 0xff, 0xff, 0));
                                                    //设置画线颜色为黄色,不透明
51        setlinewidth(1.0f);                       //设置画线宽度为1
52        s = t->tm_sec;                            //计算时间的秒值
53        p = GetPos(center, s*pi2 / 60, r*1.0f);   //获得秒针的位置
54        ege_line(p.x, p.y, center.x, center.y);   //绘制秒针
55        setfillcolor(EGEARGB(0xff, 0xff, 0xff, 0)); //设置填充色为黄色,不透明
56        //绘制时钟中心的实心椭圆,前两个参数是圆心的坐标,后两个参数是长轴和短轴的半径
57        ege_fillellipse(center.x -r*0.05f, center.y -r*0.05f,
58                        r*0.1f, r*0.1f);
59        //将本地的年月日时分秒的日历时间信息保存到字符串 str 中
60        sprintf(str, "%d/%02d/%02d %2d:%02d:%02d",
61                t->tm_year + 1900, t->tm_mon + 1, t->tm_mday,
62                t->tm_hour, t->tm_min, t->tm_sec);
63        setcolor(EGERGB(0xff, 0xff, 0));          //设置画线颜色为黄色
64        outtextxy((int)center.x, (int)(center.y + r*1.4f), str);  //输出 str
65    }
66    // 程序主循环
67    void mainloop(void)
68    {
69        while (is_run())  //检测程序是否收到关闭消息,收到则返回 false 退出程序
70        {
71            cleardevice();        //清屏,以便重新在新的位置绘制图形
72            DrawClock();          //绘制时钟
73            delay_fps(60);        //控制帧频,60 表示平均延时 1000/60ms
74        }
75    }
76    //主函数
77    int main(void)
78    {
79        setinitmode(INIT_ANIMATION);    //设置图形初始模式
80        initgraph(400, 480);            //初始化图形窗口为 400* 480
```

```
81        randomize();                    //随机数初始化
82        mainloop();                     //程序主循环
83        closegraph();                   //关闭绘图窗口
84        return 0;
85    }
```

该程序的运行结果如图 2-79 所示。

图 2-79　运行结果

2.2.9　Code::Blocks 常见编译错误和警告信息的英汉对照

Code::Blocks 常见编译错误和警告信息的英汉对照如表 2-1 所示。

表 2-1　Code::Blocks 常见编译错误和警告信息的英汉对照

常见编译错误的英文提示信息	中文含义	备注
array size missing in 'xx'	数组'xx'缺少大小	通常是在定义数组的时候没有定义数组大小造成的
assignment of read-only variable 'xx'	对只读的内存空间进行赋值操作	
assignment of read-only location '*xx'	对只读的内存空间进行赋值操作	如果指针变量'xx'前面加上了类型限定符 const,那如果试图修改其指向的内存,将会产生这个错误

续表

常见编译错误的英文提示信息	中文含义	备注
assignment from incompatible pointer type	不兼容的指针类型赋值	
assignment to expression with array type	用数组类型给表达式赋值	可能是将数组名或常量字符串赋值给数组名引起的,字符串赋值应该使用函数 strcpy( ),不能直接赋值
initialization from incompatible pointer type	不兼容的指针类型初始化	
conflicting types for 'xxx'	函数'xxx'的函数原型冲突	通常是由函数声明与函数定义的参数或返回值类型不匹配而造成的,缺少函数原型、函数原型在函数调用之后或函数名拼写错误也可能引起此错误
case label not within a switch statement 或 break statement not within loop or switch 或 'default' label not within a switch statement	case 或 break 或 default 没有在 switch 语句之内	通常是由括号不匹配造成的
control reaches end of non-void function	函数存在无返回值的分支	对于有返回值的函数,如果一个分支中有 return 语句,那么其他分支也要有 return 语句,确保所有退出函数调用的分支都有返回值
character constant too long for its type invalid initializer overflow in implicit constant conversion	字符常量太长 无效的初始化器 隐含的常量转换溢出	通常是变量类型不匹配导致的,例如将用于字符串的双引号错写成了单引号,将 int 指针变量指向 char 型数组等
division by zero	除数为 0	
duplicate case value	case 情况不唯一	switch 语句的每个 case 必须有一个唯一的常量表达式值,否则导致此类错误发生
excess elements in char array initializer	字符数组初始化列表中存在多余元素	可能是字符数组的初始化列表中的元素错将单引号写成了双引号,也可能是颠倒了二维数组的行列数

续表

常见编译错误的英文提示信息	中文含义	备注
expected 'while' before 'xxx'	'xxx'前面必须有关键字 while	通常是 do 后面缺少 while 造成的
expected ';' before 'xxx'	'xxx'的前一行语句末尾缺少分号	
expected ':' or '...' before 'xxx'	变量'xxx'前面缺少一个冒号	通常是前一行代码中 case 后面漏掉冒号造成的
expected expression before '%' token	'%'前缺少表达式	类似的错误提示很多，按照提示检查缺少的语言成分即可
expected identifier or '(' before '{' token	'{'前缺少标识符或'('	通常是前一行的函数定义末尾多写分号造成的
expected declaration or statement at end of input	在输入的末尾缺少必要的语句或声明	通常是大括号不匹配造成的
expected '=', ',', ';', 'asm' or '-attribute-' before '{' token expected '=', ',', ';', 'asm' or '-attribute-' before '{' token expected '{' at end of input control reaches end of non-void function old-style parameter declarations in prototyped function definition		出现这些错误提示，有可能是函数原型后面忘记写分号造成的
right-hand operand of comma expression has no effect expected ';' before ')' token expected expression before ')' token	for 语句缺少分号 ;	通常是因 for 语句中某个表达式后的分号被误写成逗号导致的
format '%d' expects argument of type 'int *', but argument 2 has type 'double' 或 format '%f' expects argument of type 'float *', but argument 2 has type 'int *'		通常是 scanf 格式字符不匹配或者 scanf 地址变量列表中的变量未加去抵制运算符 & 引起的警告
function returns address of local variable	返回了局部变量的地址	

续表

常见编译错误的英文提示信息	中文含义	备注
'else' without a previous 'if'	else 之前没有能与之直接配对的 if	有可能是前面邻近的 if 分支的语句漏掉了花括号或者前面的 if 后面多了一个分号,从而导致在 if 和 else 两个分支之间夹杂了其他的语句
implicit declaration of function 'xxx'	隐式的函数'xxx'声明	可能是没有包含函数'xxx'对应的头文件
invalid operands to binary % (have 'float' and 'long double')	二元运算符%出现了非法的操作数(例如浮点型)	
initialization from incompatible pointer type	不兼容的指针类型初始化	通常是用不同基类型的变量地址为指针初始化引起的警告,例如用一个整型变量的地址为一个浮点类型的指针初始化
initialization makes pointer from integer without a cast	用未经强转的整型为指针变量初始化	指针初始化时,变量的前面忘记加 &,通常会引起这个警告
incompatible types when initializing type 'float *' using type 'float'	用 float 对 float 指针类型进行初始化时引起不兼容的类型错误	指针初始化时,变量的前面忘记加 &,通常会引起这个警告
incompatible types when returning type 'int *' but 'float' was expected	不兼容的类型错误,期望返回的类型是 float,但实际返回的是 int * 类型	
'xxx' is used uninitialized in this function	函数中的变量'xxx'未被初始化就使用了	
lvalue required as left operand of assignment 或'=': left operand must be l-value	赋值语句的左操作数必须是左值	通常是赋值运算符的左侧不是变量而是常量或表达式造成的
lvalue required as increment operand	自增运算符的操作数需要左值	通常是自增运算符的操作数不是变量而是常量或表达式造成的
missing terminating " character	缺少终结符"	通常是书写字符串时丢失双引号造成的

续表

常见编译错误的英文提示信息	中文含义	备注
passing argument 1 of 'xxx' makes pointer from integer without a cast note: expected 'int *' but argument is of type 'int'、 assignment makes integer from pointer without a cast	用未经强转的整型给函数'xxx'的第一个实参传递值	通常是实参没有加取地址运算符&造成的
redeclaration of 'xxx' with no linkage	'xxx'被重定义	通常是由于该标识符在不同位置被重复定义导致的
'xxx' redeclared as different kind of symbol	'xxx'被作为不同的标识符被重定义	通常是函数的形参在函数内又被定义为局部变量导致的
return type defaults to 'int'	函数的默认返回值类型为int	通常是函数没有定义返回值类型造成的
stray '\357' in program	字符'\357'不存在	通常是代码中出现了中文字符（例如中文的标点符号）造成的
subscripted value is neither array nor pointer nor vector	下标值既不是数组，也不是指针，也不是向量	通常是函数调用语句的函数名后面将圆括号错写为方括号造成的
size of array 'a' is too large	数组太大	定义的数组太大，超过了可用内存空间
	结构太大	通常是由定义结构体类型时使用了本结构体类型来定义域名的类型所引起的
suggest parentheses around assignment used as truth value	建议在赋值表达式两边加圆括号，使其以真值方式使用	有可能是if后面的表达式中的比较相等关系运算符漏掉了一个=，使其变成了赋值运算符，而出现此警告
too few arguments to function 'xxx'	函数'xxx'的实参数太少	可能函数调用时少写了实参
too many arguments to function 'xxx'	函数'xxx'的实参数太多	可能函数调用时多写了实参

续表

常见编译错误的英文提示信息	中文含义	备注
'xxx' undeclared (first use in this function)	标识符'xxx'没有定义（在函数中首次使用）	通常是由标识符的字母拼写错误使得已定义的标识符和实际使用的标识符不一致导致的,如数字1和小写字母l混淆、字母大小写混淆等
unused variable 'xx' 或 variable xx' set but not used	变量'xx'定义了但其值未被使用	说明变量'xx'是多余的,可以删去
undefined reference to 'xxx' ld returned 1 exit status	未定义的函数引用	通常是由函数名拼写错误、缺少函数定义或者未导入函数所需的库文件造成的

2.3 CLion 集成开发环境的使用和调试方法

CLion 是由 JetBrains 公司专为 C/C++ 所设计的一款全智能跨平台 IDE。它是以 IntelliJ 为基础设计的,不仅是一个代码编辑器,还是一个功能强大的智能分析解决问题的调试器,包含了许多智能功能(例如准确的代码检查、高效的编码导航、安全自动代码重构、代码智能填充、高速编码分析、迅速修复建议、代码生成建议等)来辅助开发人员提高代码质量和开发效率。

2.3.1 MinGW 的安装

由于 CLion 没有提供底层的编译工具,所以需要有额外的编译环境给 CLion 使用。下面以 MinGW 为例进行讲解。

首先,需要从 MinGW 的官方网站(http://www.mingw.org/)下载安装工具 mingw-get-setup.exe。下载后按照以下步骤进行在线安装(确保网络连通,若没有网络,也可以选择离线安装)。

(1) 双击下载的 mingw-get-setup.exe 文件,在弹出的界面中单击 Install 按钮,如图 2-80 所示。

(2) 选择自己喜欢的 MinGW 安装路径,一定注意,安装路径中不能有空格和中文字符。配置好之后单击 Continue 按钮,如图 2-81 所示。

(3) 等待程序执行之后单击 Continue 按钮,如图 2-82 所示。

(4) 接下来,选择需要的安装包,一个是 mingw32-base,另外一个是 mingw32-gcc-g++,如图 2-83 所示。

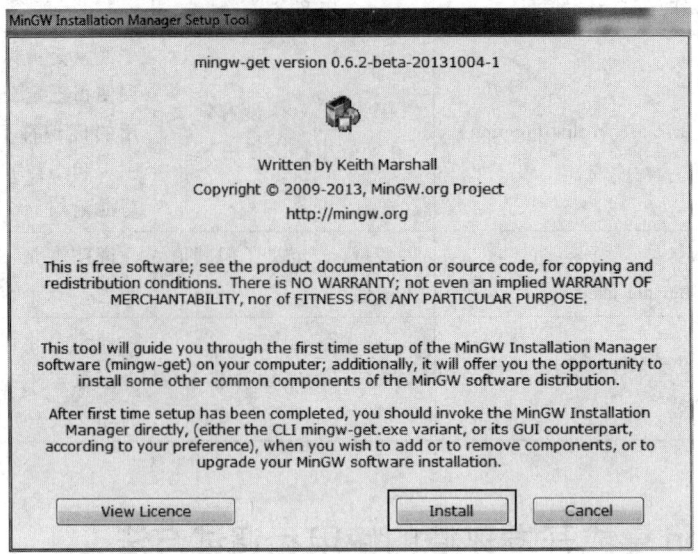

图 2-80　MinGW 安装开始页面

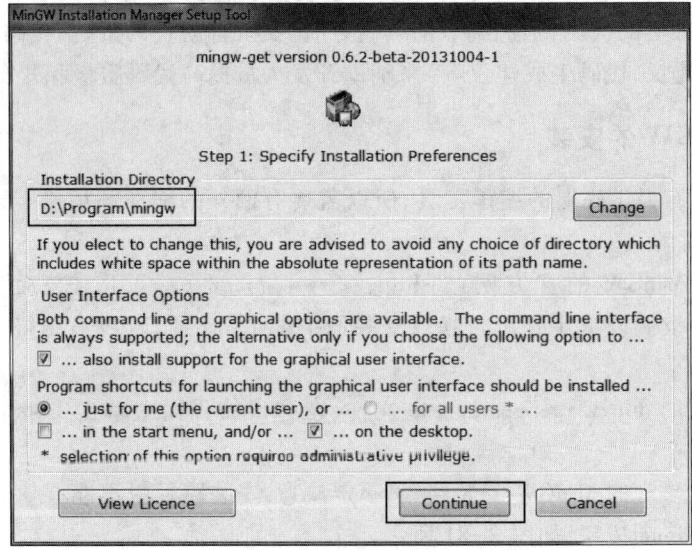

图 2-81　选择 MinGW 安装路径

（5）在第（4）步已经选择了需要的安装包，但是该步骤并没有实际开始安装，还需要单击菜单栏的 Installation 按钮，在弹出的菜单中选择 Apply Changes（如图 2-84 所示），在弹出的对话框

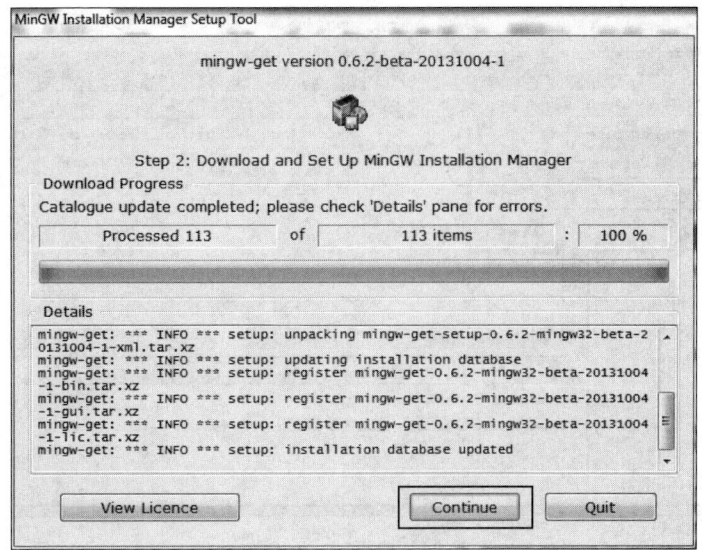

图 2-82　选择继续安装

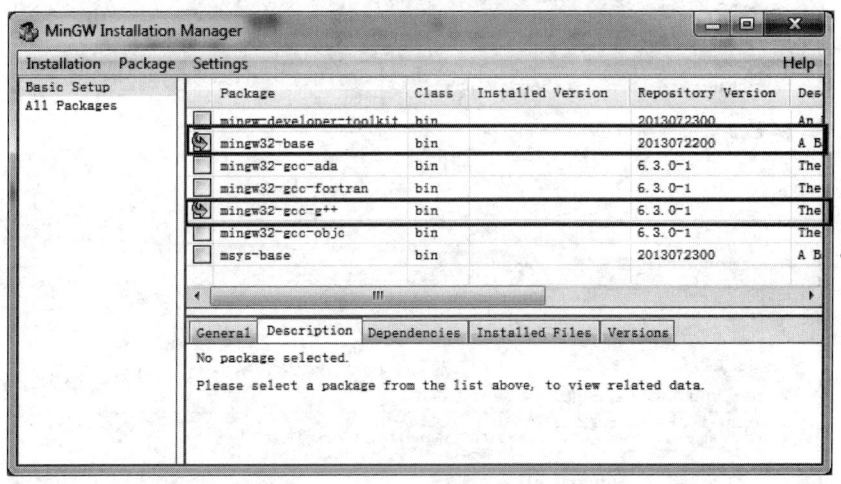

图 2-83　选择需要安装的包

中再单击 Apply 按钮（如图 2-85 所示）。之后安装程序会从网络下载对应的包安装到本地，根据网络情况安装需要不同的时间（如图 2-86 所示）。

（6）等待安装程序安装好对应包之后，关闭安装程序即可。

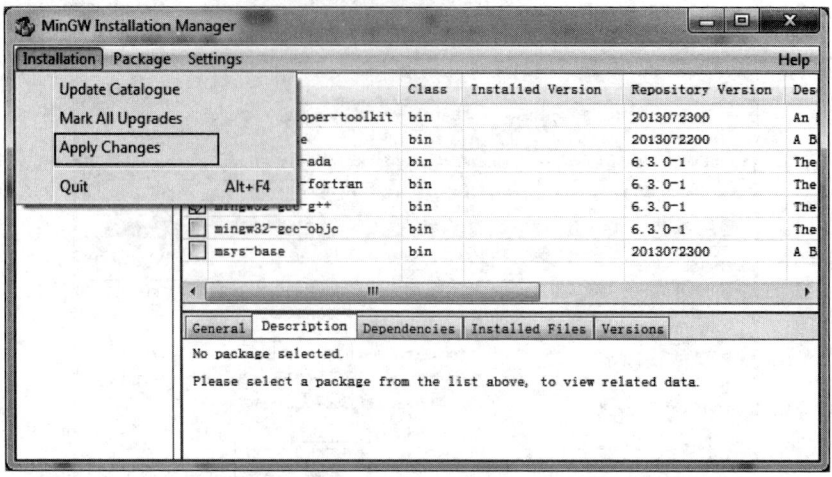

图 2-84　选择 Apply Changes

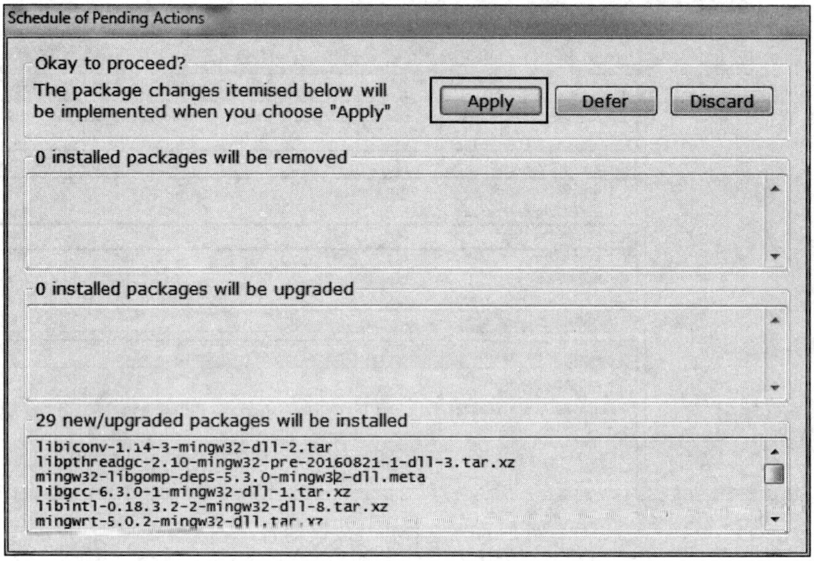

图 2-85　单击 Apply 按钮

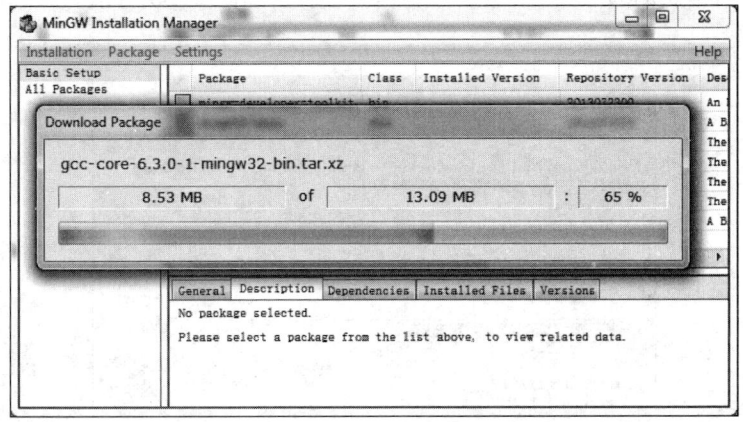

图 2-86　安装进程

2.3.2　CLion 的安装

目前,最新的 CLion 版本是 2018.2.2,其安装文件可以从 JetBrains 公司的官方网站获得。该网站提供了 Windows、Linux 及 Mac OS X 等系统下的安装文件。本书以 Windows 为例进行讲解,其他操作系统与之类似。因此,需要首先下载 Windows 版本的 CLion。

CLion 的安装过程非常简单,只需要根据提示安装即可。需要注意的是在选择的安装路径中不要有中文。详细的安装过程如下。

(1) 双击运行 CLion 安装程序,在弹出的欢迎界面中单击 Next 按钮,如图 2-87 所示。

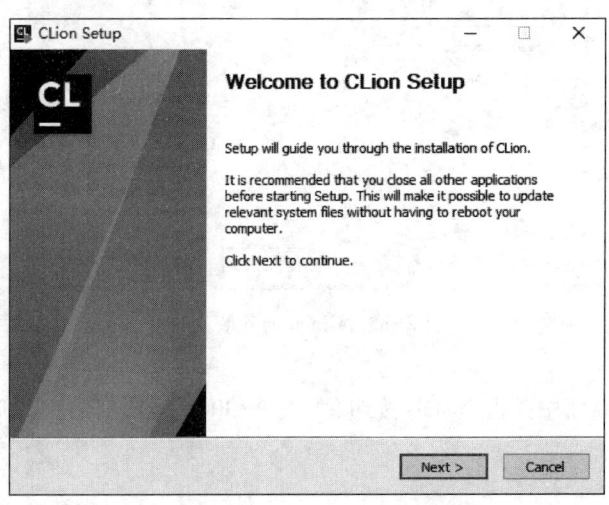

图 2-87　安装 CLion 的欢迎界面

（2）选择自己喜欢的安装路径，然后单击 Next 按钮，如图 2-88 所示。

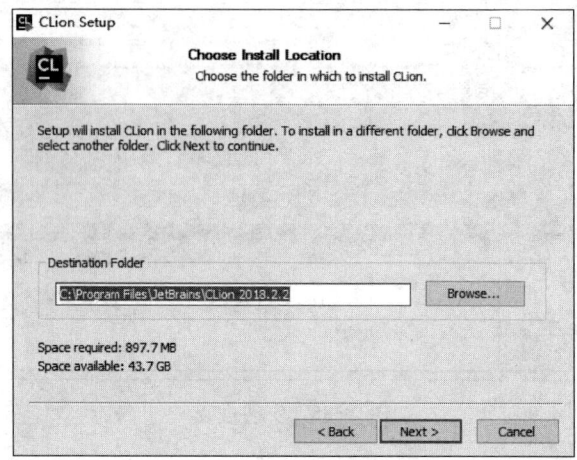

图 2-88　选择 CLion 的安装路径

（3）勾选 CLion launcher 复选框（勾选会在桌面上生成快捷方式），然后单击 Next 按钮，如图 2-89 所示。

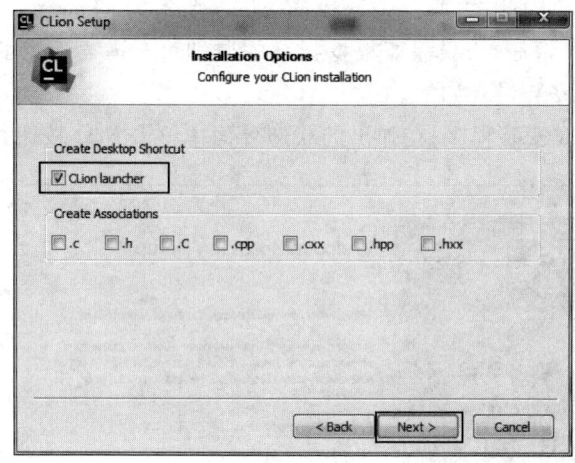

图 2-89　CLion 的安装选项

（4）在接下来的界面中单击 Install 按钮（如图 2-90 所示），安装完成后单击 Finish 按钮（如图 2-91 所示）。

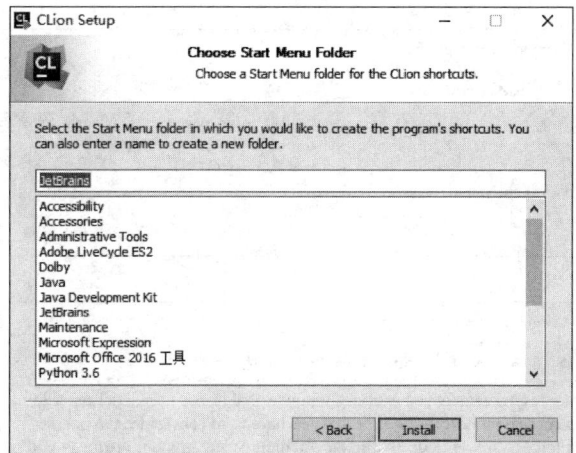

图 2-90　单击 Install 按钮

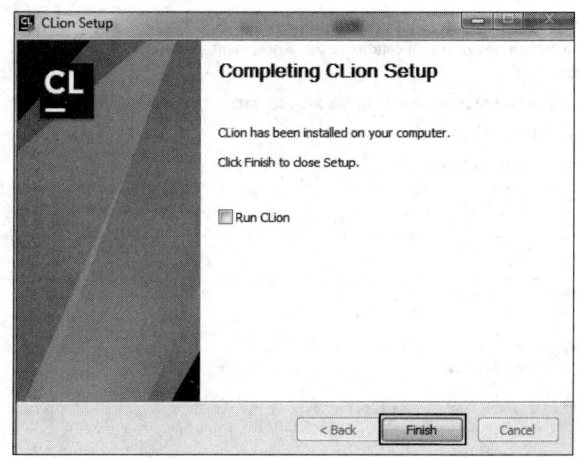

图 2-91　单击 Finish 按钮

2.3.3　CLion 首次运行配置

虽然已经安装了 CLion 和 MinGW，但是在首次运行时还需要进行一些配置才能正常使用 CLion。对 CLion 进行配置的具体步骤如下。

（1）首先单击 CLion 的快捷方式，CLion 首次运行的配置页面如图 2-92 所示，首次运行时会弹出一个对话框，选择 Do not import settings，然后单击 OK 按钮。在接下来弹出的对话框中单击 Accept 按钮，然后再单击 Send Usage Statistics 按钮或者 Don't send 按钮。

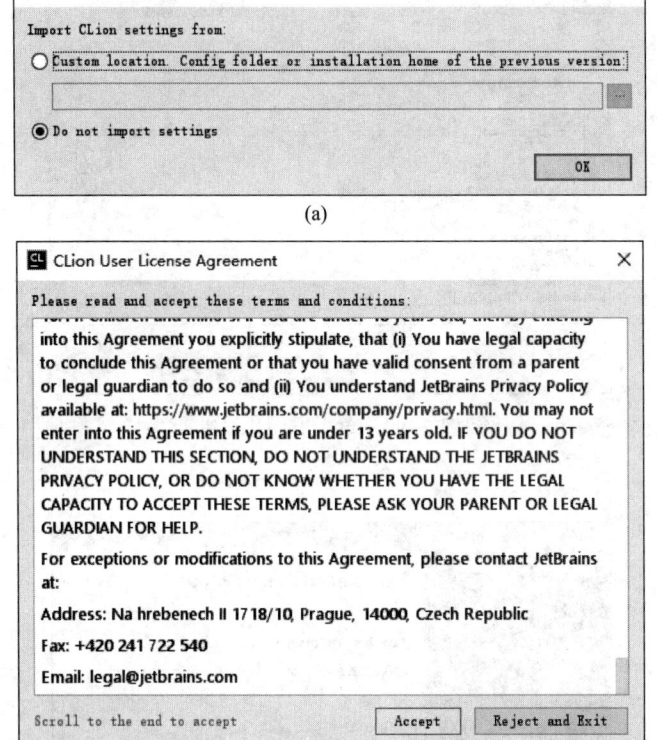

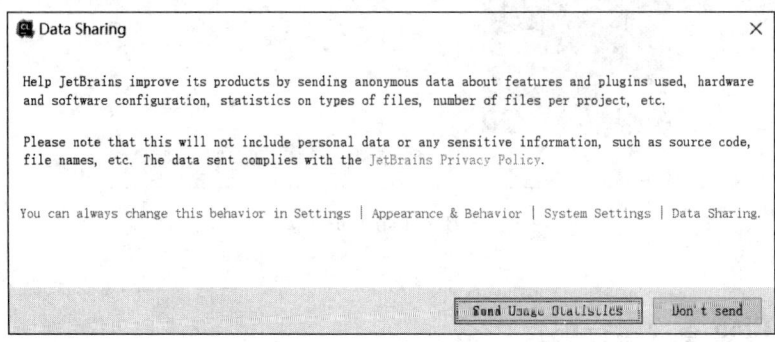

图 2-92　CLion 首次运行的配置页面

（2）由于 CLion 是一个收费软件，所以需要选择一种方式激活软件，可以选择购买软件获得激活码，或者选择 30 天的免费试用。对于在校学生 JetBrains 公司提供了学生免费使用的绿色通道。具体申请地址为 https://www.jetbrains.com/shop/eform/students。这里选择 Evaluate for free 选项，也就是选择 30 天试用版，然后单击 Evaluate 按钮（如图 2-93 所示），在弹出的对话框中单击 Accept 按钮（如图 2-94 所示）。

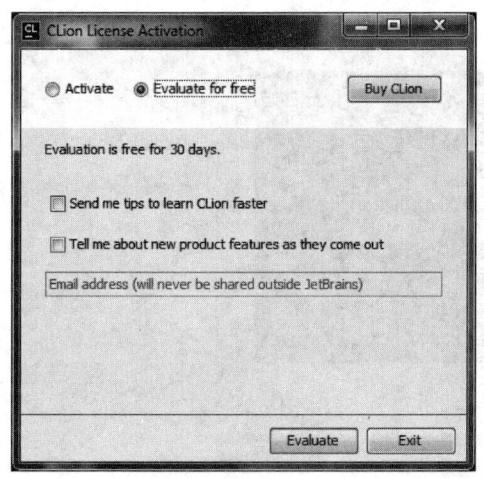

图 2-93　选择 30 天的免费试用版

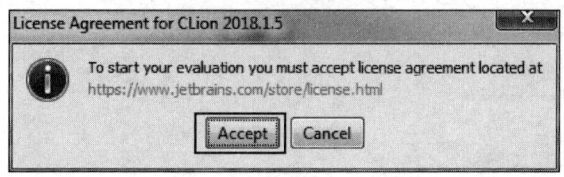

图 2-94　单击 Accept

（3）选择自己喜欢的窗口风格，有两种风格可以选择。第一种风格为 Darkula，这是一种以黑色为背景的看上去比较酷的风格，另一种是以白色为背景的风格 IntelliJ，然后单击 Next:Toolchains 按钮，如图 2-95 所示。

（4）单击 MinGW 创建一个 MinGW 的 Toolchains，然后填写已安装的 MinGW 环境的路径，如图 2-96 所示。

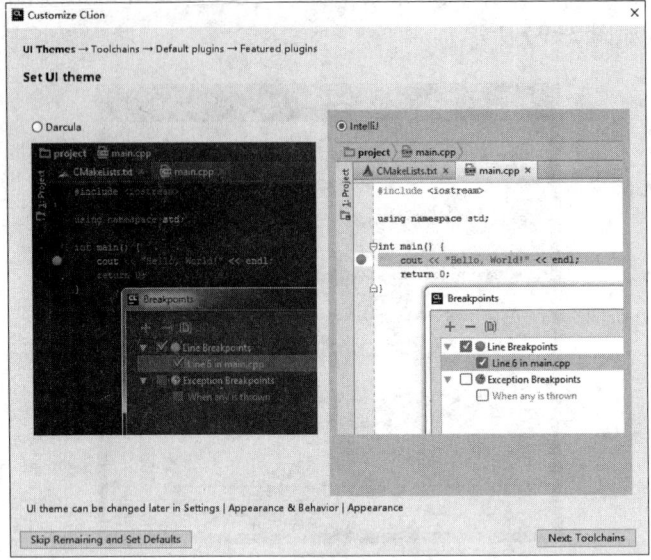

图 2-95 选择窗口风格

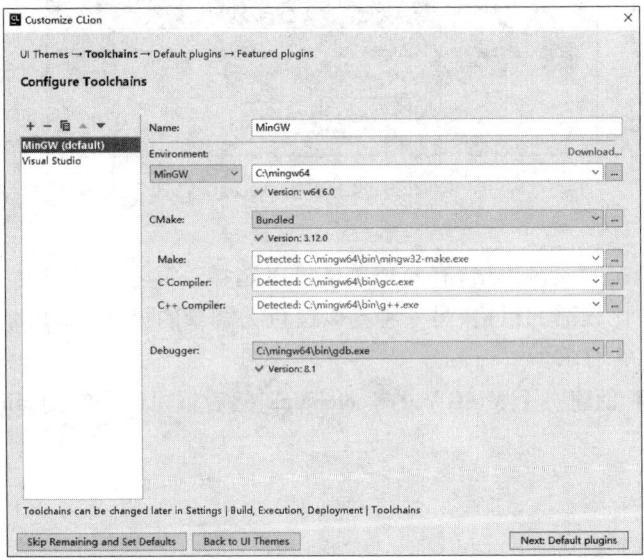

图 2-96 创建一个 MinGW 的 Toolchains

(5) 在图 2-96 中单击 Skip Remaining and Set Defaults 按钮,后面的步骤可以直接使用默认的配置,如图 2-97 所示选择 Activation code,然后填入激活码即可。

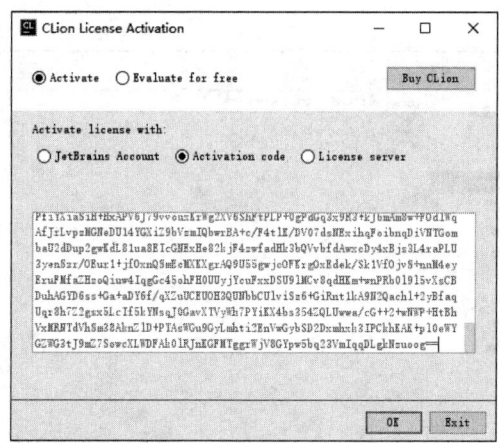

图 2-97　选择 Activation code,填入激活码

(6) 接着程序会进入 CLion 欢迎界面,说明程序安装成功。

2.3.4　创建项目

如果开发的程序可能包括多个文件,最好采用"项目"的管理形式,CLion 提供了丰富的管理功能。CLion 支持 C 和 C++程序的创建,本书使用的例子是 C 语言程序,因此需要创建 C 可执行程序。如图 2-98 所示,在 CLion 启动后的欢迎界面中单击 New Project,创建一个项目。

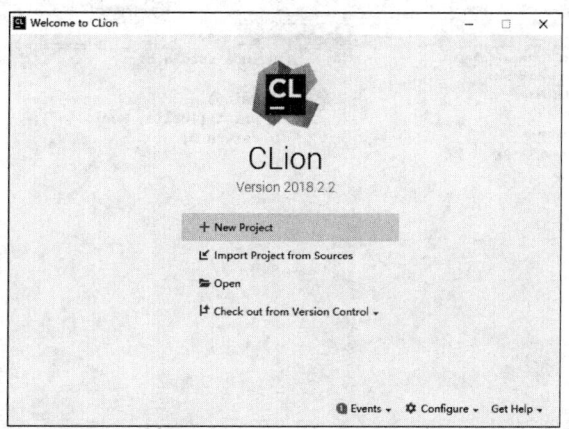

图 2-98　创建一个新项目

选择创建项目后,在侧边栏中选择 C Executable 选项,然后在右边的 Location 文本框中填写项目文件保存的路径。在 Language standard 中选择需要的 C 语言标准 C99。然后单击 Create 按钮,如图 2-99 所示。

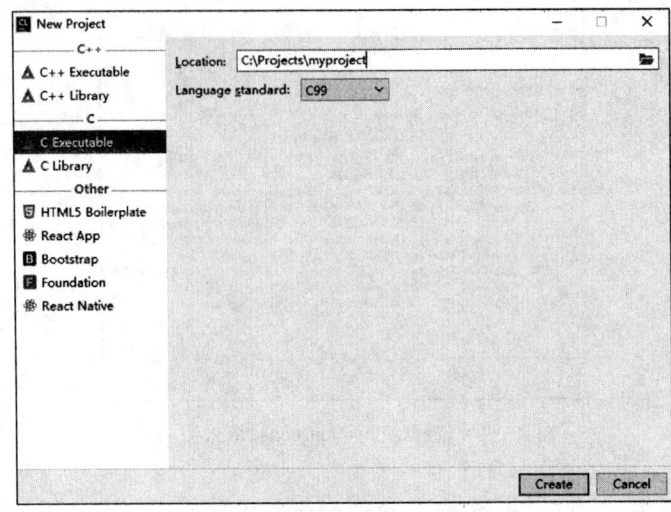

图 2-99 选择项目文件保存的路径和 C 语言标准

此时,在左侧 myproject 项目下,可以看到 CLion 自动添加了源代码文件 main.c。在右侧代码编辑窗口中可以发现,CLion 已经默认生成了一个输出 Hello World 的程序,如图 2-100 所示。

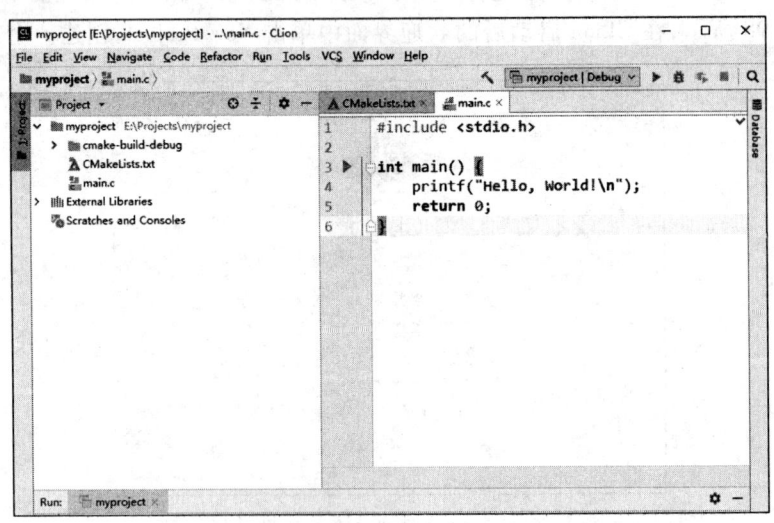

图 2-100 默认生成 Hello World 程序

2.3.5 编译和运行

CLion 编译并运行程序的方法有如下几种。

（1）单击工具栏的"运行"按钮▶。
（2）在主菜单项 Run 中选择相应的操作项，如图 2-101 所示。运行结果如图 2-102 所示。

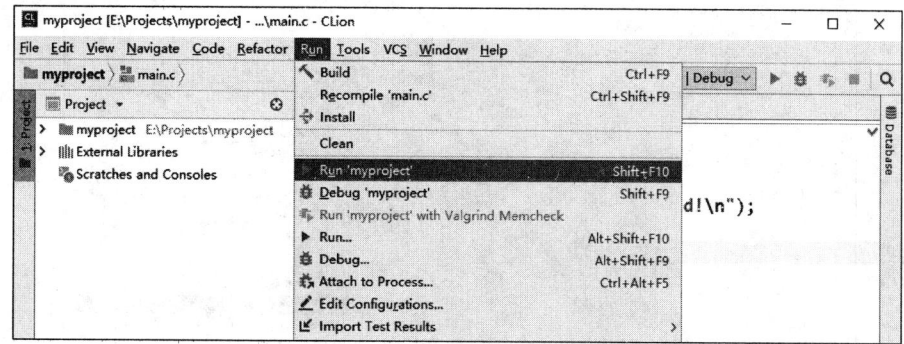

图 2-101　在下拉菜单中选择运行程序

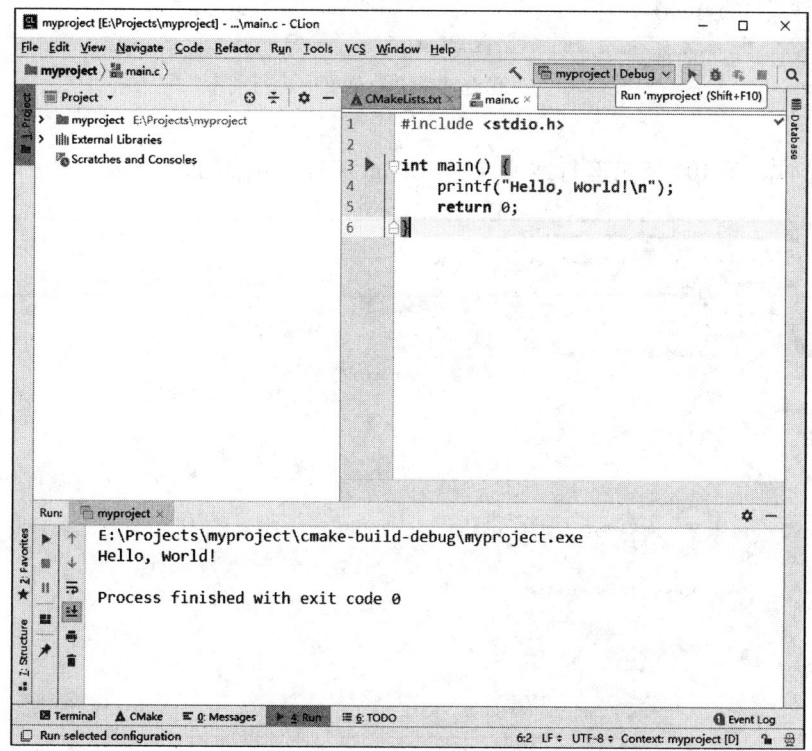

图 2-102　单击工具栏的运行按钮运行程序

（3）在代码编辑窗口 main 函数内单击右键，在弹出的菜单中单击 Run'myproject'选项，如图 2-103 所示。

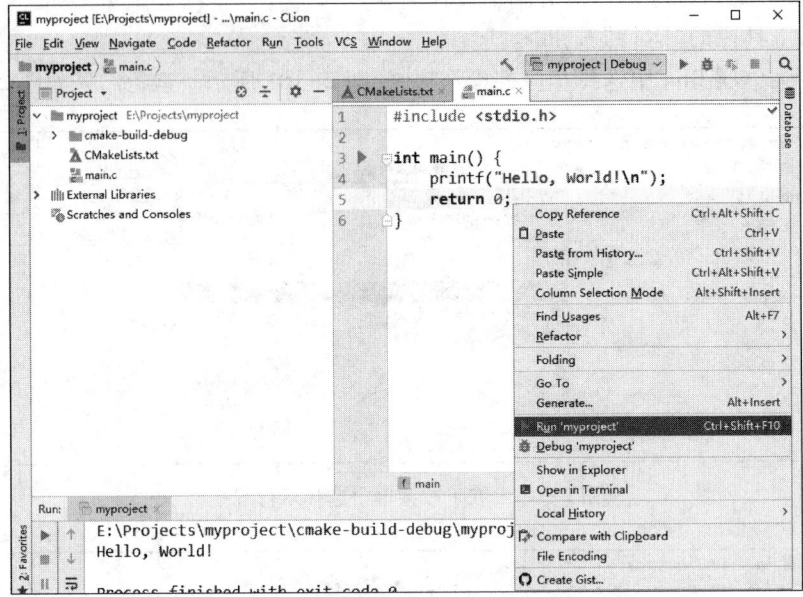

图 2-103　在右键弹出的菜单中运行程序

如果出现如图 2-104 所示运行结果，说明 CLion 配置成功，可以开始编写代码了。

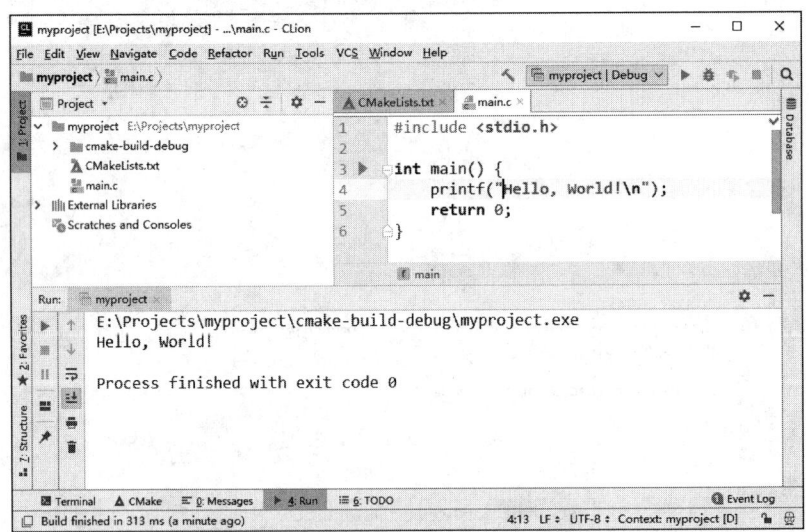

图 2-104　Hello World 程序的运行结果

2.3.6 调试程序

在 CLion 的 Debugger 窗口上方可以看到如图 2-105 所示的调试工具按钮。

图 2-105 CLion 调试工具按钮

从左至右各按钮的名称和功能如下：
- Step Over(F8)：执行下一行代码，然后在下一行中断，即使本行含有函数调用，也不会进入函数执行，而是直接跳过。
- Step Into(F7)：步入。不同于 Step Over，此功能会跳入函数执行，如果需要调试函数内部的代码，可以使用此功能。
- Force Step Into(Shift+F8)：强制步入。与步入功能类似，但不同的是步入功能不会步入库函数，此功能会步入库函数，并以汇编代码的方式展示函数体。
- Step Out(Alt+Shift+F7)：跳出。当需要跳出正在执行的函数时，使用此功能。
- Run to Cursor(Alt+F9)：执行程序并且在光标所在行中断。当不想设置断点，却又想在某处中断时，可以将光标移动到想要中断的那行代码上，然后使用此功能。

除了以上几个调试工具按钮外，还有几个与调试相关的常用按钮，具体如下所示：
- 开始调试，与其他大多数 IDE 不同的是若程序中断在某个断点处，单击该按钮后，程序不会继续执行，而是重新开启一个调试实例。CLion 中几乎所有与调试相关的功能都必须要在开始调试之后才能使用。
- 中止调试，如果找到错误，或是不想继续调试，可以使用中止调试。
- 若程序中断在某个断点处，单击该按钮后，程序会继续执行，一直遇到下一个断点或程序执行结束。
- 当程序使用调试模式运行时，单击该按钮，程序会被中断到调试器，等待用户进行调试。
- 查看断点。
- 禁用断点。

下面继续使用例 2.1 来学习 CLion 的使用与调试。为了演示 CLion 出色的调试功能，在例 2.1 程序中又引入了一些语法错误。错误程序如下：

```
1    #define ARRSIZE 5
2
3    int  FindMin(int a[], int n);
4    int main(void)
5    {
6        int min;
```

```
 7          int a[ARRSIZE] = {5,4,3,2,1};
 8
 9          min = FindMin(a , ARRSIZE);
10          printf("min=%d\n", min);
11
12          return 0;
13      }
14      int FindMi(int a[],  n)
15      {
16          int min, j;
17
18          for (j=1; j<n; j++)
19          {
20              if (a[j] < min)
21              {
22                  min = a[j];
23              }
24          }
25          return min
26      }
```

首先,将程序复制到 CLion 的编辑窗口后,可以看到第 10 行 printf 函数呈红色,把鼠标放到 printf 函数上,CLion 提示 Can't resolve variable 'printf',如图 2-106 所示。原因是程序中没有导

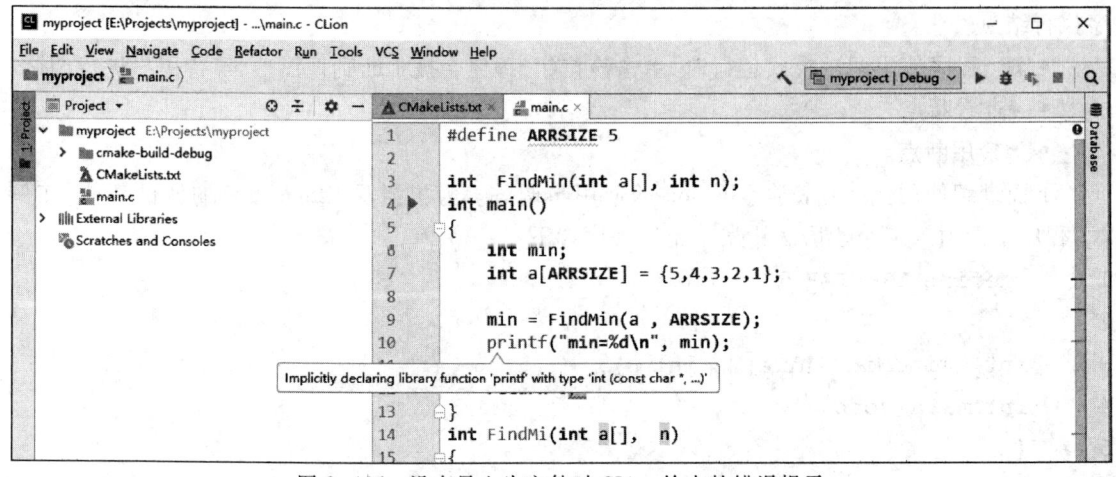

图 2-106　没有导入头文件时 CLion 给出的错误提示

入 stdio.h 头文件,所以 CLion 找不到 printf 被定义或声明的地方。

为了解决这个问题,首先单击 printf 函数,把插入符定位到 printf 函数中,如图 2-107 所示,可以看到 CLion 提示,按 Alt+Enter 组合键可以导入 printf 函数的头文件。

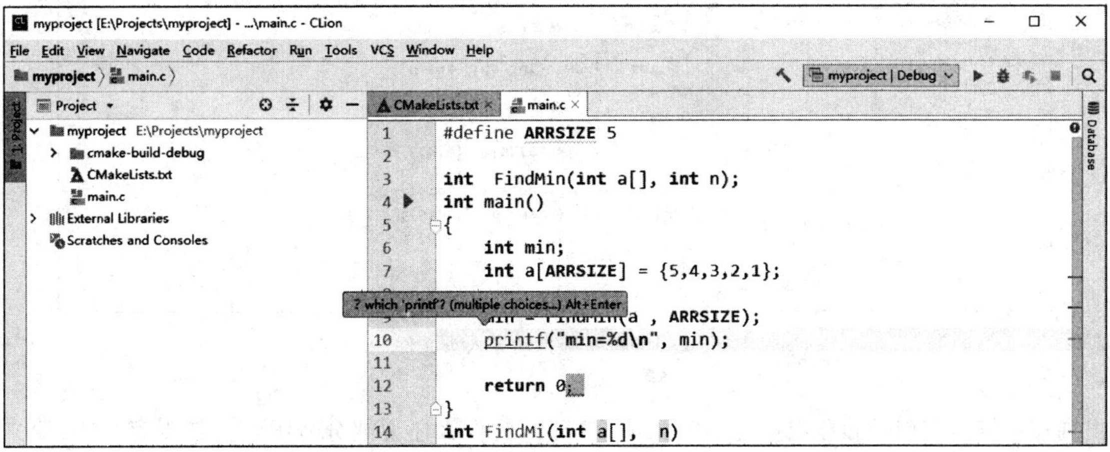

图 2-107 提示如何导入头文件

如图 2-108 所示,系统提示 printf 函数的头文件是 stdio.h,即在头文件 stdio.h 中有该函数的声明,选择 Import function 'printf' from <stdio.h>,CLion 自动导入了头文件 stdio.h。

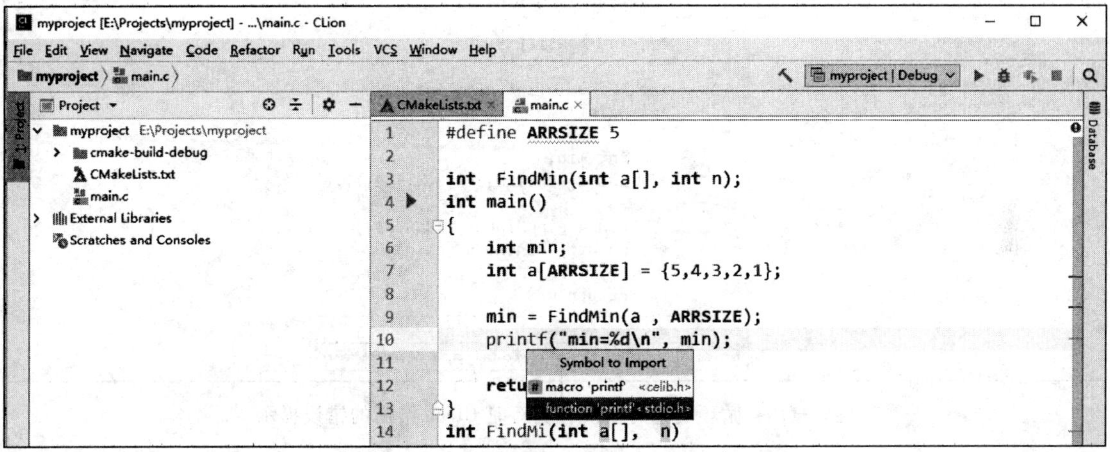

图 2-108 提示导入头文件的名称

如图 2-109 所示,第 14 行 return 语句后,分号的背景颜色为红色(红色的背景都意味着问题比较严重),把鼠标移到其上,可以看到 CLion 提示"return 语句缺少分号,非 ASCII 字符不能

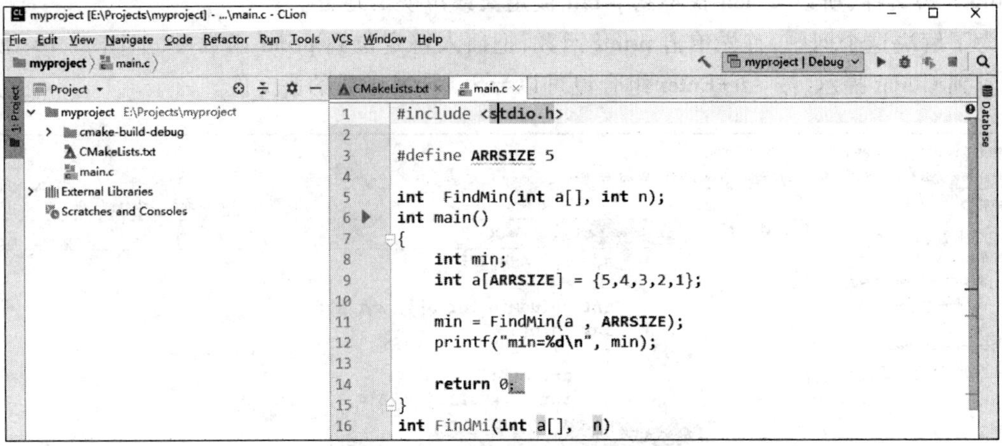

图 2-109 系统自动导入头文件

出现在字符串字面量和标识符之外",明明有分号,为什么还说缺分号呢？仔细观察发现,原来这个分号与其他分号长得不太一样,是在中文输入法下输入的分号,如图 2-110 所示。

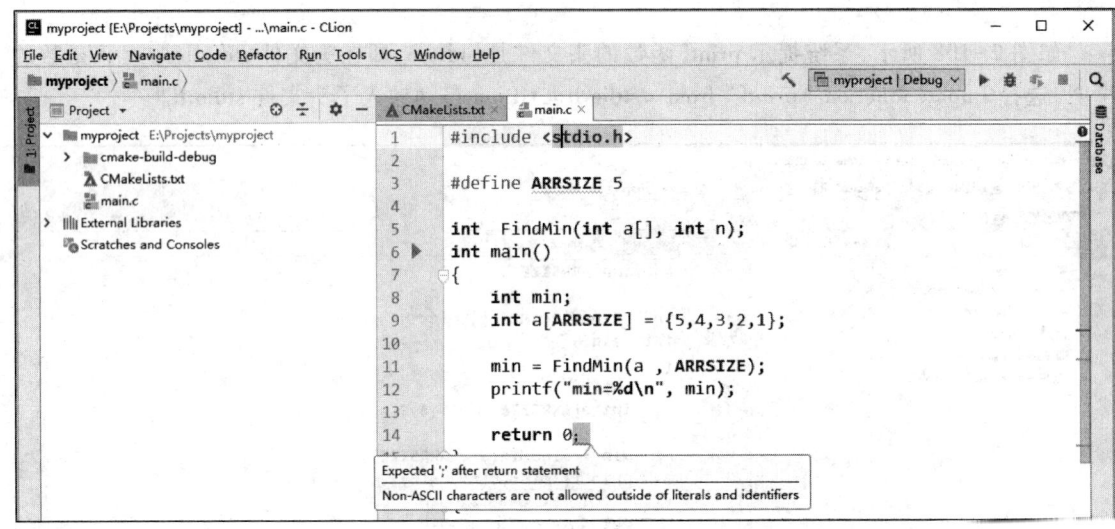

图 2-110 循环变量的值没有更新时 CLion 给出的错误提示

修改程序第 14 行语句末尾的分号为英文输入法下的分号,这时,代码的背景色和其他代码的背景色一样了。

仔细观察第 27 行代码,min 的后面有一个红色波浪线,鼠标放上去后 CLion 提示"该语句缺少分号",如图 2-111 所示。

2.3 CLion 集成开发环境的使用和调试方法 • 303

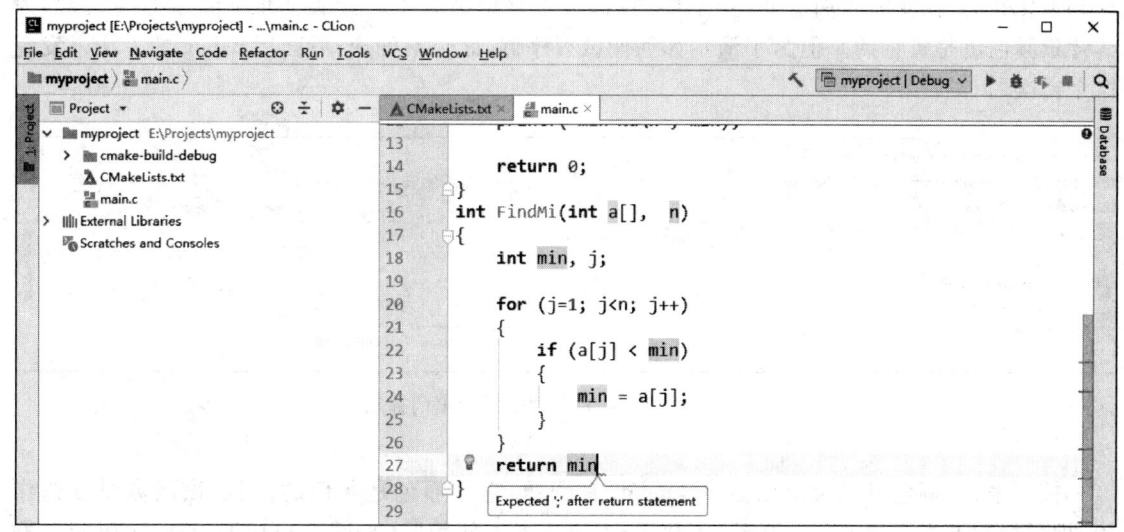

图 2-111 语句缺少分号时 CLion 给出的错误提示

把第 27 行的分号补上之后,红色波浪线就消失了。此时,在编辑窗口又发现了一些异常现象,第 16 行语句的 a 和 n 的背景是黄色的。把鼠标放到 a 上后 CLion 提示"指针参数 a 可以声明为指向常量的指针"(如图 2-112 所示),原因是在函数内并不需要修改数组 a 的元素值。

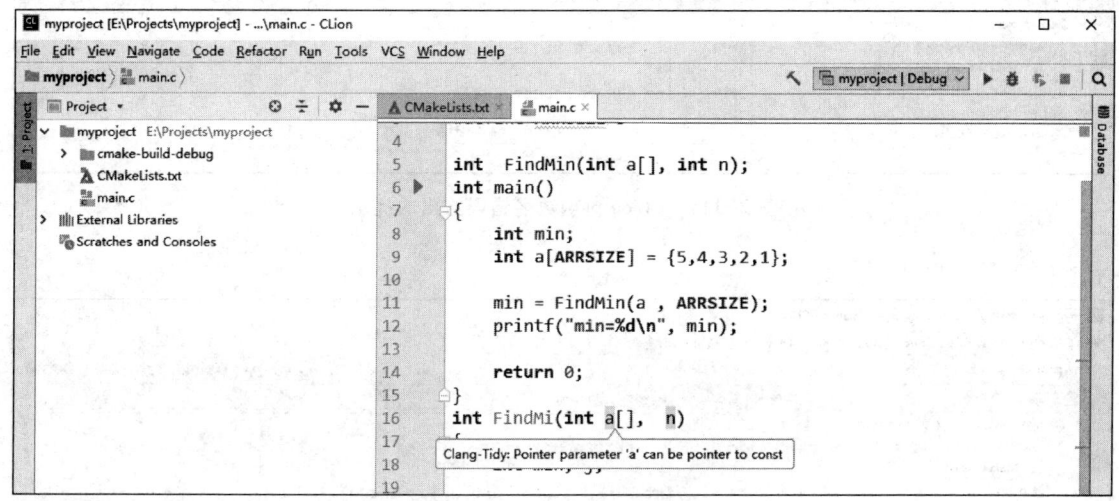

图 2-112 CLion 对代码给出的修改建议

为了避免误修改,可以在类型前面加上 const(包括函数原型也做相应修改)。加上 const 以后,黄色背景消失了。再把鼠标放到 n 上后,CLion 提示"类型说明符丢失,默认为 int"(如图

2-113 所示）。在 n 前面加上 int 类型声明后，黄色背景消失了。其实变量 min 也有问题，因为其背景颜色也是黄色的。但为了演示如何调试程序，此处暂不处理，后面用 debug 的方法来发现这个错误。

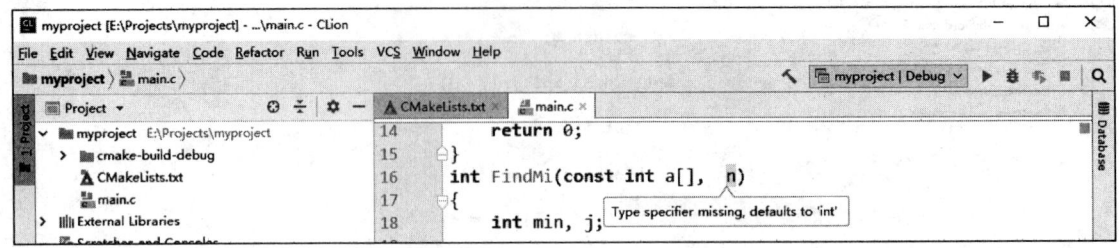

图 2-113　CLion 对参数错误给出的提示

接下来，从颜色可以看出函数名 FindMi 有问题，它的颜色是灰色的，表示该函数没发挥作用，把鼠标放上去发现 CLion 提示"函数 FindMi 从未被使用"（如图 2-114 所示），按照提示按 Ctrl+F1 组合键后，出现新的检查提示"全局函数或变量声明从未被访问或书写"（如图 2-115 所示），根据提示不难发现原来是函数名 FindMi 写错导致的。

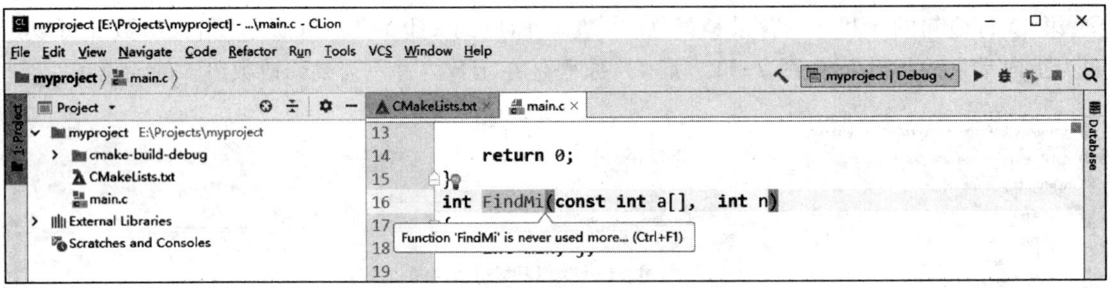

图 2-114　CLion 对函数名错误给出的提示

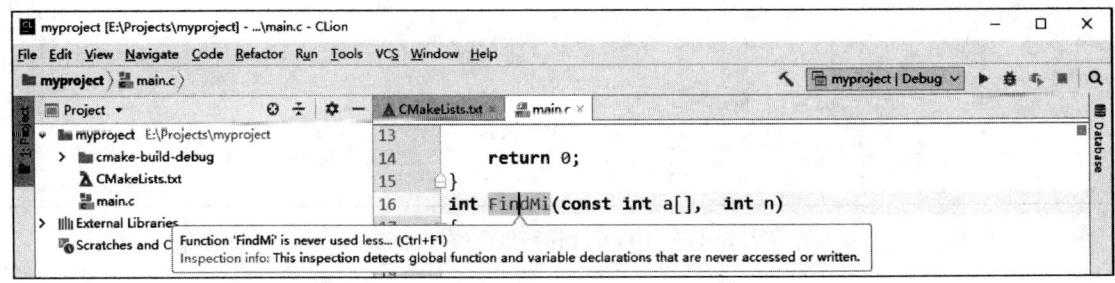

图 2-115　按 Ctrl+F1 组合键后系统给出新的检查提示

在没有运行程序的情况下,CLion 就能找出不少错误,极大地提高了编程的效率,这是 CLion 相对于其他 IDE 的强大之处。当然,这要归功于它添加了基于 clang 的静态代码分析框架 clang-tidy,通过对程序进行静态分析,无需运行程序即可找出很多语法或风格类错误,但是对于一些将"+"写为"-"这样的逻辑错误是无能为力的,因为 CLion 无法判断程序员的真正意图。

将函数名修改正确使其与函数原型一致(即将 FindMi 修改为 FindMin)后,程序终于能够正常运行了,但是输出结果不对,如图 2-116 所示,最小值显然不是 0,哪里错了呢?

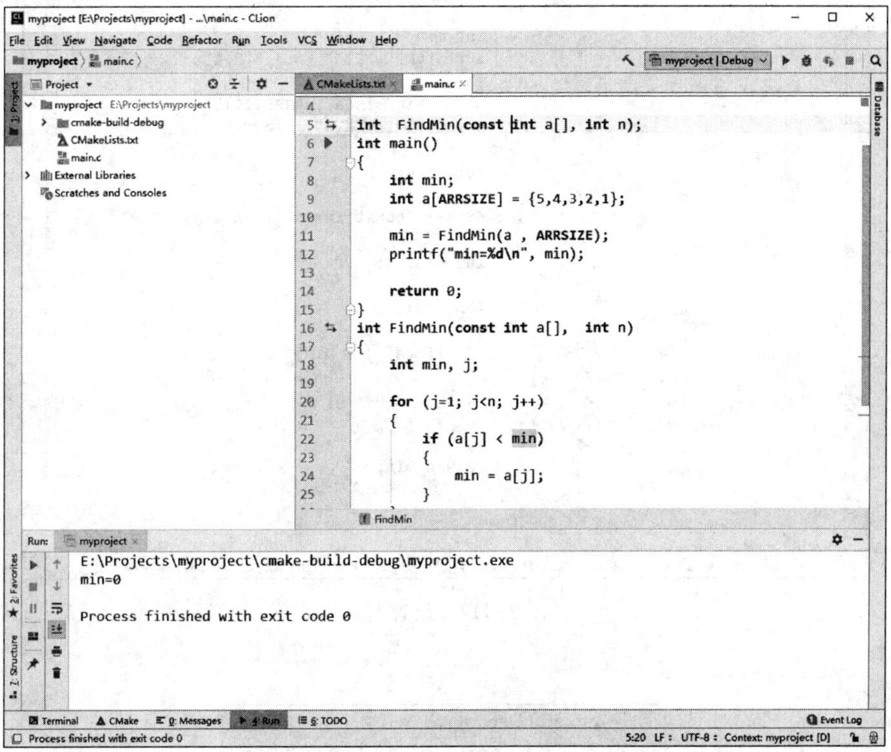

图 2-116 运行程序显示错误的运行结果

接下来,通过动态调试来解决这一问题。

1. 设置断点

在代码行号的右侧空白处单击鼠标左键,或在光标所在行位置按 **Ctrl+F8** 快捷键,出现红色圆点后,即表示在该行成功设置了断点。如图 2-117 所示,在程序的第 9 行设置了断点。单击红色圆点后,取消断点。

2. 开始调试

设置断点后,就可以开始调试操作了。如图 2-118 所示,单击菜单栏右侧的调试按钮,或者按 **Shift+F9** 快捷键开始调试。

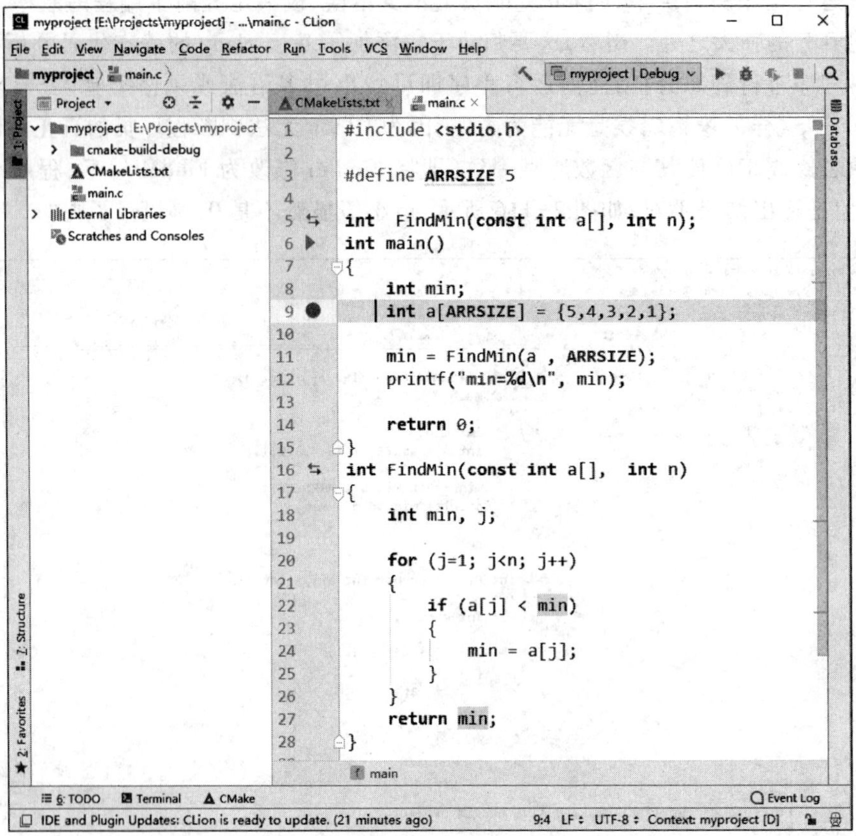

图 2-117 设置断点

图 2-118 单击调试按钮开始调试

  此时,程序会在遇到的第一个断点处中断,等待用户的进一步操作,此时中断的行变为蓝色,可以看到,CLion 已经把程序中变量的值显示在了对应行的后面,由于没有对 min 进行初始化,所以 min 的值是一个随机数,如图 2-119 所示。在不同的编译器下这些值有所不同。

3. 观察变量

  CLion 提供了多种观察变量的手段。在调试模式下,对应代码行后面 CLion 会显示变量的值,方便直接观察。也可以通过 Debugger 窗口中的 Variables 来观察各个变量的值。进入调试模式后,单击窗口底部的 Debug 按钮即可看到 Variables 窗口,如图 2-120 所示。

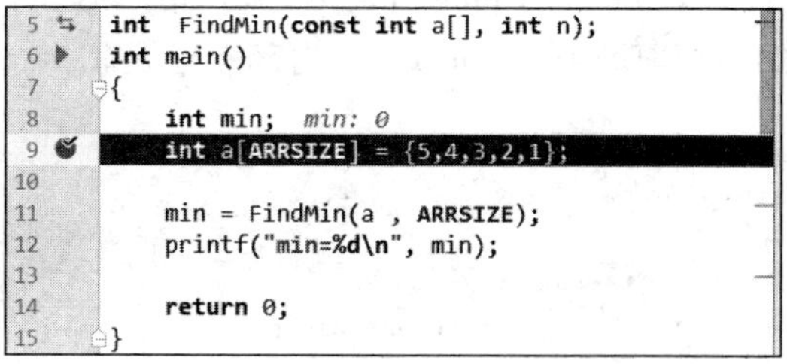

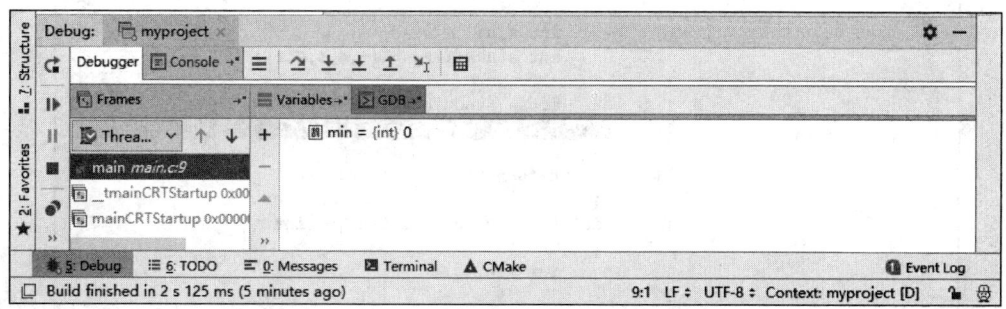

图 2-119　遇断点后程序中断执行

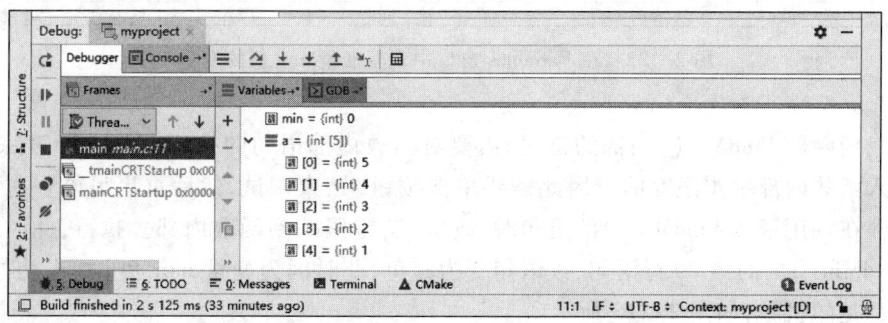

图 2-120　单击 Debug 按钮可看到 Variables 窗口

如果想要观察其他变量的值,可以手动将待观察的变量添加到变量窗口中。单击按钮+,在编辑框中填写变量名,然后即可看到该变量的值。

单击 Step Over 按钮或者按 F8 键进行单步执行,程序中断在下一条语句"min = FindMin(a,ARRSIZE);"处,而数组 a 的元素已经被赋值,通过 Variables 窗口可以看到数组 a 的元素值确实发生了改变,如图 2-121 所示。

图 2-121　在 Variables 窗口中观察数组元素值的变化

继续按 F8 键,单步执行完第 11 行的 FindMin 函数调用语句后,min 的值还是 0(如图 2-122 所示),而不是我们期望的 1,这说明函数 FindMin()内部有错误。

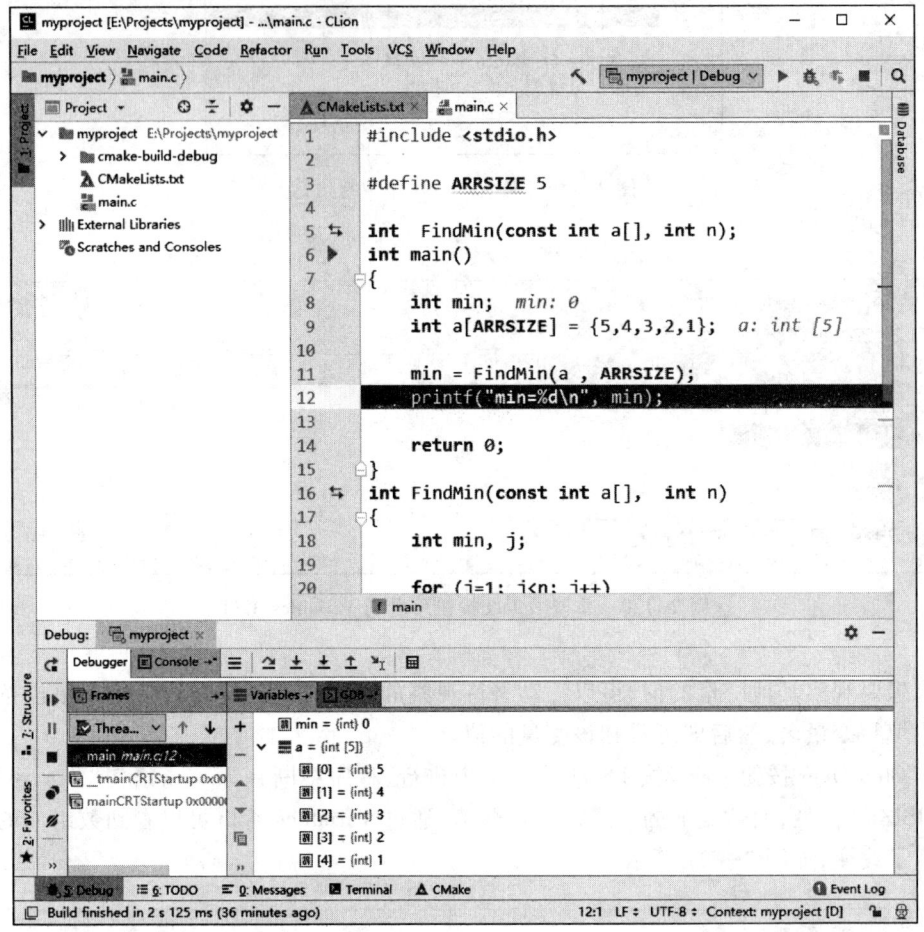

图 2-122　在 Variables 窗口中观察变量 min 值的变化

　　为了找到函数 FindMin()内部的错误,需要对函数内部语句的执行情况进行跟踪,而按 F8 键是不进入函数内部单步跟踪的。因此需要单击按钮■结束调试,然后重启另外一次调试。当单步执行停在调用函数 FindMin()的语句时,改按 F7 键跟踪到函数内部去执行,此时程序暂停在函数 FindMin()内的第 20 行语句,该语句变为蓝色,此时因为变量 min 和 j 均未初始化,因此它们的值都是随机数,如图 2-123 所示。

　　继续按 F8 键,可以发现第 24 行的语句始终未被执行,min 的值始终也没有改变,这是因为 min 中的随机值比数组 a 中的所有元素值都小的缘故。这样,通过使用单步调试和观察变量的方法,就找到了函数内部的错误,用 a[0]对 min 赋初值后程序运行结果正确。当然,本例如果不

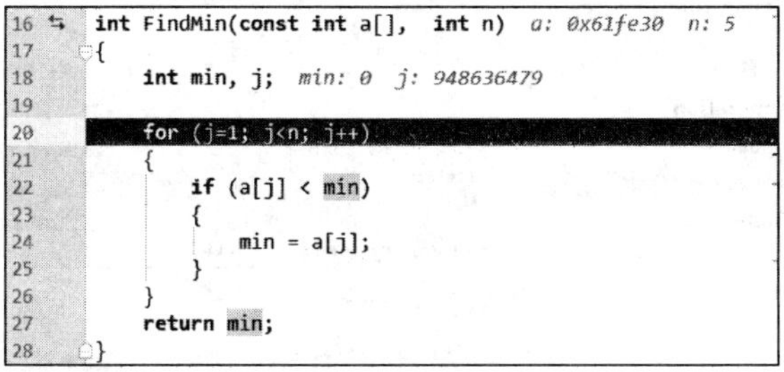

图 2-123　按 F7 键跟踪到函数内部去执行

通过单步执行,仅通过观察变量的颜色也能发现这个错误。

4. 命令行参数程序调试

有一些程序在运行时需要通过命令行方式将参数传递给程序,如何在 CLion 中调试带有命令行参数的程序呢? 首先需要单击主窗口菜单栏的 Run 按钮,然后在下拉菜单中选择 Edit Configurations,如图 2-124 所示。

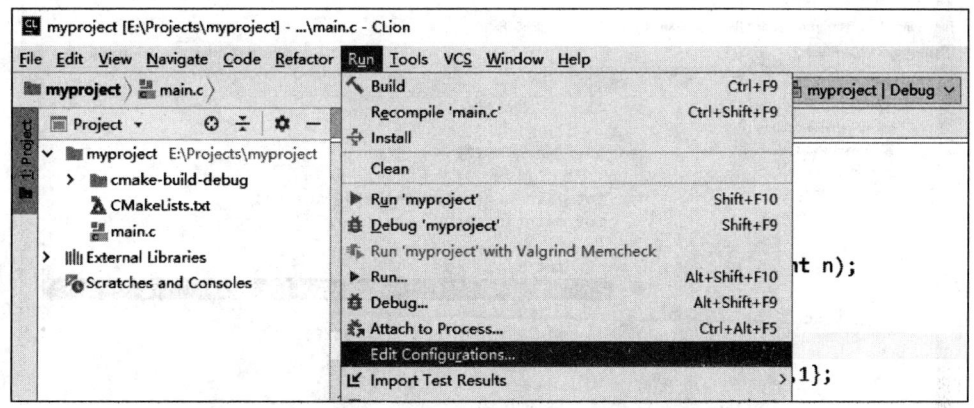

图 2-124　选择编辑命令行参数菜单

在弹出对话框的左边选择 myproject,在右边的 Program arguments 文本框中填写命令行参数,单击 Apply 按钮后再单击 OK 按钮,如图 2-125 所示。

为了方便查看参数的值,需要适当修改程序中 main 函数的声明,并在第 9 行处设置断点,如图 2-126 所示。此时按 Shift+F9 组合键开始调试程序,程序停留在主函数中的断点处。

启动变量观察窗口,并且添加两个变量值 argv[0] 和 argv[1],如图 2-127 所示。此时可以看到其中 argc 的值为 2,即有两个命令行参数,其中第一个参数 argv[0] 为可执行程序的完整目录,而第二个参数 argv[1] 为用户输入的命令行参数 hello。

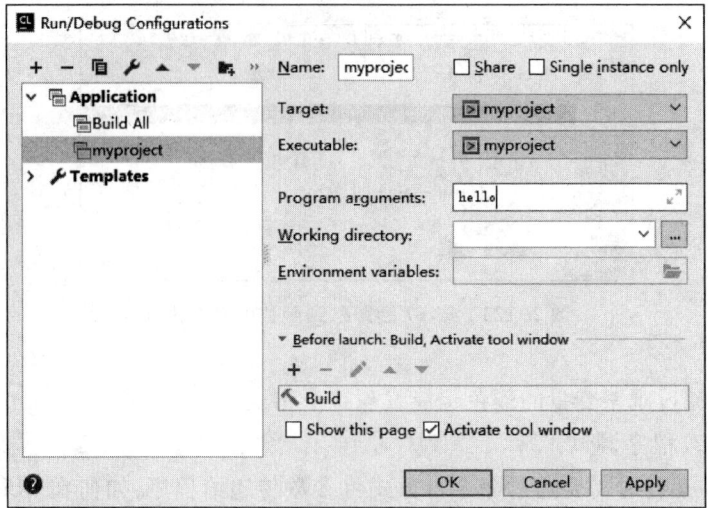

图 2-125 编辑命令行参数

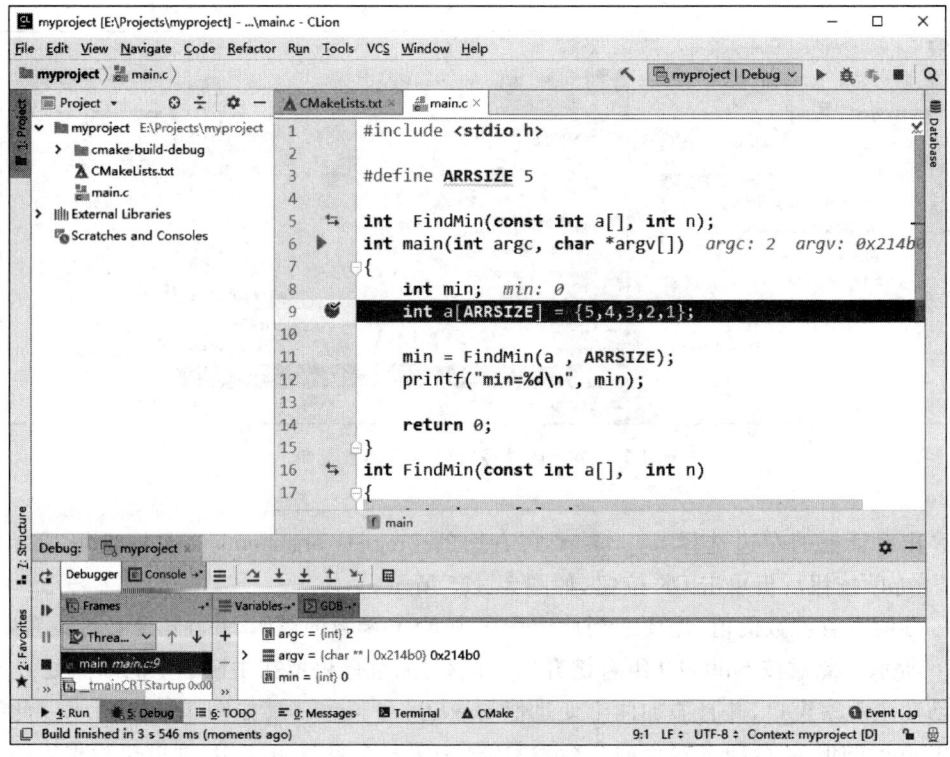

图 2-126 修改程序中 main 函数的声明以便接收命令行参数

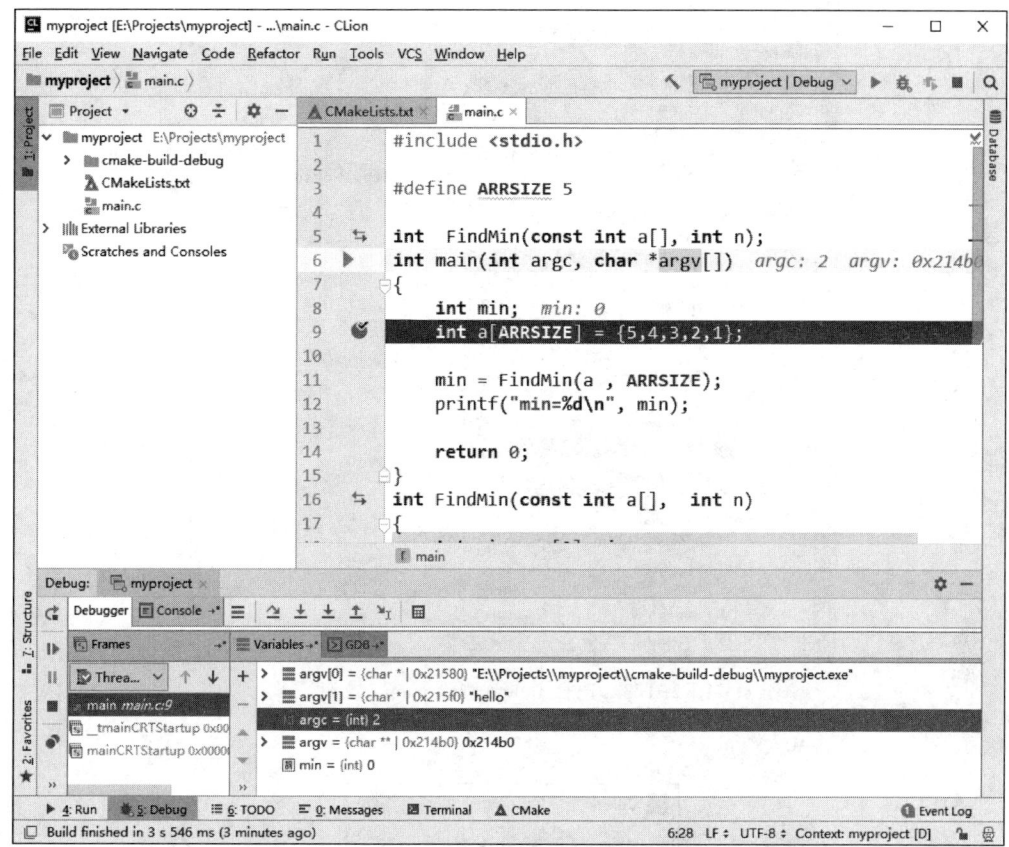

图 2-127　在变量观察窗口中观察 main 函数的参数值

2.3.7　CLion 下的多文件项目开发

在实际的软件开发中，为了更好地管理项目，通常需要进行模块化的编程，功能相近或者相关性很大的代码通常放在一个源文件中。本节先介绍如何将已写好的代码文件添加到项目中，然后介绍如何在项目中增加全新的代码文件。

首先，创建控制台项目 multifile，在新建的项目中 CLion 自动添加了源代码文件 main.c。但是我们不用这个文件，在 CLion 的项目（Project）中，展开 multifile 项目的文件夹，在文件名 main.c 上单击鼠标右键，选择 Delete（如图 2-128 所示），然后在弹出的对话框中单击 OK 按钮（如图 2-129 所示），即可删除这个 main.c 文件。这样得到的是一个不包含任何代码文件的空项目。

将已有的多个源文件组合成一个完整项目的方法如下。

（1）将代码文件拷贝到 CLion 的项目 multi 所在文件夹中，结果如图 2-130 所示。

（2）编写 CMakeLists.txt 文件。CLion 是用 CMake 来管理项目的，关于 CMake 的详细用法请

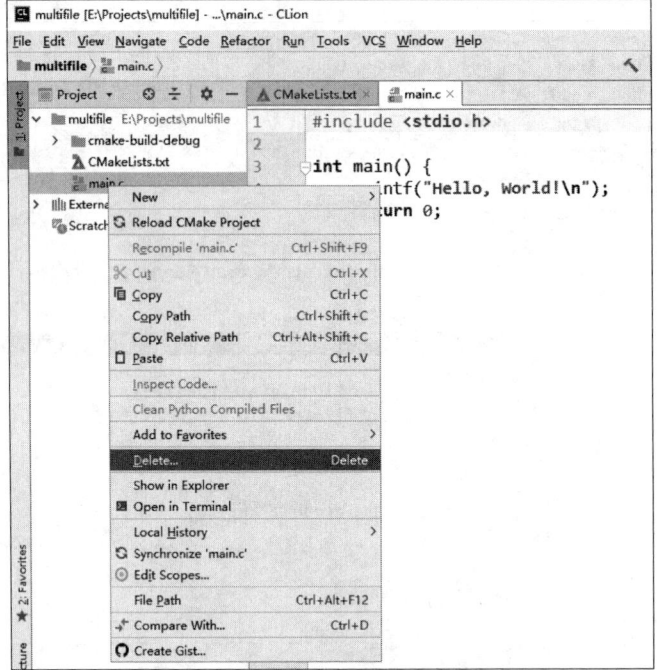

图 2-128　选择 Delete 删除 main.c 文件

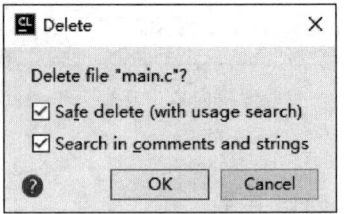

图 2-129　单击 OK 按钮删除 main.c 文件

名称	修改日期	类型	大小
.idea	2018/9/20 20:28	文件夹	
cmake-build-debug	2018/9/20 20:24	文件夹	
CMakeLists.txt	2018/9/20 20:24	文本文档	1 KB
main.c	2017/10/23 15:35	C 文件	1 KB
prime.c	2017/10/24 16:55	C 文件	1 KB
prime.h	2017/10/24 16:48	C++ Header file	1 KB

图 2-130　将代码文件拷贝到项目所在文件夹中

读者参阅相关资料。这里只给出操作步骤,如图 2-131 所示,修改 CMakeLists.txt 文件中第 6 行为 add_executable(multifile main.c sum.c sum.h)。然后单击 Reload changes。

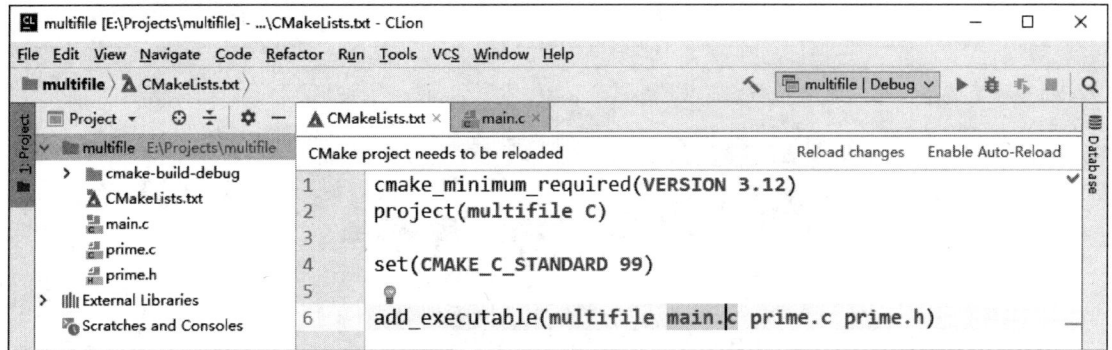

图 2-131　修改 CMakeLists.txt 文件

(3) 按照前文所述方法运行项目,如图 2-132 所示。

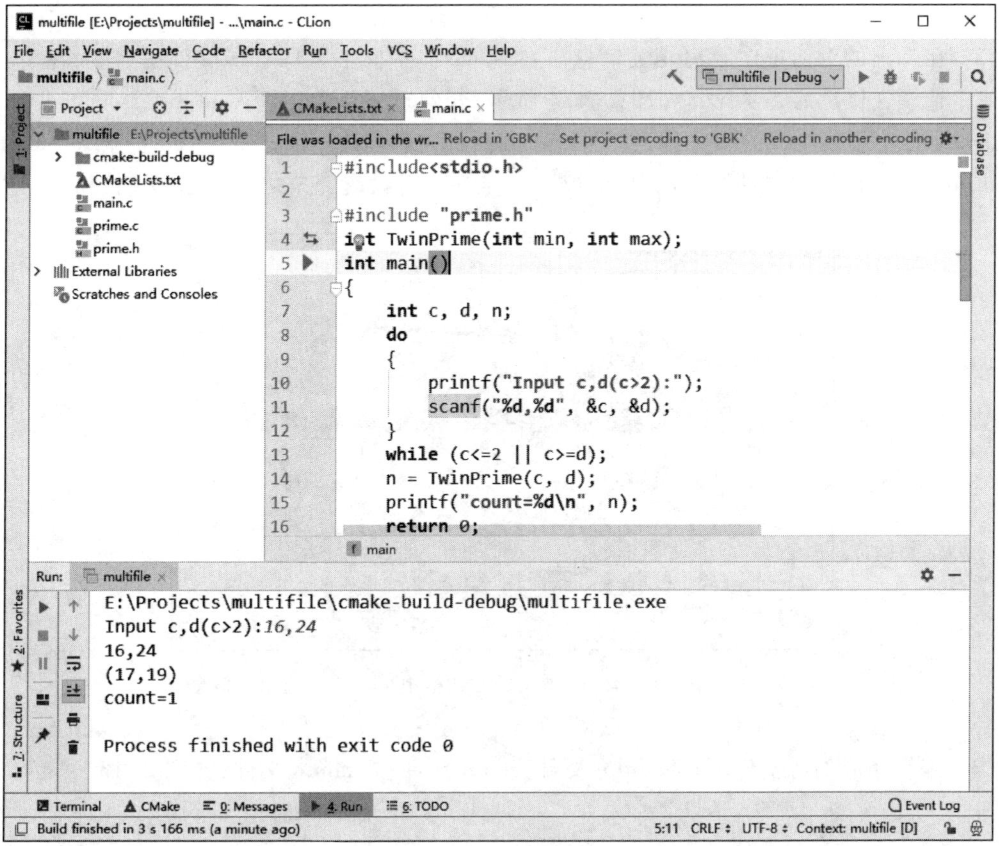

图 2-132　运行项目

在项目中添加一个新的源文件（.c 或 .h）的方法如下。

（1）在 CLion 的项目上单击右键，在弹出菜单上选择 New→C/C++ Source File，如图 2-133 所示。

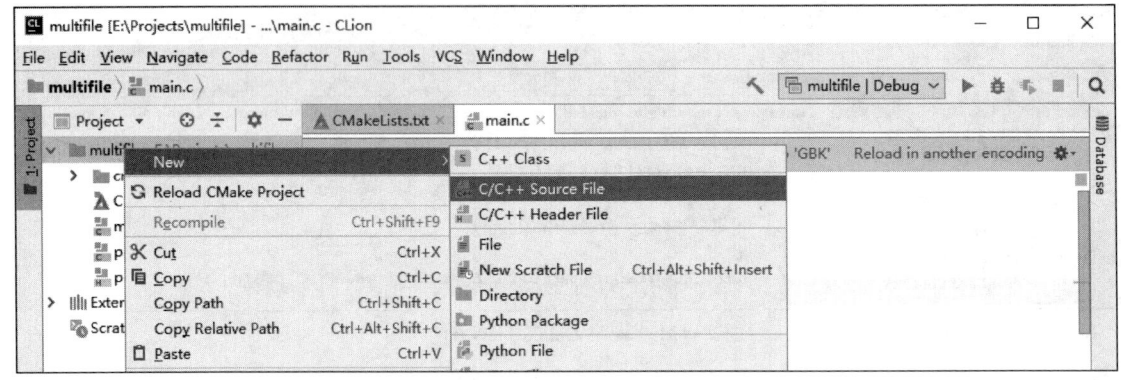

图 2-133　选择新建一个 C 文件

（2）在弹出的对话框中填写相关信息。在 Name 文本框中填写 C 源文件的名字，在 Type 下拉菜单中选择文件后缀名为 .c。如图 2-134 所示，若勾选了下面的 Create an associated header，则 CLion 会自动创建对应的头文件，并且 Type 其后的内容变成了 ".c/.h"。再勾选 Add to targets 和 multifile，表示创建的文件要关联到 multifile。上述内容设置完毕之后单击 OK 按钮。

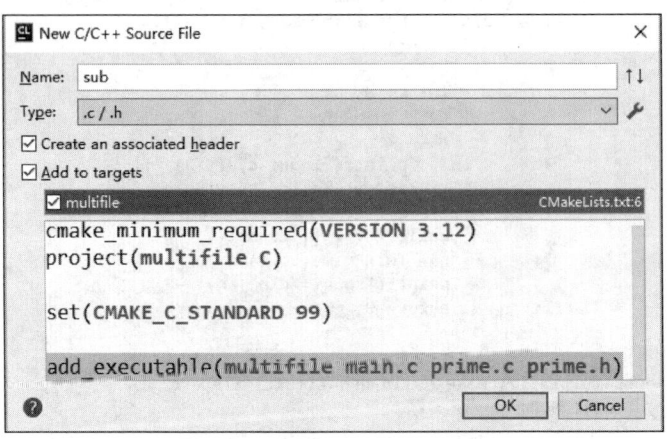

图 2-134　在新建 C 文件弹出的对话框中填写或勾选相关信息

（3）编辑相应的源文件，包括 sub.c 文件、sub.h 文件和 main.c 文件，如图 2-135 所示。

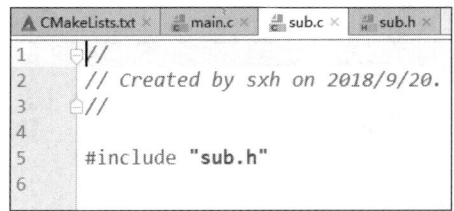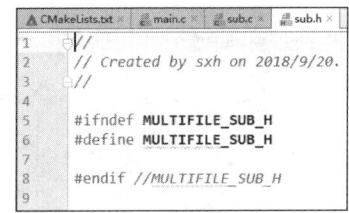

图 2-135　编辑相应的源文件

（4）按照前文所述方法运行程序。注意，在自动生成的 sub.h 文件中自动生成了如下几行代码，其主要作用是使用条件编译防止头文件被多重包含。

```
#ifndef MULTIFILE_SUB_H
#define MULTIFILE_SUB_H
//这里可以填写头文件的内容，例如函数原型声明等
#endif //MULTIFILE_SUB_H
```

2.3.8　在 CLion 下导入外部库

【例 2.3】创建一个名为 helloworld 的项目，使其能够循环播放葫芦娃音乐。

```
1    #include <stdio.h>
2    #include <stdlib.h>
3    #include <windows.h>
4    int main(void)
5    {
6        //异步循环播放葫芦娃音乐
7        PlaySound ("huluwa.wav", NULL, SND_ASYNC|SND_LOOP|SND_NODE-
            FAULT);
8        system("pause");
9        return 0;
10   }
```

按照前述的方法对项目进行编译和链接，此时 Message 窗口中报错如图 2-136 所示。

根据错误提示可知，链接器找不到函数 PlaySound 定义的地方。这是由于函数声明 windows.h 中并没有这个函数的实现，该函数在库文件 winmm.lib 中。此时，需要在工程中引入第三方库。单击 CMakeLists.txt 文件，在最后一行加入指令 target_link_libraries(helloworld winmm.lib) 或 target_link_libraries(helloworld winmm)。再单击 Reload changes 更新 CMake 文件，如图 2-137 所示。

注意，CMake 文件中第 8 行括号内的项目名一定要和第 6 行的项目名一致。再次编译运行

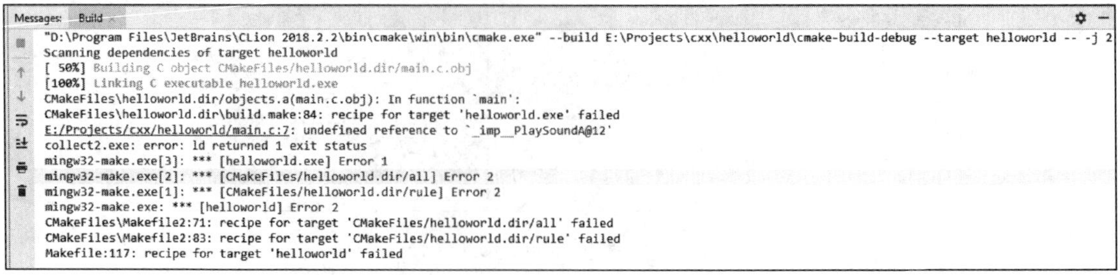

图 2-136　没有导入第三方库时的编译报错信息

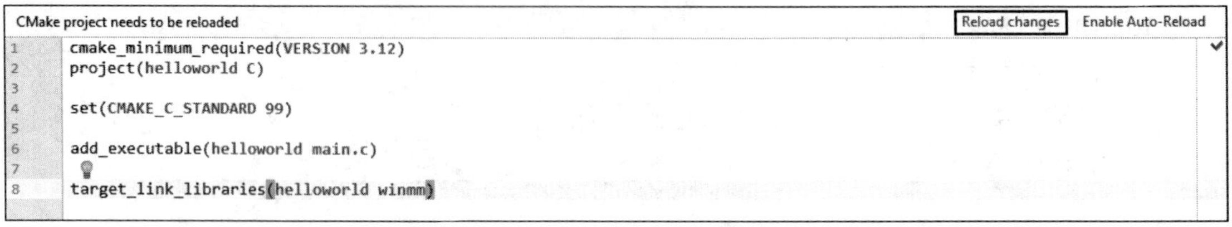

图 2-137　修改并更新 CMake 文件

项目,发现项目可以正常编译运行,说明第三方库已经导入成功。但是并没有播放音乐,原因是还没有提供音乐文件。找到一段葫芦娃的 wav 音频文件 huluwa.wav,将其复制到 cmake-build-debug 目录下,如图 2-138 所示。再次运行程序就能听到想要播放的音乐了。

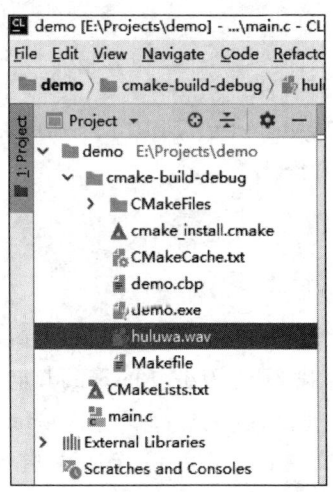

图 2-138　将音频文件复制到 cmake-build-debug 目录下

第3章 实验题目与解答

3.1 实验1：学生成绩管理系统

1. 实验内容

某班有最多不超过30人(具体人数由键盘输入)参加期末考试,最多不超过6门(具体门数由键盘输入)。请使用结构体数组、排序查找算法以及模块化程序设计方法编程实现如下菜单驱动的学生成绩管理系统：

(1) 输入每个学生的学号、姓名和各科考试成绩；
(2) 计算每门课程的总分和平均分；
(3) 计算每个学生的总分和平均分；
(4) 按每个学生的总分由高到低排出名次表；
(5) 按每个学生的总分由低到高排出名次表；
(6) 按学号由小到大排出成绩表；
(7) 按姓名的字典顺序排出成绩表；
(8) 按学号查询学生排名及其考试成绩；
(9) 按姓名查询学生排名及其考试成绩；
(10) 按优秀(90~100)、良好(80~89)、中等(70~79)、及格(60~69)、不及格(0~59)5个类别,对每门课程分别统计每个类别的人数以及所占的百分比；
(11) 输出每个学生的学号、姓名、各科考试成绩,以及每门课程的总分和平均分；
(12) 将每个学生的记录信息写入文件；
(13) 从文件中读出每个学生的记录信息并显示。

2. 实验要求

要求程序运行后先显示如下菜单,并提示用户输入选项：

1. Input record
2. Calculate total and average score of every course
3. Calculate total and average score of every student
4. Sort in descending order by total score of every student
5. Sort in ascending order by total score of every student
6. Sort in ascending order by number

    7. Sort in dictionary order by name
    8. Search by number
    9. Search by name
    10. Statistic analysis for every course
    11. List record
    12. Write to a file
    13. Read from a file
    0. Exit
    Please enter your choice:

然后,根据用户输入的选项执行相应的操作。

3. 实验参考程序

```
1   #include <stdio.h>
2   #include <stdlib.h>
3   #include <string.h>
4   #define   MAX_LEN   10              // 字符串最大长度
5   #define   STU_NUM 30                // 最多的学生人数
6   #define   COURSE_NUM 6              // 最多的考试科目数
7   typedef struct student
8   {
9       long num;                       // 每个学生的学号
10      char name[MAX_LEN];             // 每个学生的姓名
11      float score[COURSE_NUM];        // 每个学生 COURSE_NUM 门功课的成绩
12      float sum;                      // 每个学生的总成绩
13      float aver;                     // 每个学生的平均成绩
14  }STU;
15  int   Menu(void);
16  void ReadScore(STU stu[], int n, int m);
17  void AverSumofEveryStudent(STU stu[], int n, int m);
18  void AverSumofEveryCourse(STU stu[], int n, int m);
19  void SortbyScore(STU stu[],int n,int m,int (* compare)(float a,float b));
20  int Ascending(float a, float b);
21  int Descending(float a, float b);
22  void SwapFloat(float * x, float * y);
23  void SwapLong(long * x, long * y);
```

```c
24  void SwapChar(char x[], char y[]);
25  void AsSortbyNum(STU stu[], int n, int m);
26  void SortbyName(STU stu[], int n, int m);
27  void SearchbyNum(STU stu[], int n, int m);
28  void SearchbyName(STU stu[], int n, int m);
29  void StatisticAnalysis(STU stu[], int n, int m);
30  void PrintScore(STU stu[], int n, int m);
31  void WritetoFile(STU record[], int n, int m);
32  void ReadfromFile(STU record[], int *n, int *m);
33  int main(void)
34  {
35      char   ch;
36      int    n = 0, m = 0;
37      STU    stu[STU_NUM];
38      printf("Input student number(n<%d):", STU_NUM);
39      scanf("%d", &n);
40      printf("Input course number(m<=%d):",COURSE_NUM);
41      scanf("%d", &m);
42      while (1)
43      {
44          ch = Menu();                    // 显示菜单,并读取用户输入
45          switch (ch)
46          {
47              case 1:ReadScore(stu, n, m);
48                  break;
49              case 2: AverSumofEveryCourse(stu, n, m);
50                  break;
51              case 3: AverSumofEveryStudent(stu, n, m);
52                  break;
53              case 4: SortbyScore(stu, n, m, Descending);
54                  printf("\nSort in descending order by score:\n");
55                  PrintScore(stu, n, m);
56                  break;
57              case 5: SortbyScore(stu, n, m, Ascending);
58                  printf("\nSort in ascending order by score:\n");
```

```c
                    PrintScore(stu, n, m);
                    break;
            case 6: AsSortbyNum(stu, n, m);
                    printf("\nSort in ascending order by number: \n");
                    PrintScore(stu, n, m);
                    break;
            case 7: SortbyName(stu, n, m);
                    printf("\nSort in dictionary order by name: \n");
                    PrintScore(stu, n, m);
                    break;
            case 8: SearchbyNum(stu, n, m);
                    break;
            case 9: SearchbyName(stu, n, m);
                    break;
            case 10: StatisticAnalysis(stu, n, m);
                    break;
            case 11:PrintScore(stu, n, m);
                    break;
            case 12:WritetoFile(stu, n, m);
                    break;
            case 13:ReadfromFile(stu, &n, &m);
                    break;
            case 0: printf("End of program!");
                    exit(0);
            default:printf("Input error!");
        }
    }
    return 0;
}
//   函数功能:显示菜单并获得用户键盘输入的选项
int Menu(void)
{
    int itemSelected;
    printf("Management for Students' scores \n");
    printf("1.Input record \n");
```

```c
 94         printf("2.Calculate total and average score of every course \n");
 95         printf("3.Calculate total and average score of every student \n");
 96         printf("4.Sort in descending order by score \n");
 97         printf("5.Sort in ascending order by score \n");
 98         printf("6.Sort in ascending order by number \n");
 99         printf("7.Sort in dictionary order by name \n");
100         printf("8.Search by number \n");
101         printf("9.Search by name \n");
102         printf("10.Statistic analysis \n");
103         printf("11.List record \n");
104         printf("12.Write to a file \n");
105         printf("13.Read from a file \n");
106         printf("0.Exit \n");
107         printf("Please Input your choice:");
108         scanf("%d", &itemSelected);            // 读入用户输入
109         return itemSelected;
110     }
111     // 函数功能:输入 n 个学生的 m 门课成绩
112     void ReadScore(STU stu[], int n, int m)
113     {
114         int i, j;
115         printf("Input student's ID, name and score: \n");
116         for (i=0; i<n; i++)
117         {
118             scanf("%ld%s", &stu[i].num, stu[i].name);
119             for (j=0; j<m; j++)
120             {
121                 scanf("%f", &stu[i].score[j]);
122             }
123         }
124     }
125     // 函数功能:计算每个学生各门课程的总分和平均分
126     void AverSumofEveryStudent(STU stu[], int n, int m)
127     {
128         int i, j;
```

```
129            for (i=0; i<n; i++)
130            {
131                stu[i].sum=0;
132                for (j=0; j<m; j++)
133                {
134                    stu[i].sum=stu[i].sum + stu[i].score[j];
135                }
136                stu[i].aver=m>0 ? stu[i].sum/m : -1;
137                printf("student %d: sum=%.0f, aver=%.0f \n",
138                    i+1, stu[i].sum, stu[i].aver);
139            }
140        }
141        // 函数功能:计算每门课程的总分和平均分
142        void  AverSumofEveryCourse(STU stu[], int n, int m)
143        {
144            int i, j;
145            float sum[COURSE_NUM], aver[COURSE_NUM];
146            for (j=0; j<m; j++)
147            {
148                sum[j]=0;
149                for (i=0; i<n; i++)
150                {
151                    sum[j]=sum[j] + stu[i].score[j];
152                }
153                aver[j]=n>0 ? sum[j]/n : -1;
154                printf("course %d:sum=%.0f, aver=%.0f \n",j+1,sum[j],aver[j]);
155            }
156        }
157        // 函数功能:按选择法将数组 sum 的元素值排序
158        void SortbyScore(STU stu[],int n,int m,int (* compare)(float a,float b))
159        {
160            int   i, j, k, t;
161            for (i=0; i<n-1; i++)
162            {
163                k = i;
```

```c
                for (j=i+1; j<n; j++)
                {
                    if ((* compare)(stu[j].sum, stu[k].sum)) k = j;
                }
                if (k != i)
                {
                    for (t=0; t<m; t++)                  // 交换 m 门课程的成绩
                    {
                        SwapFloat(&stu[k].score[t], &stu[i].score[t]);
                    }
                    SwapFloat(&stu[k].sum, &stu[i].sum);     // 交换总分
                    SwapFloat(&stu[k].aver, &stu[i].aver);    // 交换平均分
                    SwapLong(&stu[k].num, &stu[i].num);      // 交换学号
                    SwapChar(stu[k].name, stu[i].name);      // 交换姓名
                }
        }
}
// 使数据按升序排序
int Ascending(float a, float b)
{
    return a < b;          // 这样比较决定了按升序排序,如果 a<b,则交换
}
// 使数据按降序排序
int Descending(float a, float b)
{
     return a > b;          // 这样比较决定了按降序排序,如果 a>b,则交换
}
// 交换两个单精度浮点型数据
void   SwapFloat(float *x, float *y)
{
    float  temp;
    temp = *x;
    *x = *y;
    *y = temp;
}
```

```
199     // 交换两个长整型数据
200     void  SwapLong(long *x, long *y)
201     {
202         long   temp;
203         temp = *x;
204         *x = *y;
205         *y = temp;
206     }
207     // 交换两个字符串
208     void  SwapChar(char x[], char y[])
209     {
210         char temp[MAX_LEN];
211         strcpy(temp, x);
212         strcpy(x, y);
213         strcpy(y, temp);
214     }
215     // 函数功能:按选择法将数组 num 的元素值按从低到高排序
216     void AsSortbyNum(STU stu[], int n, int m)
217     {
218         int  i, j, k, t;
219         for (i=0; i<n-1; i++)
220         {
221             k=i;
222             for (j=i+1; j<n; j++)
223             {
224                 if (stu[j].num < stu[k].num)   k=j;
225             }
226             if (k !=i)
227             {
228                 for (t=0; t<m; t++)              // 交换 m 门课程的成绩
229                 {
230                     SwapFloat(&stu[k].score[t], &stu[i].score[t]);
231                 }
232                 SwapFloat(&stu[k].sum, &stu[i].sum);       // 交换总分
233                 SwapFloat(&stu[k].aver, &stu[i].aver);     // 交换平均分
```

```
234                SwapLong(&stu[k].num, &stu[i].num);              // 交换学号
235                SwapChar(stu[k].name, stu[i].name);              // 交换姓名
236            }
237        }
238 }
239 // 函数功能:交换法实现字符串按字典顺序排序
240 void SortbyName(STU stu[], int n, int m)
241 {
242     int  i, j, t;
243     for (i=0; i<n-1; i++)
244     {
245         for (j=i+1; j<n; j++)
246         {
247             if (strcmp(stu[j].name, stu[i].name) < 0)
248             {
249                 for (t=0; t<m; t++)                  // 交换 m 门课程的成绩
250                 {
251                     SwapFloat(&stu[i].score[t], &stu[j].score[t]);
252                 }
253                 SwapFloat(&stu[i].sum, &stu[j].sum);     // 交换总分
254                 SwapFloat(&stu[i].aver, &stu[j].aver);   // 交换平均分
255                 SwapLong(&stu[i].num, &stu[j].num);      // 交换学号
256                 SwapChar(stu[i].name, stu[j].name);      // 交换姓名
257             }
258         }
259     }
260 }
261 // 函数功能:按学号查找学生成绩并显示查找结果
262 void SearchbyNum(STU stu[], int n, int m)
263 {
264     long  number;
265     int   i, j;
266     printf("Input the number you want to search:");
267     scanf("%ld", &number);
268     for (i=0; i<n; i++)
```

```
269             {
370                 if (stu[i].num == number)
271                 {
272                     printf("%ld \t%s \t", stu[i].num, stu[i].name);
273                     for (j=0; j<m; j++)
274                     {
275                         printf("%.0f \t", stu[i].score[j]);
276                     }
277                     printf("%.0f \t%.0f \n", stu[i].sum, stu[i].aver);
278                     return;
279                 }
280             }
281             printf(" \nNot found!\n");
282     }
283     // 函数功能:按姓名的字典顺序排出成绩表
284     void SearchbyName(STU stu[], int n, int m)
285     {
286         char x[MAX_LEN];
287         int  i, j;
288         printf("Input the name you want to search:");
289         scanf("%s", x);
290         for (i=0; i<n; i++)
291         {
292             if (strcmp(stu[i].name, x)==0)
293             {
294                 printf("%ld \t%s \t", stu[i].num, stu[i].name);
295                 for (j=0; j<m; j++)
296                 {
297                     printf("%.0f \t", stu[i].score[j]);
298                 }
299                 printf("%.0f \t%.0f \n", stu[i].sum, stu[i].aver);
300                 return;
301             }
302         }
303         printf(" \nNot found!\n");
```

```
304     }
305     // 函数功能:统计各分数段的学生人数及所占的百分比
306     void StatisticAnalysis(STU stu[], int n, int m)
307     {
308         int  i, j, t[6];
309         for (j=0; j<m; j++)
310         {
311             printf("For course %d: \n", j+1);
312             memset(t, 0, sizeof(t));            // 将数组 t 的全部元素初始化为 0
313             for (i=0; i<n; i++)
314             {
315                 if (stu[i].score[j]>=0 && stu[i].score[j]<60) t[0]++;
316                 else if (stu[i].score[j]<70)          t[1]++;
317                 else if (stu[i].score[j]<80)          t[2]++;
318                 else if (stu[i].score[j]<90)          t[3]++;
319                 else if (stu[i].score[j]<100)         t[4]++;
320                 else if (stu[i].score[j] == 100)      t[5]++;
321             }
322             for (i=0; i<=5; i++)
323             {
324                if (i==0) printf("<60 \t%d\t%.2f%% \n",t[i],(float)t[i]/n* 100);
325                else if (i==5) printf("%d\t%d\t%.2f%% \n",
326                                  (i+5)* 10,t[i],(float)t[i]/n* 100);
327                else   printf("%d-%d\t%d\t%.2f%%\n", (i+5)* 10, (i+5)* 10+9,
328                               t[i], (float)t[i]/n* 100);
329             }
330         }
331     }
332     // 函数功能：打印学生成绩
333     void PrintScore(STU stu[], int n, int m)
334     {
335         int i, j;
336         for (i=0; i<n; i++)
337         {
338             printf("%ld\t%s \t", stu[i].num, stu[i].name);
```

```
339            for (j=0; j<m; j++)
340            {
341                printf("%.0f \t", stu[i].score[j]);
342            }
343            printf("%.0f \t%.0f \n", stu[i].sum, stu[i].aver);
344        }
345    }
346    // 输出 n 个学生的学号、姓名及 m 门课程的成绩到文件 student.txt 中
347    void WritetoFile(STU stu[], int n, int m)
348    {
349        FILE *fp;
350        int i, j;
351        if ((fp = fopen("student.txt","w"))==NULL)
352        {
353            printf("Failure to open score.txt!\n");
354            exit(0);
355        }
356        fprintf(fp, "%d \t%d \n", n, m);           //将学生人数和课程门数写入文件
357        for (i=0; i<n; i++)
358        {
359            fprintf(fp, "%10ld%10s", stu[i].num, stu[i].name);
360            for (j=0; j<m; j++)
361            {
362                fprintf(fp, "%10.0f", stu[i].score[j]);
363            }
364            fprintf(fp, "%10.0f%10.0f \n", stu[i].sum, stu[i].aver);
365        }
366        fclose(fp);
367    }
368    //从文件中读取学生的学号、姓名及成绩等信息写入到结构体数组 stu 中
369    void ReadfromFile(STU stu[],int * n, int * m)
370    {
371        FILE * fp;
372        int i, j;
373        if ((fp = fopen("student.txt","r"))==NULL
```

```
374         {
375             printf("Failure to open score.txt!\n");
376             exit(0);
377         }
378         fscanf(fp, "%d\t%d", n, m);            // 从文件中读出学生人数和课程门数
379         for (i=0; i<*n; i++)                   //学生人数保存在 n 指向的存储单元
380         {
381           fscanf(fp, "%10ld", &stu[i].num);
382           fscanf(fp, "%10s", stu[i].name);
383           for (j=0; j<*m; j++)                 //课程门数保存在 m 指向的存储单元
384           {
385               fscanf(fp, "%10f", &stu[i].score[j]);       //不能用%10.0f
386           }
387           fscanf(fp, "%10f%10f", &stu[i].sum, &stu[i].aver);   //不能用%10.0f
388         }
389         fclose(fp);
390     }
```

【思考题】(1) 考虑如何在程序中加入异常处理,检查用户输入数据的有效性,以增强程序的健壮性。

(2) 增加"添加记录"、"删除记录"、"修改记录"以及姓名的模糊查询等功能。

(3) 考虑用链表代替结构体数组实现学生成绩管理,体会动态数据结构和静态数据结构各自的优缺点。

3.2 实验 2:2048 游戏设计

1. 实验内容

请编程实现一个 2048 游戏。

2. 实验要求

游戏设计要求:

(1) 先显示游戏规则,然后显示 4×4 的游戏方格。

(2) 玩家使用 a、d、w、s 键向左、向右、向上、向下移动方块中的数字。

(3) 用户选择移动操作后,在方格中寻找可以相加的相邻且相同的数字,检测方格中相邻的数字是否可以相消得到大小加倍后的数字。依靠相同的数字相消,同时变为更大的数字来减

少方块的数目,并且加大方块上的数字来实现游戏。例如,玩家移动一下,两个 2 相遇变为一个 4,两个 4 相遇变为一个 8,同理变为 16、32、64、128、256、512、1024、2048,以此类推。

(4) 玩家每次移动数字方块后都会新增一个方块 2。

(5) 当所有的方格都填满,还没有加到 2048,则游戏失败。

3. 实验参考程序

```
1    #include <stdio.h>
2    #include <stdlib.h>
3    #include <time.h>
4    #include <windows.h>
5    #include <conio.h>
6    #define N 2048
7    #define M 10
8    void Menu(void);
9    void CreateNumber(int a[4][4]);
10   void UserInput(int a[4][4]);
11   void Judge(int a[4][4]);
12   void Show(int a[4][4]);
13   int MoveUp(int a[4][4]);
14   int MoveDown(int a[4][4]);
15   int MoveLeft(int a[4][4]);
16   int MoveRight(int a[4][4]);
17   //主函数
18   int main(void)
19   {
20       int a[4][4] = {0};
21       Menu();
22       while (1)
23       {
24           Judge(a);
25           CreateNumber(a);
26           Show(a);
27           UserInput(a);
28           system("CLS");
29           Show(a);
```

```
30              Sleep(500);
31              system("CLS");
32          }
33          printf("退出成功,欢迎再次使用! ");
34          return 0;
35      }
36      //函数功能:显示菜单
37      void Menu(void)
38      {
39          system("color F0");
40          system("mode con cols=40 lines=20");
41          printf("欢迎来到2048! \n");
42          printf("游戏规则:a:向左滑 \n");
43          printf("         d:向右滑 \n");
44          printf("         w:向上滑 \n");
45          printf("         s:向下滑 \n");
46          printf("         0:退出游戏 \n");
47          printf("请点击任意键进入游戏 \n");
48          system("PAUSE");
49          system("CLS");
50      }
51      //函数功能:生成新的数字
52      void CreateNumber(int a[4][4])
53      {
54          int i, j, n;
55          srand((unsigned)time(NULL));
56          n = 0;
57          do{
58              i = rand()%4;
59              j = rand()%4;
60              if (a[i][j] == 0)
61              {
62                  a[i][j] = 2;
63                  n++;
64              }
```

```
65          }while (n < 2);
66
67   }
68   //函数功能:根据用户键盘输入变化相应的操作
69   void UserInput(int a[4][4])
70   {
71       int n;
72       char flag;
73       do{
74           flag = getch();
75           switch (flag)
76           {
77           case 'w':
78               n = MoveUp(a);
79               break;
80           case 's':
81               n = MoveDown(a);
82               break;
83           case 'a':
84               n = MoveLeft(a);
85               break;
86           case 'd':
87               n = MoveRight(a);
88               break;
89           case '0':
90               n = 1;
91               break;
92           default :
93               printf("非法输入 \n");
94           }
95       }while (n != 1);
96   }
97   //函数功能:显示游戏方格
98   void Show(int a[4][4])
99   {
```

```
100        printf("        2048 游戏 \n");
101        printf("--------------------- \n");
102        printf(" |%4d |%4d |%4d |%4d |\n",a[0][0],a[0][1],a[0][2],a[0][3]);
103        printf(" |%4d |%4d |%4d |%4d |\n",a[1][0],a[1][1],a[1][2],a[1][3]);
104        printf(" |%4d |%4d |%4d |%4d |\n",a[2][0],a[2][1],a[2][2],a[2][3]);
105        printf(" |%4d |%4d |%4d |%4d |\n",a[3][0],a[3][1],a[3][2],a[3][3]);
106        printf("--------------------- \n");
107    }
108    //函数功能:判断胜负
109    void Judge(int a[4][4])
110    {
111        int i, j, n = 0, flag = 0, max = 2;
112        for (i=0; i<4; i++)
113        {
114            for (j=0; j<4; j++)
115            {
116                if (a[i][j] == 0)
117                {
118                    n++;
119                }
120                if (a[i][j] >= N)
121                {
122                    flag = 1;
123                }
124                if (a[i][j] > max)
125                {
126                    max = a[i][j];
127                }
128            }
129        }
130        if (n <= 1)
131        {
132            printf("You lost! \n");
133            printf("Your score is %d",max);
134            exit(0);
```

```
135            }
136            if (flag == 1)
137            {
138                printf("You win!");
139                exit(0);
140            }
141    }
142    //函数功能:向上移动
143    int MoveUp(int a[4][4])
144    {
145        int i, j, k, flag = 0;
146        for (k=0; k<3; k++)
147        {
148            for (j=0; j<4; j++)
149            {
150                for (i=1; i<=3; i++)
151                {
152                    if ((a[i][j]==a[i-1][j] || a[i-1][j]==0) && (a[i][j]!=0))
153                    {
154                        a[i-1][j] = a[i-1][j]+a[i][j];
155                        a[i][j] = 0;
156                        flag = 1;
157                    }
158                }
159            }
160        }
161        return flag;
162    }
163    //函数功能:向下移动
164    int MoveDown(int a[4][4])
165    {
166        int i, j, k, flag = 0;
167        for (k=0; k<3; k++)
168        {
169            for (j=0; j<4; j++)
```

```
170             {
171                 for (i=2; i>=0; i--)
172                 {
173                     if ((a[i][j]==a[i+1][j] || a[i+1][j]==0) && (a[i][j]!=0))
174                     {
175                         a[i+1][j] = a[i+1][j]+a[i][j];
176                         a[i][j] = 0;
177                         flag = 1;
178                     }
179                 }
180             }
181     }
182     return flag;
183 }
184 //函数功能:向左移动
185 int MoveLeft(int a[4][4])
186 {
187     int i, j, k, flag = 0;
188     for (k=0; k<3; k++)
189     {
190         for (i=0; i<4; i++)
191         {
192             for (j=1; j<=3; j++)
193             {
194                 if ((a[i][j]==a[i][j-1] || a[i][j-1]==0) && (a[i][j]!=0))
195                 {
196                     a[i][j-1] = a[i][j-1]+a[i][j];
197                     a[i][j] = 0;
198                     flag = 1;
199                 }
200             }
201         }
202     }
203     return flag;
204 }
```

```
205     //函数功能:向右移动
206     int MoveRight(int a[4][4])
207     {
208         int i, j, k, flag = 0;
209         for (k=0; k<3; k++)
210         {
211             for (i=0; i<4; i++)
212             {
213                 for (j=2; j>=0; j--)
214                 {
215                     if ((a[i][j]==a[i][j+1] || a[i][j+1]==0) && (a[i][j]!=0))
216                     {
217                         a[i][j+1] = a[i][j+1]+a[i][j];
218                         a[i][j] = 0;
219                         flag = 1;
220                     }
221                 }
222             }
223         }
224         return flag;
225     }
```

程序开始运行后显示:

欢迎来到2048!

游戏规则:a:向左滑

　　　　 d:向右滑

　　　　 w:向上滑

　　　　 s:向下滑

　　　　 0:退出游戏

请点击任意键进入游戏

请按任意键继续…

用户按回车后,使用a、d、w、s键向左、向右、向上、向下移动方块中的数字,显示效果为:

2048 游戏

2	16	2	4
8	0	0	0
4	2	0	2
8	0	0	0

【思考题】将 2048 的游戏方格改为 N×N，由用户输入游戏方格大小，同时设定游戏玩家每次移动数字方块后新增的方块可以是 2 或者 4，生成 2 的概率是生成 4 的概率的 2 倍。

3.3 实验 3：贪吃蛇游戏设计

1. 实验内容

请编写一个贪吃蛇游戏。

提示：主要难点是如何存储蛇头和蛇身的数据，吃到食物后如何增加蛇身的长度。我们用二维数组保存蛇身、蛇头、食物以及游戏池围墙的数据，分别用 1、2、3、4 表示，空格的地方用 0 表示。将蛇的尾部作为蛇头存储，这样在蛇头吃到食物后，无须修改整个数组元素，只需将原来的蛇头变为蛇身，在蛇的末尾添上新的蛇头即可，即将蛇的前进位置作为新的蛇头数据保存。

2. 实验要求

游戏设计要求：

（1）游戏开始时，显示游戏窗口和贪吃蛇，蛇头用 @ 表示，蛇身用 * 表示，食物用 $ 表示，游戏者按任意键开始游戏；

（2）用户使用 a、d、w、s 键向左、向右、向上、向下移动贪吃蛇；

（3）在没有用户按键操作情况下，蛇自己沿着当前方向移动，确保蛇不会反向行走；

（4）在蛇所在的窗口内随机地显示贪吃蛇的食物，食物用 $ 表示；

（5）实时更新显示蛇的长度和位置；

（6）当蛇的头部与食物在同一位置时，食物消失，蛇的长度增加一个字符 *，即每吃到一个食物，蛇身长出一节，并且增加 1 分；

（7）当蛇头到达窗口边界或蛇头即将进入身体的任意部分时，游戏结束。

3. 实验参考程序

```
1    #include <stdio.h>
2    #include <stdlib.h>
```

```
3    #include <string.h>
4    #include <windows.h>
5    #include <conio.h>
6    #include <time.h>
7    #define wideth  60
8    #define hight   20
9    #define Mlength 200
10   char Menu(void);
11   void HideCursor(void);
12   void Startup(void);
13   void Gotoxy(int x, int y);
14   void Show(void);
15   int Legal(char c);
16   void Change(void);
17   void UserInput(void);
18   int FoodPos(int foodx, int food_y);
19   void GetFood(void);
20   void IfFailure(void);
21   void SetGameDifficulty(char n);
22   //全局变量
23   int snakex[Mlength], snakey[Mlength];    //蛇的坐标,同时规定蛇的最大长度
24   int foodx, foody;                         //食物的坐标
25   int map[hight][wideth] = {0};             // 0:空格  1:蛇身  2:蛇头  3:食物  4:围墙
26   int snklength;                            //蛇长
27   int tx = 0;                               //蛇头的当前 x 坐标位置
28   int ty = 0;                               //蛇头的当前 y 坐标位置
29   int score;                                //分数
30   char c;              //保存游戏中对于蛇的控制操作,而且所保存的是合法的走法
31   //主函数
32   int main(void)
33   {
34       char n;                    //选择游戏难度
35       system("color F4");        //设置背景色为亮白色,前景色为红色
36       Startup();                 //数据初始化
37       n = Menu();                //显示菜单,并选择游戏难度
```

```c
38      while (1)
39      {
40          HideCursor();              //隐藏光标,避免闪屏现象,提高游戏体验
41          Show();                    //显示游戏界面:围墙、蛇、食物
42          UserInput();               //玩家控制蛇的移动
43          GetFood();                 //判断蛇是否吃到食物,刷新蛇和食物的位置
44          IfFailure();               //判断游戏是否失败,若失败则结束程序
45          SetGameDifficulty(n);      //根据用户选择的游戏难度设置延时
46      }
47      return 0;
48  }
49  //函数功能:显示菜单.提供各种选择设置
50  char Menu(void)
51  {
52      char m;                        //选择菜单功能
53      char n;                        //选择游戏难度
54      while (1)
55      {
56          system("cls");             //清屏
57          printf("贪吃蛇游戏 \n1.开始游戏 \n2.游戏说明 \n");
58          m = getchar();             //输入选择
59          if (m == '1')
60          {
61              do{
62                  system("cls");     //清屏
63                  printf("请选择游戏难度 \n1.菜鸟 \n2.老手 \n3.变态 \n ");
64                  n = getchar();     //输入选择
65              } while (n!='1' && n!='2' && n!='3');
66              return n;
67          }
68          else if (m == '2')
69          {
70              system("cls");         //清屏
71              getchar();
72              printf("请使用 w,a,s,d,或 W,A,S,D 来控制蛇的移动 \n ");
```

```
 73              printf("请按回车键返回开始菜单！\n ");
 74              getchar();
 75          }
 76      }
 77  }
 78  //函数功能:隐藏光标,避免闪屏现象,提高游戏体验
 79  void HideCursor(void)
 80  {
 81      HANDLE handle = GetStdHandle(STD_OUTPUT_HANDLE);
 82      CONSOLE_CURSOR_INFO CursorInfo;
 83      GetConsoleCursorInfo(handle, &CursorInfo);      //获取控制台光标信息
 84      CursorInfo.bVisible = 0;                        //隐藏控制台光标
 85      SetConsoleCursorInfo(handle, &CursorInfo);      //设置控制台光标状态
 86  }
 87  //函数功能:为各种数据赋初值,包括蛇和食物的初始位置、长度,以及围墙等
 88  void Startup(void)
 89  {
 90      int i, j;
 91      snakex[0]=hight/2;
 92      snakey[0]=wideth/2;
 93      snakex[1]=hight/2 + 1;
 94      snakey[1]=wideth/2;
 95      snklength=2;
 96      foodx=hight/2;
 97      foody=wideth/3;
 98      map[snakex[0]][snakey[0]]=1;                    //蛇身
 99      map[snakex[1]][snakey[1]]=2;                    //蛇头
100      map[foodx][foody]=3;                            //食物
101      for (i=0; i<hight; i++)
102      {
103          for (j=0; j<wideth; j++)
104          {
105              if (i==0 || i==hight-1 || j==0 || j==wideth-1)
106              {
107                  map[i][j]=4;                        //围墙
```

```
108                  }
109              }
110          }
111  }
112  //函数功能:移动光标到指定坐标位置
113  void Gotoxy(int x, int y)
114  {
115      HANDLE handle = GetStdHandle(STD_OUTPUT_HANDLE);
116      COORD pos;
117      pos.X = x;
117      pos.Y = y;
119      SetConsoleCursorPosition(handle, pos);
120  }
121  //函数功能:显示游戏界面——围墙、蛇、食物
122  void Show(void)
123  {
124      int i, j;
125      Gotoxy(0, 0);
126      for (i=0; i<hight; i++)
127      {
128          for (j=0; j<wideth; j++)
128          {
130              if (map[i][j]==0)                   //显示空格
131              {
132                  printf(" ");
133              }
134              else if (map[i][j]==1)              //显示蛇身
135              {
136                  printf("*");
137              }
138              else if (map[i][j]==2)              //显示蛇头
139              {
140                  printf("@");
141              }
142              else if (map[i][j] == 3)            //显示食物
```

```
143                {
144                    printf("$");
145                }
146                else if (map[i][j] == 4)                    //显示围墙
147                {
148                    printf("O");
149                }
150            }
151            printf("\n");
152        }
153        printf("              YOUR SCORE:%d", score);      //显示游戏得分
154    }
155    //函数功能:初步保证蛇不能反向行走,没有反向行走时返回1,否则返回0
156    int Legal(char c)
157    {
158        if (c == 'w' || c == 'W')
159        {
160            if ((snakex[snklength-1] -1) != snakex[snklength-2])
161            {
162                return 1;
163            }
164        }
165        else if (c == 's' || c == 'S')
166        {
167            if ((snakex[snklength-1] + 1) != snakex[snklength-2])
168            {
169                return 1;
170            }
171        }
172        else if (c == 'a' || c == 'A')
173        {
174            if ((snakey[snklength-1] -1) != snakey[snklength-2])
175            {
176                return 1;
177            }
```

```
178          }
179          else if (c == 'd' || c == 'D')
180          {
181              if ((snakey[snklength-1] + 1) != snakey[snklength-2])
182              {
183                  return 1;
184              }
185          }
186          return 0;
187     }
188     //函数功能:蛇每走一步,更新蛇身和蛇头的位置坐标
189     void Change(void)
190     {
191         int i;
192         map[snakex[0]][snakey[0]] = 0;
193         for (i=0; i<snklength-1; i++)
194         {
195             snakex[i] = snakex[i+1];
196             snakey[i] = snakey[i+1];
197             map[snakex[i]][snakey[i]] = 1;           //更新蛇身位置
198         }
199         snakex[snklength-1] = tx;                    //蛇头的当前 x 坐标位置
200         snakey[snklength-1] = ty;                    //蛇头的当前 y 坐标位置
201         map[tx][ty] = 2;                             //更新蛇头位置
202     }
203     //函数功能:玩家控制蛇的移动,并更新蛇头的当前坐标位置
204     void UserInput(void)
205     {
206         char temp;              //游戏中暂时保存输入,判断所要走的方向是否是反方向
207         if (kbhit())            //若检测到有键盘输入
208         {
209             temp = getch();     //获取用户键盘输入
210             if (Legal(temp))    //这一步很重要,最终确保贪吃蛇不能反方向行走
211             {
212                 c = temp;
```

```
213              }
214          }
             //在没有用户按键操作情况下,蛇自己沿着当前方向移动
215
216          if ((c == 'w'||c == 'W') && Legal(c))              //向上行走
217          {
218              tx = snakex[snklength-1] -1;
219              ty = snakey[snklength-1];
220          }
221          else if ((c == 's'||c == 'S') && Legal(c))         //向下行走
222          {
223              tx = snakex[snklength-1] + 1;
224              ty = snakey[snklength-1];
225          }
226          else if ((c == 'a'||c == 'A') && Legal(c))         //向左行走
227          {
228              ty = snakey[snklength-1] -1;
229              tx = snakex[snklength-1];
230          }
231          else if ((c == 'd'||c == 'D') && Legal(c))         //向右行走
232          {
233              ty = snakey[snklength-1] + 1;
234              tx = snakex[snklength-1];
235          }
236      }
         //函数功能:判断新的食物是否被刷到了蛇的身体里,是则返回 0,否则返回 1
237
238      int FoodPos(int foodx, int foody)
239      {
240          int i;
241          for (i=0; i<snklength-1; i++)
242          {
243              if (foodx == snakex[i] && foody == snakey[i])
244              {
245                  return 0;
246              }
247          }
```

```c
248        if (foodx == tx && foody == ty)
249        {
250            return 0;
251        }
252        return 1;
253    }
254    //函数功能:判断蛇是否吃到食物;刷新蛇和食物的位置
255    void GetFood(void)
256    {
257        int flag;
258        if (tx == foodx && ty == foody)                    //判断蛇吃到了食物
259        {
260            snklength++;                                    //蛇长增加一节
261            score++;                                        //游戏分数增加1分
262            snakex[snklength-1] = tx;        //在末尾添上新的蛇头,无需再整体移动数组
263            snakey[snklength-1] = ty;
264            map[snakex[snklength-1]][snakey[snklength-1]] = 2;    //新的蛇头
265            map[snakex[snklength-2]][snakey[snklength-2]] = 1;//原蛇头变为蛇身
266            do{
267                srand((unsigned)time(NULL));
268                foodx = rand()%(hight -4) + 2;        //生成新的食物 x 坐标
269                foody = rand()%(wideth -4) + 2;       //生成新的食物 y 坐标
270                flag=FoodPos(foodx, foody);   //判断新的食物是否被刷到了蛇的身体里
271            }while (!flag);
272            map[foodx][foody] = 3;                          //新的食物
273        }
274        else                                                //如果蛇没吃到食物
275        {
276            if (tx != 0 || ty != 0)
277            {
278                Change();                                   //更新蛇身和蛇头的位置坐标
279            }
280        }
281    }
282    //函数功能:判断游戏是否失败,若失败则结束程序
```

```
283   void IfFailure(void)
284   {
285       int i;
286       if (snakex[snklength-1]==0 ||snakex[snklength-1]==hight-1 ||
287           snakey[snklength-1]==0 ||snakey[snklength-1]==wideth-1)
288       {
289           printf("\n很遗憾,游戏失败\n");
290           exit(1);
291       }
292       for (i = 0; i < snklength-1; i++)
293       {
294           if (snakex[snklength-1] == snakex[i] &&
295               snakey[snklength-1] == snakey[i])
296           {
297               printf("\n很遗憾,游戏失败\n");
298               exit(1);
299           }
300       }
301   }
302   //函数功能:根据用户选择的游戏难度设置延时
303   void SetGameDifficulty(char n)
304   {
305       switch (n)
306       {
307       case '1':
308           Sleep(400);
309           break;
310       case '2':
311           Sleep(200);
312           break;
313       case '3':
314           ;
315       }
316   }
```

程序开始运行后显示下面的菜单:

贪吃蛇游戏

1．开始游戏

2．游戏说明

用户按 2,显示：

请使用 w,a,s,d,或 W,A,S,D 来控制蛇的移动

请按回车键返回开始菜单！

按回车返回菜单后,再按 1,则显示下面的子菜单：

请选择游戏难度

1．菜鸟

2．老手

3．变态

用户输入 1,使用 a、d、w、s 键向左、向右、向上、向下移动贪吃蛇吃食物,显示效果如图 3-1 所示。

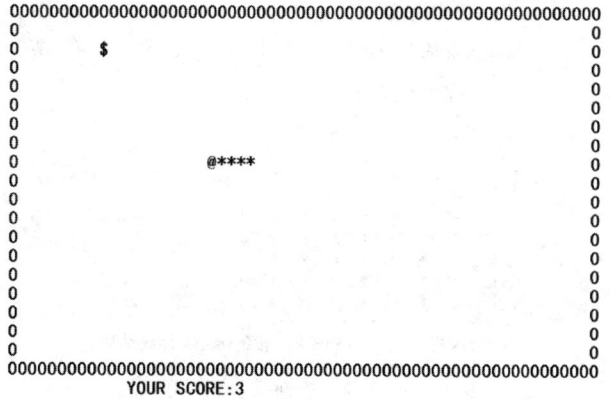

图 3-1　显示效果

【思考题】将程序改成双人游戏,两个玩家分别在两个游戏池内、分别使用 w、s、a、d 键和上、下、左、右键控制贪吃蛇吃食物。另外,这个程序中有很多全局变量,请考虑能否将全局变量改成函数参数重新设计这个程序。

3.4　实验 4：扫雷游戏设计

1．实验内容

请参考经典的 Windows 扫雷游戏,编程实现一个简易版的控制台扫雷游戏。

2. 实验要求

游戏设计规则和要求：

（1）如图 3-2 所示，程序开始时，由用户决定扫雷区域边长 n 和游戏难度。然后，系统按难度模式随机产生 n×n 大小的雷区数据并存入文件 sample.in。若雷区数据是 0，则表示所在的方格内无地雷；若雷区数据是 1，则代表该小方格内有地雷。然后从 sample.in 文件读入 n×n 个整数存入 mine 数组，sample.in 文件的每两个整数之间用一个空格分隔。

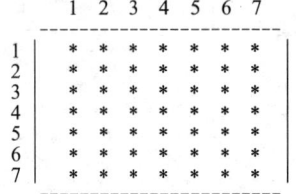

图 3-2 欢迎来扫雷

（2）用户扫雷时输入用逗号分开的两个正整数 x 和 y，每输入一对数据 x 和 y 就表示用户用鼠标单击扫雷区域中第 x 行第 y 列位置上的小方格（就像使用 Windows 中的扫雷游戏一样），x 和 y 表示的位置必须在扫雷区域内。每输入一对 x 和 y，程序立即进行相应的处理。

（3）程序将根据读入的一组 x 和 y 的值对扫雷区域做相应的处理，具体规则如下：

① 若 x 和 y 表示的小方格内没有地雷（即 mine[x][y] 的数值是 0）而且该方格之前也没有被输入过（即 flag[x][y] 的数值是 0），则将处理以该小方格为中心的由 9 个方格构成的正方形区域。正方形区域内所有没有地雷的小方格都赋值为 -1（即 show[x][y] 置为 -1，表示该区域的地砖已经被掀开了）；若在当前正方形区域内有一个位置号为 x1 和 y1（注意：x1≠x 并且 y1≠y）的小方格内恰好有地雷，则此地雷就被顺利扫除，将该位置标记为 -2，即 show[x][y] 置为 -2。若该正方形区域内某些小方格已被处理过，则对这些小方格不再做任何处理。

例如,用户输入2,2后的处理结果如图3-3所示。输入2,2的含义是翻开第2行第2列地砖,若该位置无雷,则将以2,2为中心的正方形区域都打开,无雷的标记成-1,雷区标记成-2。

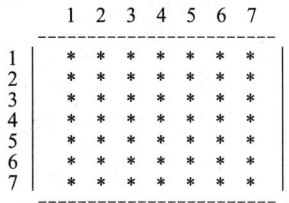

图3-3 输入的位置是2,2

注意,若输入无雷的一个边界坐标(7,7),则此时打开的区域不再是9个,而是4个,如图3-4所示。

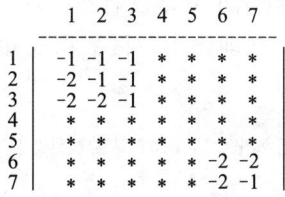

图3-4 输入的位置是7,7

② 若x和y表示的小方格周边区域被部分处理过(即x,y的周边区域是前面输入过的某个方格的区域),则继续处理完x,y的周边区域。例如在图3-5中输入的3,3。

③ 若x和y表示的小方格前面已经被输入过,则不作任何处理,继续读取下一行的x和y信息,例如图3-6中的3,3。

```
请按x,y格式重新输入行列坐标,按0,0默认游戏结束!
3,3
    1  2  3  4  5  6  7
   ------------------------
 1 | -1 -1 -1  *  *  *  *
 2 | -2 -1 -1 -1  *  *  *
 3 | -2 -2 -1 -2  *  *  *
 4 |  * -1 -1 -1  *  *  *
 5 |  *  *  *  *  *  *  *
 6 |  *  *  *  *  * -2 -2
 7 |  *  *  *  * -2 -1
   ------------------------
你输入的位置是3,3,此区域无雷,附近雷区已被清理。
请按x,y格式重新输入行列坐标,按0,0默认游戏结束!
```

图 3-5　输入的位置是 3,3

```
请按x,y格式重新输入行列坐标,按0,0默认游戏结束!
3,3
    1  2  3  4  5  6  7
   ------------------------
 1 | -1 -1 -1  *  *  *  *
 2 | -2 -1 -1 -1  *  *  *
 3 | -2 -2 -1 -2  *  *  *
 4 |  * -1 -1 -1  *  *  *
 5 |  *  *  *  *  *  *  *
 6 |  *  *  *  *  * -2 -2
 7 |  *  *  *  * -2 -1
   ------------------------
你输入的位置是3,3,此区域无雷,附近雷区已被清理。
请按x,y格式重新输入行列坐标,按0,0默认游戏结束!
3,3
该区域周围已被清理过。
请按x,y格式输入一个新的行列坐标,按0,0默认游戏结束!
```

图 3-6　继续读取下一行的 x 和 y 的信息

④ 若 x 和 y 表示的小方格刚好有地雷,且该小方格没有被处理过(即 mine[x][y]的数值是 1,flag[x][y]的数值是 0),则表示用户触雷,立即输出雷区数据及相应的提示信息,程序结束,如图 3-7 所示。

```
请按x,y格式重新输入行列坐标,按0,0默认游戏结束!
6,3
    1  2  3  4  5  6  7
   ------------------------
 1 |  0  0  0  0  0  0  0
 2 |  1  0  0  0  0  0  0
 3 |  1  1  0  1  1  0  1
 4 |  0  0  0  0  0  0  0
 5 |  0  0  0  0  0  1  0
 6 |  0  1  1  0  0  1  1
 7 |  0  1  1  1  0  1  0
   ------------------------
你输入的位置是6,3,你踩了地雷,请按任意键游戏结束!
```

图 3-7　用户触雷,游戏结束

（4）若在读入 x 和 y 的过程中一直没有触雷，则一直按照位置信息处理下去，直到满足下列条件之一，就输出相应信息并结束程序。

① 读入的 x 和 y 的值都是 0（表示用户不想再玩游戏了），则输出整个扫雷区域的状态（即输出 mine 数组，每行中两个整数之间用一个空格分隔），然后程序结束，如图 3-8 所示。

```
请按x,y格式输入行列坐标,按0,0默认游戏结束！
0,0
你选择了结束游戏,雷区图如下,再见！
     1 2 3 4 5 6 7
    ---------------
  1| 0 0 0 0 1 0 0
  2| 0 1 1 0 1 0 0
  3| 1 1 0 0 0 0 1
  4| 1 0 1 0 1 1 0
  5| 0 0 1 1 0 1 0
  6| 0 0 1 1 1 1 0
  7| 1 1 1 1 0 0 0
    ---------------
```

图 3-8 结束游戏

② 若某次处理完后，游戏区域内所有的地雷都被扫除了，则不必再读入下一行的 x 和 y 信息，输出整个扫雷区域的状态（即输出 mine 数组，每行中两个整数之间用一个空格分隔），程序结束，如图 3-9 所示。

```
请按x,y格式重新输入行列坐标,按0,0默认游戏结束！
7,6
     1 2 3 4 5 6 7
    ---------------
  1| 0 0 0 0 1 1 0
  2| 1 0 0 1 0 1 0
  3| 1 1 0 1 1 0 1
  4| 1 0 1 0 1 0 0
  5| 0 0 1 1 1 1 1
  6| 0 1 1 0 0 1 0
  7| 1 1 0 0 0 0 1
    ---------------
你输入的位置是7,6,此区域无雷。
恭喜你,最后一颗雷被排除了！请按任意键结束游戏。
```

图 3-9 扫雷成功，游戏结束

游戏设计注意事项：用户输入的数据确定了雷区的边长 n 后，由程序按照难度模式随机生成雷区文件 sample.in 的 n×n 个数据。其中简单模式约有 1/6 区域埋雷，中等模式约有 1/4 区域埋雷，复杂模式约有 1/2 区域埋雷。游戏开始时从文件中读取雷区数据，由于界面的限制，系统把雷区边长的上限设置成 30，雷区数据的存储是从下标为 1 的区域展开的。所以系统把存储雷区原始数据的 mine 二维数组大小上限设置成 32。show 数组用于显示当前的扫雷状态，未翻开的区域用 * 显示，翻开的无雷区显示为 -1，翻开的雷区显示为 -2。那么 show 数组用什么数据类型来表达呢？在这里 show 数组并未定义成字符型数组，依旧用 int 型数组，这利用了 C 语言中的字符型数据在内存中以整型形式的 ASCII 码数据来存储的原理,因此可以共用显示 int 型数据的 DisplayArea( )函数。

mine 数组为存储雷区原始数据的数组,对用户不可见;show 数组存储的是显示给用户的扫雷当前状态数据,未扫出的雷区以 * 显示,扫出的雷区以-1 或-2 显示,分别代表扫出的无雷区和雷区。为了避免重复处理,设置 flag 数组记录已输入过的无雷的方格坐标,初值为 0 代表该无雷点未被输入过,对于输入过的无雷点,处理其周边数据后,设置其 flag 数组元素为 1,避免下次再次输入该点后的重复处理。

3. 实验参考程序

```
1   #define N 32                        //控制雷区数组的规模
2   #include <stdio.h>
3   #include <stdlib.h>
4   #include <time.h>
5   void ReadfromFile(int mine[][N], int show[][N], int n, int * count);
6   void CreatenewFile(int n );
7   void DisplayArea(int area[][N], int n);
8   void Sweep(int mine[][N], int show[][N], int n, int count);
9   //函数功能:从雷区文件读数据
10   void ReadfromFile(int mine[][N], int show[][N], int n, int * count)
11   {
12      FILE * fp;
13      int i, j;
14      //以只读方式打开文本文件读取雷区数据
15      if ((fp = fopen("sample.in", "r")) == NULL)
16      {
17          printf("Failure to open sample.in! \n");
18          exit(0);
19      }
20      for (i=1; i<=n; i++)
21      {
22          for (j=1; j<=n; j++)
23          {
24              fscanf(fp, "%d", &mine[i][j]);    //从文件读入雷区数据至 mine 数组
25              show[i][j] = '*';                 //show 数组保存扫雷的状态,* 为未翻开
26              if (mine[i][j] == 1)
```

```
27                    {
28                        *count = *count + 1;              //记录雷的个数
29                    }
30                }
31            }
31        fclose(fp);
33    }
34    //函数功能:产生雷区数据
35    void CreatenewFile(int n)
36    {
37        FILE *fp;
38        int i, j, choice;
39        //以只写方式打开文本文件,写入雷区数据
40        if ((fp = fopen("sample.in", "w")) == NULL)
41        {
42            printf("Failure to create sample.in!\n");
43            exit(0);
44        }
45        printf("请选择游戏难度:\n \n 1 代表简单模式 \n 2 代表中等模式 \n
46                3 代表复杂模式 \n \n 请输入你的选择:");
47        while (scanf("%d", &choice))
48        {
49            if (choice<1 || choice>3)              //输入数据有误
50            {
51                printf("输入数据有误,请重新输入! \n \n 请选择游戏难度:\n \n
52                        1 代表简单模式 \n 2 代表中等模式 \n 3 代表复杂模式 \n \n
53                        请输入你的选择:");
54                continue;
55            }
56            else
57            {
58                srand(time(NULL));      //以 time() 函数作为随机数发生器的种子
59                if (choice == 1)
60                    printf(" \n 你选择了简单模式 \n ");
61                else  if (choice == 2)
```

```
62                    printf("\n 你选择了中等模式 \n ");
63              else   if (choice == 3)
64                    printf("\n 你选择了复杂模式 \n ");
65              for (i=1; i<=n; i++)
66              {
67                  for (j=1; j<=n; j++)
68                  {
69                      //简单、中等、复杂模式分别约有 1/6、1/4、1/2 区域埋雷
70                      if (rand()%(8-2*choice))
71                          fprintf(fp, "%d", 0);     //0 为无雷
72                      else
73                          fprintf(fp, "%d", 1);     //1 为雷
74                  }
75              }
76          }
77          break;
78      }
79      fclose(fp);
80  }
81  //函数功能:显示雷区
82  void DisplayArea(int area[][N], int n)
83  {
84      int i, j;
85      printf("\n     ");                         //数字前空格
86      for (i=1; i<=n; i++)                       //列标数字
87      {
88          printf("%-3d", i);
89      }
90      printf("\n    ---");                        //雷区上边框
91      for (i=1; i<=n; i++)
92      {
93          printf("---");
94      }
95      printf("\n");
96      for (i=1; i<=n; i++)
```

```c
97      {
98          printf("%2d |", i);                         //雷区行标及左边框
99          for (j=1; j<=n; j++)                        //雷区展示
100         {
101             if (area[i][j] == '*')
102             {
103                 printf("%3c", area[i][j]);
104             }
105             else
106             {
107                 printf("%3d", area[i][j]);
108             }
109         }
110         printf("   |\n");                           //雷区右边框
111     }
112     printf("    ---");                              //雷区下边框
113     for (i = 1; i <= n; i++)
114     {
115         printf("---");
116     }
117     printf("\n");
118 }
119 //函数功能:扫雷
120 void Sweep( int mine[][N], int show[][N], int n, int count)
121 {
122     int x, y, i, j;
123     //某方块是否被输入过的标志,0 代表未被输入过,1 代表输入过
124     int flag[N][N] = {0};
125     printf(" 请按 x,y 格式输入行列坐标,按 0,0 默认游戏结束! \n ");
126     while (scanf("%d,%d", &x, &y) && (x || y))       //x,y 同时为 0 代表结束游戏
127     {
128         if (x<1 || y<1 || x>n || y>n)                //检查坐标是否超范围
129         {
130             printf(" 坐标超出了雷区范围, \n 请按 x,y 格式输入,
131                 按 0,0 默认游戏结束! \n ");
```

```c
132            continue;
133        }
134        if (flag[x][y])                    //如果该坐标已被输入过,则不做重复处理
135        {
136          printf("该区域周围已被清理过。\n");
137          printf("请按 x,y 格式输入一个新的行列坐标,按 0,0 默认游戏结束! \n");
138          continue;
139        }
140        else                               //该点为首次输入
141        {
142            if (mine[x][y] == 1)           //如果该点是雷
143            {
144                if (show[x][y] == '*')     //如果该点是一个未检测出的地雷
145                {
146                    flag[x][y] = 1;        //标志该点已被输入过
147                    DisplayArea(mine, n);
148                    printf("你输入的位置是%d,%d。你踩了地雷,
149                           请按任意键游戏结束! \n", x, y);
150                    getchar();
151                    break;
152                }
153                else                       //该点是被安全清理出来的雷
154                {
155                    DisplayArea(show, n);
156                    printf(" 你输入的位置是%d,%d,此位置有雷,
157                           但已被清除。\n", x, y);
158                    printf("请按 x,y 格式重新输入行列坐标,
159                           按 0,0 默认游戏结束! \n");
160                    continue;
161                }
162            }
163            else if (mine[x][y] == 0)      //该点不是雷,则遍历正方形区域展开清理
164            {
165                flag[x][y] = 1;            //标志该区域已被清理
166                //处理 x,y 的周围区域,注意坐标不要越界
```

```c
167                    for (i=((x==1)? 1:x-1); i<=((x==n)? x:x+1); i++)
168                    {
169                        for (j=((y==1)? 1:y-1); j<=((y==n)? y:y+1); j++)
170                        {
171                            if (mine[i][j] == 1 )//若找到一颗有效的雷,则排掉
172                            {
173                                if (show[i][j]=='*') count--;  //新发现的雷数减一
174                                show[i][j] = -2;    //排掉雷区,-2 标志排掉的雷区
175                            }
176                            else if (mine[i][j] == 0)
177                            {                 //周边区域不是 0,则仅执行翻开操作
178                                show[i][j] = -1; //-1 表示翻开的无雷区
179                            }
180                        }
181                    }
182                    if (count == 0)          //清理周边区域后雷被扫完了
183                    {
184                        DisplayArea(mine, n);
185                        printf(" 你输入的位置是%d,%d,此区域无雷。",x,y);
186                        printf("\n 恭喜你,最后一颗雷被排除了!
187                                请按任意键结束游戏。\n ");
188                        getchar();
189                        break;
190                    }
191                    else                     //清理周边区域后,还有地雷
192                    {
193                        DisplayArea(show, n);
194                        printf(" 你输入的位置是 %d,%d,此区域无雷,
195                                附近雷区已被清理。\n ",x,y);
196                        printf("请按 x,y 格式重新输入行列坐标,
197                                按 0,0 默认游戏结束!\n ");
198                    }
199                }
200            }
201        }
```

```
202        if (!x && !y)                          //用户选择主动结束游戏
203        {
204            printf ("\n 你选择了结束游戏,雷区图如下,再见！\n ");
205            DisplayArea(mine, n);
206        }
207    }
208    int main(void)
209    {
210        int mine[N][N];                        //存储雷区数据
211        int show[N][N];                        //存储当前扫雷的状态
212        int n = 0, count = 0;                  //分别存储长宽、地雷数量
213        printf("\n\t******************* ");
214        printf("\n\t*                 * ");
215        printf("\n\t*    欢迎来扫雷！   * ");
216        printf("\n\t*                 * ");
217        printf("\n\t******************* \n");
218        printf("\n 请输入扫雷的区域的边长(5~30):");
219        scanf("%d",&n);
220        printf("\n 你选择了 %d * %d 的雷区 \n\n", n, n);
221        CreatenewFile(n);                      //生成雷区文件
222        ReadfromFile(mine, show, n, &count);   //从雷区文件中读取数据
223        DisplayArea(show, n);                  //显示未扫的雷区
224        Sweep(mine, show, n, count);           //扫雷
225        return 0;
226    }
```

【思考题】如图 3-10 所示,前后两次输入坐标 3,3 时,系统会有不同的提示信息。第二次输入 3,3 时,程序无需再清理周边区域,因为第一次输入时清理过了。

而对于图 3-11 所示,输入 3,4 时,虽然周边区域已经被清理过了,但由于 3,4 点未被输入过,程序仍需清理其周边区域。你能改进吗?

请按x,y格式重新输入行列坐标,按0,0默认游戏结束!
3,3
```
    1  2  3  4  5  6  7
   ------------------------
1  | -1 -1 -1  *  *  *  *
2  | -2 -1 -1 -1  *  *  *
3  | -2 -2 -1 -2  *  *  *
4  |  * -1 -1 -1  *  *  *
5  |  *  *  *  *  *  *  *
6  |  *  *  *  *  * -2 -2
7  |  *  *  *  *  * -2 -1
   ------------------------
```
你输入的位置是3,3,此区域无雷。附近雷区已被清理。
请按x,y格式重新输入行列坐标,按0,0默认游戏结束!
3,3
该区域周围已被清理过。
请按x,y格式输入一个新的行列坐标,按0,0默认游戏结束!

图 3-10 两次输入坐标 3,3

```
    1  2  3  4  5  6  7
   ------------------------
1  | -1 -2 -1 -1 -2 -2  *
2  | -2 -1 -1 -1 -1 -2 -2
3  | -2 -2 -2 -2 -1 -1 -2
4  |  *  *  * -2 -1 -2 -1
5  |  *  *  *  *  *  *  *
6  |  *  *  *  *  *  *  *
7  |  *  *  *  *  *  *  *
   ------------------------
```
你输入的位置是4,5,此区域无雷。附近雷区已被清理。
请按x,y格式重新输入行列坐标,按0,0默认游戏结束!
3,5

```
    1  2  3  4  5  6  7
   ------------------------
1  | -1 -2 -1 -1 -2 -2  *
2  | -2 -1 -1 -1 -1 -2 -2
3  | -2 -2 -2 -2 -1 -1 -2
4  |  *  *  * -2 -1 -2 -1
5  |  *  *  * -2 -2 -2  *
6  |  *  *  *  *  *  *  *
7  |  *  *  *  *  *  *  *
   ------------------------
```
你输入的位置是3,5,此区域无雷。附近雷区已被清理。
请按x,y格式重新输入行列坐标,按0,0默认游戏结束!

图 3-11 输入的位置是 4,5

参 考 文 献

[1] SCHILDT H. C语言大全[M].4版.王子恢,戴健鹏,译.北京:电子工业出版社,2001.
[2] KERNIGHAN B W, RITCHIE D M. The C Programming Language[M].2nd ed. 北京:清华大学出版社,1996.
[3] DEITEL H M, DEITEL P J. C程序设计教程[M].薛万鹏,译.北京:机械工业出版社,2000.
[4] KELLY P. A guide to C programming[M]. 3rd ed. Dublin: Gill & Macmillan,1999.
[5] KER NIGHAN B W, PIKE R. 程序设计实践[M].裘宗燕,译.北京:机械工业出版社,2000.
[6] PRATT T W, ZELKOWITZ M V. 程序设计语言:设计与实现[M].北京:电子工业出版社,2001.
[7] 苏小红,陈惠鹏,孙志岗,等.C语言大学实用教程[M].4版.北京:电子工业出版社,2017.
[8] 苏小红,孙志岗.C语言大学实用教程学习指导[M].4版.北京:电子工业出版社,2017.
[9] KELLY P,苏小红.双语版C++程序设计[M].2版.北京:电子工业出版社,2017.
[10] 周海燕,赵重敏,齐华山.C语言程序设计[M].北京:科学出版社,2001.
[11] 陈朔鹰,陈英,乔俊琪.C语言程序设计习题集[M].北京:人民邮电出版社,2000.
[12] 张高煜.C语言程序设计实例[M].北京:中国水利水电出版社,2001.
[13] WIRTH N. 算法+数据结构=程序[M].北京:科学出版社,1990.
[14] 杨世明,王雪琴.数学发现的艺术[M].青岛:中国海洋大学出版社,1998.
[15] 胡正国,蔡经球.程序设计方法学[M].2版.西安:西北工业大学出版社,1992.

郑重声明

高等教育出版社依法对本书享有专有出版权。任何未经许可的复制、销售行为均违反《中华人民共和国著作权法》，其行为人将承担相应的民事责任和行政责任；构成犯罪的，将被依法追究刑事责任。为了维护市场秩序，保护读者的合法权益，避免读者误用盗版书造成不良后果，我社将配合行政执法部门和司法机关对违法犯罪的单位和个人进行严厉打击。社会各界人士如发现上述侵权行为，希望及时举报，我社将奖励举报有功人员。

反盗版举报电话　　（010）58581999　58582371
反盗版举报邮箱　　dd@hep.com.cn
通信地址　北京市西城区德外大街4号　高等教育出版社法律事务部
邮政编码　100120